地下开采扰动岩层移动与空隙率分布规律

Underground Mining-induced Strata Movement and Voidage Distribution

王少锋 著

U0332088

中南大學出版社
www.csupress.com.cn
·长沙·

图书在版编目(CIP)数据

地下开采扰动岩层移动与空隙率分布规律 / 王少锋著. —长沙：中南大学出版社，2023.1

ISBN 978-7-5487-5074-1

Ⅰ. ①地… Ⅱ. ①王… Ⅲ. ①地下开采—采空区—岩层移动—分布规律—研究②地下开采—采空区—空隙度—分布规律—研究 Ⅳ. ①TD325

中国版本图书馆 CIP 数据核字(2022)第 164980 号

地下开采扰动岩层移动与空隙率分布规律

DIXIA KAICAI RAODONG YANCENG YIDONG YU KONGXILÜ FENBU GUILÜ

王少锋　著

□**出 版 人**　吴湘华

□**责任编辑**　伍华进

□**责任印制**　唐　曦

□**出版发行**　中南大学出版社

社址：长沙市麓山南路　　邮编：410083

发行科电话：0731-88876770　　传真：0731-88710482

□**印　　装**　长沙鸿和印务有限公司

□**开　　本**　710 mm×1000 mm　1/16　□**印张** 16.25　□**字数** 323 千字

□**互联网+图书　二维码内容**　图片 71 张

□**版　　次**　2023 年 1 月第 1 版　□**印次** 2023 年 1 月第 1 次印刷

□**书　　号**　ISBN 978-7-5487-5074-1

□**定　　价**　78.00 元

图书出现印装问题，请与经销商调换

内容简介

Introduction

本书主要论述了地下开采扰动岩层的移动下沉特性与空隙率分布规律，系统性地开展了地下开采扰动岩层移动和破裂特性表征及其在地下煤火灾害中的应用研究，获得了地下开采扰动岩层移动规律，揭示了地下开采扰动岩层的破裂特性，阐明了地下开采扰动岩层内空隙率的三维非均匀随机分布规律，并阐述了岩层空隙率分布模型在地下煤火特性研究中的应用，为定量表征地下开采扰动岩层移动与破裂特性提供了理论基础，并可为采动影响型地下煤火灾害防治研究提供关键理论支撑。

本书充分结合理论分析、数值模拟、室内试验、现场应用等研究手段，研究方法新颖、内容丰富、结构合理、数据详实，揭示了地下开采扰动岩层移动与破裂响应规律，创新了矿山灾害防治方法与技术，可作为地下矿山岩层稳定性分析与灾害防控研究的参考书，也可供从事采矿岩石力学与矿山安全相关领域工程技术人员和科研院所教研人员借鉴。

作者简介

About the Author

王少锋　男，1989 年出生，教授，博士生导师，中国科协青年托举人才，湖南省芙蓉计划科技人才，入选长沙市杰出创新青年培养计划，担任中国岩石力学与工程学会岩石破碎工程专业委员会秘书长、12 个学术期刊的副主编/青年编委/学术编辑、4 个 SCI 期刊专辑的客座主编。长期致力于采矿岩石力学与矿山安全方面的科研与教学工作，先后以第一或通讯作者在 *International Journal of Rock Mechanics and Mining Sciences*、*Rock Mechanics and Rock Engineering*、*Engineering Geology*、《岩石力学与工程学报》《中国有色金属学报》等国内外知名学术期刊上发表论文 60 余篇，其中 SCI 论文 45 篇，EI 论文 13 篇。获得授权国家发明专利 18 项。获得英国化学工程师协会高级 Moulton 奖、湖南省自然科学奖二等奖、中国岩石力学与工程学会优秀博士论文奖等科技奖励。主持多项国家自然科学基金、省自然科学基金等纵向课题及企业攻关项目。

前言

Preface

地下矿产资源的开发利用是人类文明进步的基础。地壳蕴藏着大量宝贵的矿产资源，地下开采是人类获取矿产资源的主要方法。我国矿业经历了几十年飞速发展，地下矿产资源得到了持续大规模开采和有效利用，为社会发展做出了巨大贡献。然而，在人类对地下矿产资源开发利用规模和水平不断提升的过程中，开采技术难题、灾害防治、环境保护等挑战也随之涌现。世界上几乎所有产煤国家都存在地下煤火灾害，其中我国的灾害形势尤为严峻。资料显示，我国地下煤火燃烧面积达700多平方公里，每年直接燃烧损失煤炭资源1000多万吨，间接损失煤炭资源约2亿吨，初步估算每年造成经济损失约200亿元。我国地下煤火分布范围广、影响区域大、持续时间长，严重威胁煤炭资源安全开采。同时，地下煤火会造成地表塌陷，污染土壤、地下水、大气环境，严重影响周边生态环境的绿色可持续发展。

煤层采动及其引发的岩层破裂是诱发地下煤火灾害的最主要因素。地下矿产资源开采后，岩层中会出现采空区。随着采空区的扩大，采空区周围及上覆岩体的应力状态发生改变，上覆岩层会发生弯曲、破裂和下沉，甚至地表也会发生破裂和塌陷。在上述过程中，岩层的破裂和移动使岩层中产生了许多空隙。这些空隙是地下热质传递的重要通道。特别是对于煤层开采，新鲜风流中的氧气通过这些空隙与破碎煤体发生相互作用，煤体氧化发热升温直至燃烧，出现煤层自燃，其继续发展形成地下煤火。地下煤火燃烧形成的高温又会改变上覆岩体的力学特性并形成煤层采燃耦合型扰动区。扰动区内煤岩体受到地下煤火的长期烘烤而受热膨胀，在煤岩体中产生大量热裂隙，并与采动岩体裂隙交叉贯通，形成联通地上和地下的复杂裂隙网络，促进地下煤火燃烧热动力学循环过程，使得地下煤火不断向四周蔓延。地下开采扰动岩层内的空隙场是漏风供氧、烟气和热量逸散的通道，也是防灭火介质、地下水、瓦斯气体等的扩散运移路径，决定着地下采动空间内的应力/应变场、物质浓度场、渗流场和温度场分布，因此研究地下开采扰动岩层移动与空隙率分布规律对掌握地下采动岩体破裂与空隙通道形成机制、地下多孔介质中的热质传递规律以及地下可燃性矿层的自燃发生、发展和灭火过程的热-流-固-化多场耦合机制都至关重要。

煤层采燃扰动区内的多空隙介质是由冒落岩块及其之间的孔隙、破断岩体及其内部的裂隙、地表塌陷体及其内部的裂缝等组成的复杂空间，其内部空隙分布具有明显的非均匀、动态、随机特性。目前还缺乏科学表征采燃扰动区演化过程的数学模型，造成地下煤火的火源位置和动态发展规律难以解析，精准防治工作极其困难。地下开采扰动岩层移动和空隙率分布规律，是揭示地下煤火采燃扰动区演化过程和多场耦合致灾机制的理论基础。为此，本书针对采动影响型地下煤火区域内多空隙介质演化过程难以量化表征和热-流-固耦合致灾机制不明这两大难题，研究地下开采扰动岩层移动和空隙率分布规律及其在采动影响型地下煤火中的应用，为地下开采扰动岩层移动与破裂特性定量表征和地下煤火灾害科学防治提供关键理论和技术支撑，服务国家地下矿山安全高效开采和煤炭工业绿色发展重大需求。

全书内容分为5章：第1章介绍了我国地下开采现状和地下开采扰动岩层破裂及诱发灾害特征；第2章构建了地下开采扰动岩层移动模型，分析了地下开采扰动岩层不协调移动规律；第3章分析了地下开采扰动岩层破裂特性，对地下开采扰动岩层内的空隙进行了分类，并详细介绍了地下开采扰动岩层空隙的识别与表征方法；第4章构建了地下开采扰动岩层内空隙率的三维随机动态分布模型，实现了地下开采扰动岩层内空隙率分布的非均匀性、随机性、动态性表征；第 5 章详细介绍了岩层空隙率分布模型在地下煤火研究中的应用，分析了采动影响型地下煤火的多场耦合特性，总结了采动影响型地下煤火灾害的防治方法，展望了地下煤火灾害防治的发展方向。

本书在撰写过程中，研究生刘康辉、尹江江、杨雅兰、郭思达做了许多细致的资料整理工作，并且参阅和借鉴了国内外相关文献资料，在此向文献资料原著作者表示诚挚的感谢。

限于作者的学识和水平，书中难免有欠妥之处，敬请广大同行学者和读者批评指正，不胜感谢。

目录

Contents

第1章 绪 论

资源与能源的开发利用是人类文明进步的基础。地壳蕴藏着大量宝贵的矿产资源和能源物质，地下开采是人类获取资源和能源的主要方法。我国矿业经历了几十年的发展，矿产资源得到了有效利用，为社会发展做出了巨大贡献。然而，在人类对矿产资源的开发利用规模和水平不断提升的过程中，开采技术难题、灾害防治、环境保护等挑战也随之出现。矿层开采后会形成采空区，随着采空区的出现，上覆岩层的应力状态发生改变，从而形成岩层的移动与破裂，严重的甚至会延伸至地表，采空区与岩层形成的空隙组成联通地上、地下的网络，有利于空气、瓦斯等物质的运移，这些变化可能造成地下煤火、冲击地压、瓦斯突出、突水突泥等灾害。因此，分析开采扰动引起的岩层移动和破坏规律，从而清晰认识煤层自燃、突水突泥、瓦斯突出、矿山压力显现和冲击地压等灾害的致灾机理，是当前矿业领域迫切需要研究的课题，对维护国家能源战略和国家安全、实现矿业的绿色可持续发展有重要意义。

1.1 地下开采现状

1.1.1 煤矿地下开采现状

煤炭是我国的主要能源，在一次能源生产和消费结构中占70%左右。煤炭资源的开发和利用为我国的经济发展和社会进步做出了巨大的贡献。中华人民共和国成立以来煤炭行业的发展成果丰硕，为我国社会经济发展做出了突出贡献。在未来相当长一段时间内，煤炭在我国的能源体系中仍将占据主体地位。然而，我国煤炭开采已经历了相当长时间的发展，许多煤矿已经进入了开发的中后期，随着煤炭持续大规模开采，煤矿井下灾害现象越发频繁且严重。

1.1.1.1 我国煤炭资源分布

在地域分布上，我国煤炭资源整体分布呈现北多南少、西多东少的特点。根据《2022 年中国矿产资源报告》，截至 2021 年底，我国已探明可采煤炭资源储量为 2078.85 亿吨[1]。按照我国煤炭资源分布的五大区进行统计，晋陕蒙宁甘区、华东区、东北区、华南区和青新区的煤炭资源储量占全国百分比如图 1-1 所示。

在深度分布上，我国国土资源部重大项目“全国煤炭资源潜力评价”预测工作中，预测总面积达 45×10^4 km^2，其中垂深 2000 m 以浅的预测煤炭资源总量 5.9 万亿吨，垂深 1000～2000 m 的预测资源量约为 3.7 万亿吨，占比 62.7%，垂深 1000 m 以浅的预测资源量 2.2 万亿吨，占比 37.3%(图 1-2)。

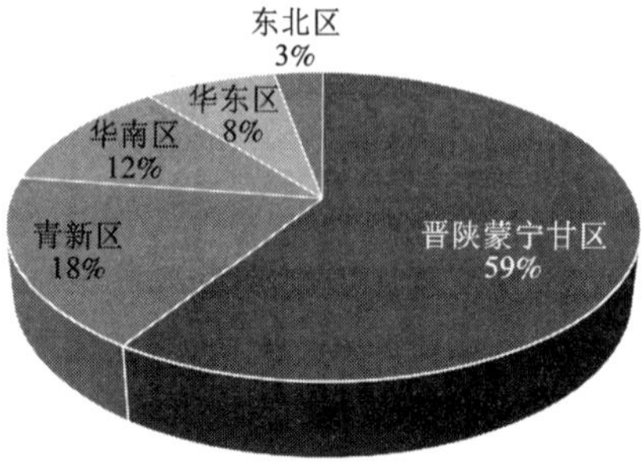

图 1-1　我国煤矿资源储量分区占比

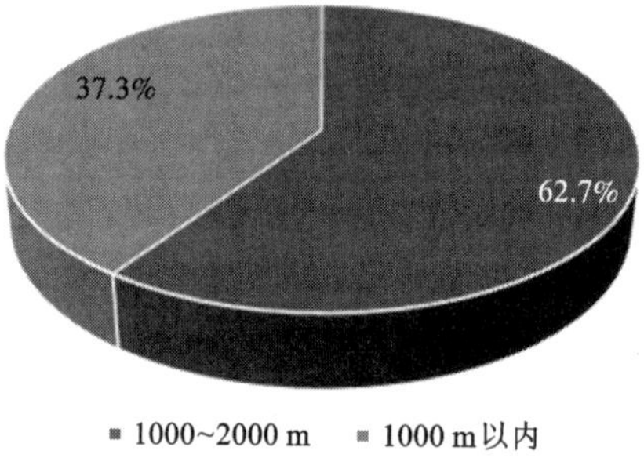

图 1-2　我国煤矿资源储量垂深占比

我国煤炭资源分布广泛且整体埋藏较深，适合露天开采的煤炭资源较少。地下埋藏的煤炭资源经历了长时间的沉积演化，形成了水平或倾斜的层状分布特征，并且有不同的赋存环境。煤层形成过程中的沉积特点决定了煤层上覆岩层的性质，不同类型的岩石会表现出不同的变形破坏特征，即使是同一种岩石，在不同的应力水平下也会表现出不同的变形破坏形式，因此岩石性质和地应力会影响岩层的变形和破裂特征，对开采过程中煤层顶板的稳定性有决定性的作用。我国许多学者对煤炭资源赋存的地质构造和岩石性质及其受地应力场的影响情况进行了研究，为煤炭安全开采做出了贡献。彭苏萍等[2, 3]分析了煤层及其顶板形成的沉积条件，并按不同沉积模式分别建立了其与顶板稳定性关系，构建了老顶非连续条件下的顶板岩石力学模型。朱宝存等[4]分析了不同地区煤岩的力学性质，表明力学性质差异会影响煤层中应力场的分布。朱焕春等[5]探讨了不同岩石中地应力分布，通过对地应力与岩石杨氏模量及深度的关系的讨论，显示出地应力随岩石杨氏模量增高而增大。苏生瑞[6]等从断层物理力学性质及几何形态等方面入手，通过数值模拟分析，探讨了断层附近应力场变化的规律和机理。

1.1.1.2 我国煤炭资源开发利用现状

目前，我国已利用煤炭资源量超过 4 千亿吨，其中晋陕蒙宁甘区占比 62%，华东区占比 17%，青新区占比 12%，华南区占比 5%，东北区占比 4%(图 1–3)[1]。

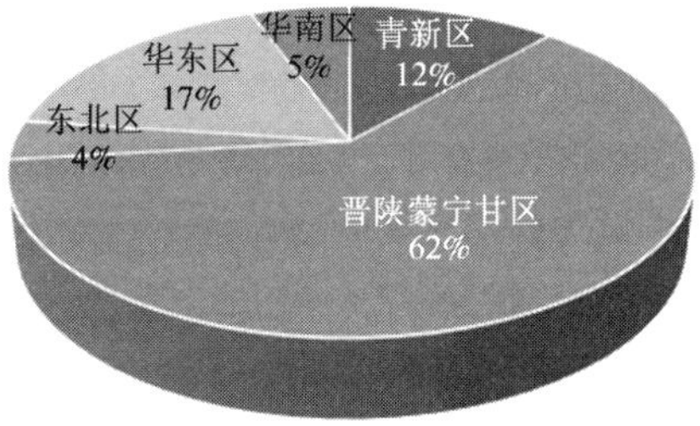

图 1–3 各区域煤炭已开发利用资源量占全国总量比例

从图 1–4 可以看出，我国西部地区煤炭保有资源量远超其他四个区域，但其大部分资源还未得到开发利用[1]。西部地区煤炭资源开采条件较好，因此，煤炭资源开发战略重心逐步向资源禀赋好、开采条件优、生产成本低的西部地区转移是我国煤炭资源开采的一个重要趋势，但是由于经济、技术等条件的限制，实现该目标还需要较长的时间。晋陕蒙宁甘区煤炭资源开采已接近 50%，开采逐渐向深部转移，开采难度在不断增大；东北区、华东区和华南区资源储量也表明我国东部可采煤炭资源已经接近枯竭。全国煤炭资源潜力评价项目的预测结果显示，东北、华东区域部分主力生产矿井已进入开发中后期，主体开采深度为 800 m 以下，未来开采主要集中于向深部延伸的阶段，同时，这些地区的矿灾频发，灾害治理问题也更加严峻。我国新疆、内蒙古等地部分矿区由于采空区内氧气聚集，使遗煤发生缓慢的氧化反应并逐渐升温，最终导致地下煤火的发生，造成了严重的资源浪费和环境破坏。鄂尔多斯煤田的榆神府矿区由于上、下煤层间距较近，在向深部开采转移的过程中，下层综采工作面矿压显现异于普通浅埋近距离煤层开采，综采工作面顶板灾害频发，造成了资源浪费和设备损坏。

煤炭资源开采后形成的采空区为各种煤矿灾害的孕育提供了空间。煤层在开采过程中逐渐形成采空区，使上覆岩层的应力状态改变，从而引发岩层一系列的变形和破裂。对于地下开采而言，无论是采场矿压，还是岩层内部移动或地表沉陷，采动覆岩整体运动的介质属性都十分复杂。因此，深入开展采动岩体变形及破坏规律研究，可为我国资源安全开发提供强有力的理论基础。

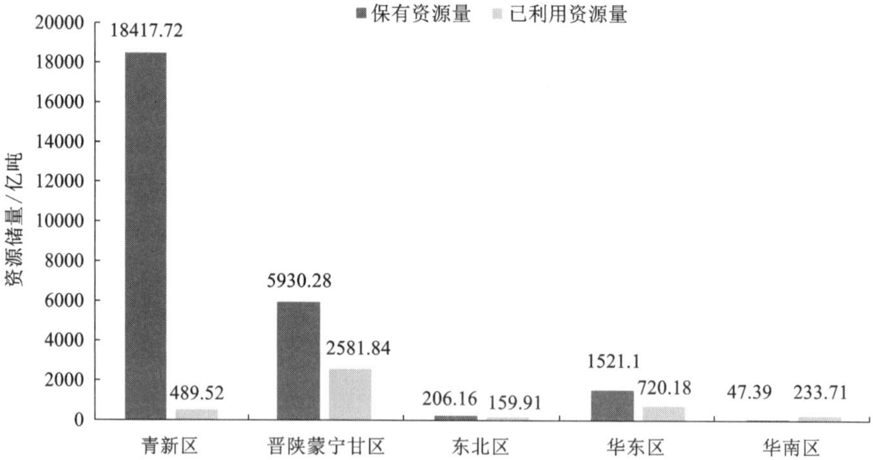

图 1-4　各区域煤炭保有资源量和已开发利用资源量

此外，随着浅部煤炭资源接近枯竭，我国煤炭开发布局和保障能力正在不断调整和优化，继续向深部进军是我国煤炭行业发展的一个必然趋势，然而深部开采将面临更加复杂的地质环境，新的开采挑战会使采动过程中灾害的预防和治理更加困难。“深部开采”是一个相对概念，深部的界限随采矿技术的发展不断变化，当前国内外对深部开采的界限提出了不同观点：南非工业界根据是否需要特定制冷降温定义深部开采深度为 1500 m，采深大于 3500 m 为超深开采；加拿大将开采深度大于 2500 m 视为超深部开采；澳大利亚深部开采范畴为 1000～2000 m。梁政国[7]通过综合考虑采场生产中动力异常程度、一次性支护适用程度、煤岩自重应力接近煤层弹性强度极限程度和地温梯度显现程度等综合指标判据，指出深浅部开采界线初步定为 700 m；钱七虎[8]建议依据分区破裂化现象来界定深部岩体工程；谢和平等[9]考虑了据煤岩体所处的应力环境来定义煤岩深部开采准则。据不完全统计，全国开采深度达到 1000 m 的矿井已达 47 座，大部分分布在华东和东北地区，其中采深最大的矿井达到 1501 m[10, 11]。目前，我国煤炭资源开采深度平均每年增加 8～12 m，中东部延伸速度达到每年 10～25 m，国有重点煤矿平均采深变化趋势如图 1-5 所示[12]。全国主要深部矿井数量和产能分布如表 1-1[13、14]所示。

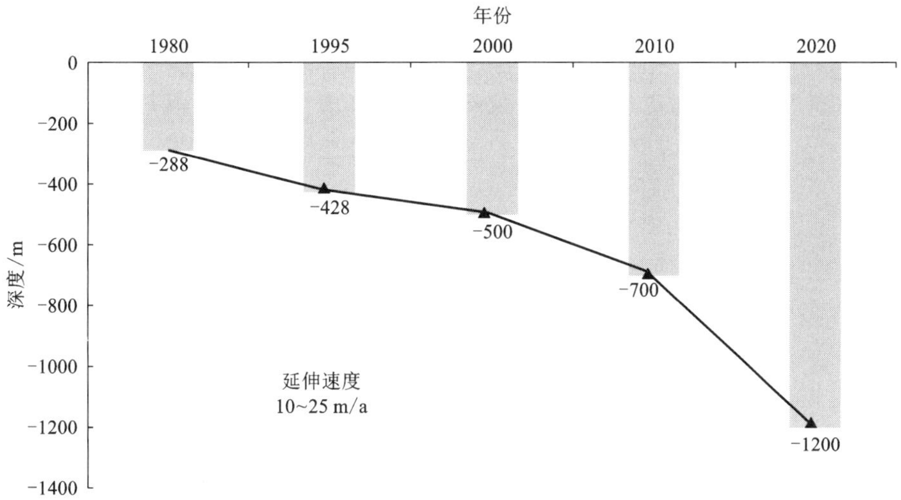

图 1-5　国有重点煤矿平均采深变化趋势

表 1-1　全国主要深部矿井数量和产能分布

省份	800~1000 m		1000~1200 m		>1200 m	
	数量/个	产能/万吨	数量/个	产能/万吨	数量/个	产能/万吨
河北	15	3257	3	870	2	275
山东	10	1778	12	3035	11	1450
河南	19	3685	8	2170	0	0
安徽	14	6505	4	930	0	0
江苏	3	100	3	640	7	1120
黑龙江	11	1040	5	1275	0	0
吉林	0	0	2	170	2	420
辽宁	6	920	5	1054	0	0

在深部开采过程中，由于开采深度的不断增大，煤炭开发所处的地质力学环境也在不断复杂化，岩体在受力、变形、破裂特征和深部采矿地压转移的时空分布规律等方面与浅部岩体工程相比有许多不同点。

(1)高地应力。随着开采深度的增加，矿井原岩应力和构造应力不断加强，并且呈线性增长，当采深从 500 m 增加到 1000 m 时，仅垂直应力就达到了 27 MPa，接近或超过了工程岩体的抗压强度。深部开采地应力场中构造应力的作用明显增大，关键层结构和数量普遍增多，使采场上覆岩层变形与破坏过程更加复杂，如此高的地应力下采掘会加速岩层的移动和破裂，引发巷道的持续变形、采空区顶板的垮落等，给开采安全带来严峻的挑战。

(2)高地温。深部开采环境下，岩层的温度随着深度的增加以 3~4℃/hm 温度梯度上升，采深在 1000 m 以上的矿井温度在夏季最高可达 35℃。深部高温环境会严重影响工人作业环境舒适性。深部高温环境下岩体的物理力学性质也会发生变化，影响岩层的变形和破裂特征。

(3)高渗透压。对于深井开采，采深越大，承压水位越高、压力越大，加之构造复杂和高地应力的长期作用，更容易造成渗流裂隙增多且相对集中，使岩溶水压力增大。并且随着含水量的增加，岩石的抗压强度和泊松比都有所下降，突水概率相应增加。

(4)开采扰动。进入深部开采后在承受高地应力的同时，大多数巷道要经受极大的回采空间引起的强烈支承压力作用，使受采动影响的巷道围岩压力是原岩应力的数倍甚至近十倍，从而造成在浅部表现为坚硬的岩石在深部却可能表现出软岩大变形、大地压、难支护的特征。岩石由原来浅部的弹性应力状态进入深部后转化为塑性状态，造成更多岩石破坏失稳现象，使得矿压显现更为剧烈，支护更加困难。同时，巷道群掘进时，由于巷道两侧的应力破坏区范围更大，使得相邻巷道掘进过程中应力增高范围区叠加，会造成先掘巷道的变形，相邻巷道周边围岩应力分布需要多次、长时间才能趋于平衡，巷道返修率明显加大。此外，深部高应力硬岩在大范围开挖卸荷和动力扰动下，复杂的地层构造无法承受地应力场的巨大变化，从而使岩体中的能量发生转移和释放，导致岩爆、板裂、分区破裂等岩体的非常规破坏[15]，甚至使地表发生断裂式下沉。

深部开采必须克服高地应力、高地温、高渗透压和开采扰动这一系列复杂的地质力学环境带来的挑战，这些因素使岩体表现出特殊力学行为，易导致岩体突然和不可预测的破坏，表现为大范围的失稳和坍塌，使得深部开采过程中岩层、地表移动和破坏问题更加复杂，同时更加容易诱发岩爆、瓦斯突出、突水突泥、冲击地压等灾害事故，也带来了新的岩层变形与破裂的预测与控制问题。

1.1.1.3 开采技术

我国煤层赋存条件复杂，煤炭资源分布地区经济技术发展程度不一，开采方法和设备呈多层次发展的局面。我国采煤技术发展历程如图 1-6 所示[16]，开采技术逐渐向自动化、智能化的方向发展。随着开采技术的发展，煤炭资源的利用朝更加高效、安全、绿色的方向迈进，各种煤矿灾害得到了更大程度上的预防与治理。开采技术的发展过程中，岩层移动与破裂规律始终是众多学者关注的重要问题，其研究发展也为开采技术的进步做出了重要贡献。

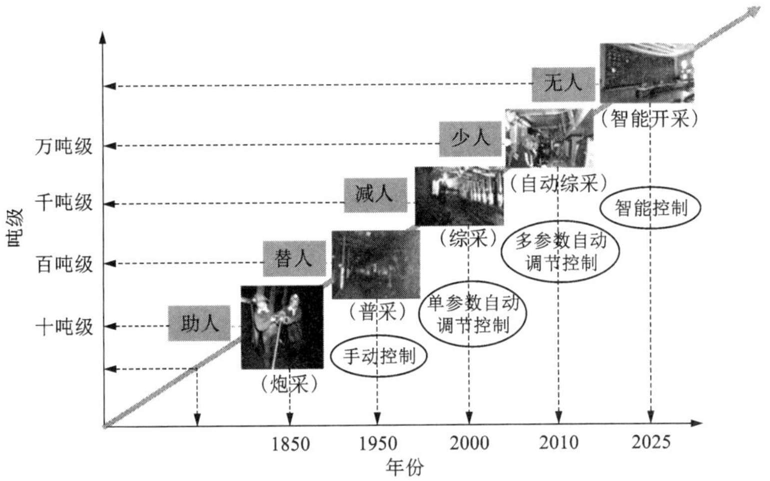

图 1-6 我国采煤技术发展历程

(1) 支撑性技术。

当前我国煤炭生产结构决定了生产技术的多层次性，但整体煤炭开采机械化水平较高。我国目前应用的采煤技术主要包括爆破采煤技术、普通机械化采煤技术、综合机械化采煤技术等。

爆破采煤技术又称炮采，其工作流程包括爆破落煤、装煤、支护工作面、处理采空区等。爆破落煤是炮采技术中的关键环节，爆破需要在保证精确性、安全性、经济性的条件下完成，才能保证整体采煤过程的顺利进行。炮采主要应用于地质构造较为特殊、煤层较陡峭或倾斜而难以实现机械化开采的煤矿。炮采过程中会产生很多的烟尘，加重开采过程中的事故危险性。

普通机械化采煤技术又称普采，在开采过程中，装煤、落煤等环节运用采煤机械完成，但是普采仍需在人工支持下完成。普采机械化程度较低，煤矿开采与收集能力较低，易造成资源浪费，但是灵活性较大，容易进行工作面搬迁，可以适应地质构造较复杂的小块采煤区域。

综合机械化采煤技术最先应用于 20 世纪 50 年代末的欧洲，并于 20 世纪 90 年代在我国得到了广泛应用和发展，先后出现潞安、兖州、阳泉等大型矿区。综合机械化采煤技术在割煤、运煤、采空区处理等采煤过程中都采用了机械化的方法。在地质构造较简单或煤层较稳定等条件适宜的地方采用综合机械化采煤技术，可以有效降低掘进率，提高产量，提高经济效益。1990 年我国阳泉缓倾斜煤层放顶煤综采工艺试验成功，综采放顶煤技术开始迅速发展。东峡煤矿 52° 以上的急倾斜煤层综放开采成功应用，回采率达到 77%，每吨煤开采成本降低 64 元。

综放开采技术能更好地适用于厚及特厚煤层，一般要求煤层倾角在55°以下，对于急倾斜特厚煤层，水平分段综合开采也得到了广泛应用。到目前为止，我国厚煤层综合机械化开采主要有3种方法，即综放开采、分层综采和大采高综采，无论是哪种开采方式，都会遇到矿压显现强烈、巷道大变形及支护设备可靠性等难题。同时，煤矿开采过程中回采工作面会引起更强烈的应力集中现象，应力过高会对工作面顶板的空间结构运动产生重大影响，进而影响整个矿区的开采。因此，研究覆岩变形运动的演化规律是其要解决的关键问题之一。

(2)突破性技术。

谢和平院士[17]指出，当前矿业领域正在向智能无人化开采的方向迈进。智能化采煤技术的发展基础为机械化、数字化、自动化、信息化。通过精确描述矿井地质条件、巷道布局、安全监控、生产过程信息等数据，实现复杂条件下地下煤矿的安全、高效开采。

目前，我国已建成200个左右不同层次的智能化开采体系，智能化的开采技术对不同条件的煤层均具有很好的适用性，井下工作人员下降70%，自动化和信息化比例达到了80%，事故率和死亡率显著下降，且开采导致的生态破坏得到了改善。薄煤层智能化开采方面，薛村矿、黄陵一号煤矿、阳煤集团登贸通煤矿等都实现了工作面的智能无人开采。厚煤层智能化开采方面，大同煤矿实现了采煤机的智能记忆截割和放顶煤工作面的自动放煤控制；转龙湾煤矿也实现了中厚煤层的常态化智能开采，工作面正常生产仅需不到10人。在大采高和超大采高智能化开采方面，红柳林煤矿采用了超大采高工作面自动化控制系统，世界上首次实现了7 m超大采高开采。智能化开采的广泛应用显著提高了开采效率和经济效益，降低了井下劳动力和灾害事故的可能性。

(3)颠覆性技术。

目前我国千米深井大部分仍采用综采或综采与炮采、普采、水采等相结合的采煤工艺，少数矿井使用炮采、水采、综放等工艺。与浅部开采相比，采掘工艺并无明显区别。但是，当前的开采理论和方法所适用的开采深度是有极限的，随着开采深度不断增加，岩层运动、围岩支护等将难以控制，目前的资源开采方式将失效。因此，部分学者提出了未来深部煤炭资源开采的颠覆性技术，以适应深部煤炭资源的复杂开采环境。

根据谢和平院士[17, 18]对煤炭革命的新理念，未来煤矿行业发展的核心目标是摆脱传统煤炭开采理念和技术体系，建立煤基多元协同，以及深地煤炭资源无人智能化的“采选充”一体化开采、热电气集成转化的原位流态化开发一体化的新型能源体系，实现地上无煤、地下无人，零排放、零污染的清洁能源基地。煤炭资源的流态化开采是指将固体资源转化为气态(氢、甲烷等)、液态(煤炭地下液化、煤炭地下高温生物、化学转化)、混态(爆炸煤粉、水煤浆等)、将固体资源原位能量转化(煤炭深部原位电气化等)。这一开采理念旨在将煤炭资源转化并以流态化的形式开采，通过一系列的技术创新，颠覆传统固体资源的开采和运输模式，彻底改变当前生产效率低、安全性差、生态破坏严重(地表塌陷、水土污染、煤层自燃等)等问题，实现深部煤炭资源的高效、绿色开采。此外，谢和平院士指出，实现该构想要解决的一个重要问题就是深部地质构造问题，尤其是在高地应力、高地温、高渗透压的复杂地质力学环境下，解决好开采过程中深部岩层的变形与破裂问题。煤炭地下气化、深部煤炭原位容器式快速液化技术、煤炭深部原位生物液化和气化技术构想如图 1-7 所示。

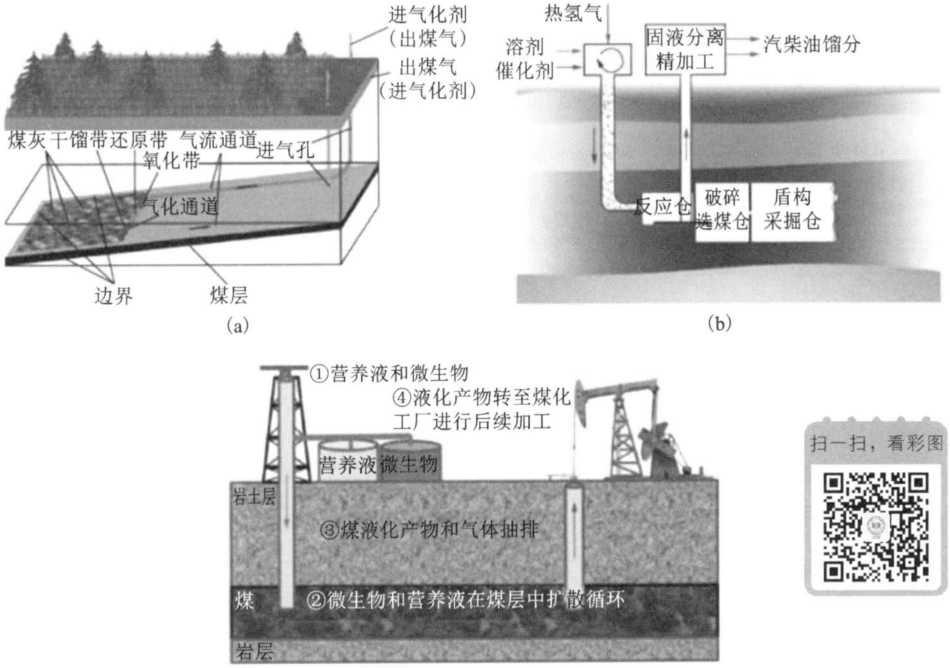

图 1-7 (a)煤炭地下气化示意图；(b)深部煤炭原位容器式快速液化技术示意图；(c)煤炭深部原位生物液化和气化技术构想示意图

1.1.2 非煤矿山地下开采现状

1.1.2.1 我国非煤矿产资源分布

我国非煤矿山资源储量丰富，《2022 中国矿产资源报告》统计数据显示，我国截至 2021 年末探明的主要金属、非金属资源储量如表 1-2、表 1-3 所示。

表 1-2　2021 年中国主要金属矿产储量

矿产	单位	储量
铁矿	矿石 亿吨	161.24
锰矿	矿石 万吨	28168.78
铬铁矿	矿石 万吨	308.63
钒矿	V_2O_5 万吨	786.74
钛矿	TiO_2 万吨	22383.35
铜矿	金属 万吨	3494.79
铅矿	金属 万吨	2040.81
锌矿	金属 万吨	4422.90
铝土矿	矿石 万吨	71113.74
镍矿	金属 万吨	422.04
钴矿	金属 万吨	13.86
钨矿	WO_3 万吨	295.16
锡矿	金属 万吨	113.07
钼矿	金属 万吨	584.89
锑矿	金属 万吨	64.07
金矿	金属 吨	2964.37
银矿	金属 吨	71783.66
铂族金属	金属 吨	87.69
锶矿	天青石 万吨	2463.98
锂矿	氧化物 万吨	404.68

表 1-3　2021 年中国主要非金属矿产储量

矿产	单位	储量
菱镁矿	矿石 万吨	57991.13
萤石	矿物 万吨	6725.13
耐火黏土	矿石 万吨	28489.19
硫铁矿	矿石 万吨	131870.13
磷矿	矿石 万吨	37.55

续表1-3

矿产	单位	储量
钾盐	KCl 万吨	28424.65
硼矿	B_2O_3 万吨	1119.29
钠盐	NaCl 亿吨	206.28
芒硝	Na_2SO_4 亿吨	377.96
重晶石	矿石 万吨	9154.87
水泥用灰岩	矿石 亿吨	421.06
玻璃硅质原料	矿石 亿吨	16.46
石膏	矿石 亿吨	21.25
高岭土	矿石 万吨	75239.66
膨润土	矿石 万吨	33271.85
硅藻土	矿石 万吨	17062.22
饰面花岗岩	亿立方米	16.95
饰面大理岩	亿立方米	5.30
金刚石	矿物 千克	183.19
晶质石墨	矿物 万吨	7826.33
石棉	矿物 万吨	1789.68
滑石	矿石 万吨	7175.29
硅灰石	矿石 万吨	6439.44

中国矿产资源遍布于各省、市、自治区，但因所处大地构造带和成矿地质条件的不同，各地区矿产资源分布不均，矿种、储量、质量差异较大，形成了各地域矿产资源的不同特征。中部地区拥有丰富的能源、多种金属和非金属矿产资源，重要的原材料工业基地有包头、武汉、马鞍山、太原等钢铁基地，山西等铝基地，江西、湖南、安徽等铜基地，其铝土矿保有储量占全国的61%，铜矿保有储量占全国的47%，磷矿保有储量占全国的40%，稀土矿保有储量占全国的98%。西部地区金属资源储量丰富，铬铁矿储量占全国的73%，铜、铅占全国的41%，锌占全国的44%，镍占全国的88%，汞占全国的86%，钾盐占全国的99%，锡产量占全国的72%，也是中国云母石棉、石膏、玉石、菱镁矿等非金属矿的主要储藏区。稀土矿主要集中在内蒙古的白云鄂博，储量占全国的96%。我国主要金属、非金属矿产储量地区分布如图1-8、图1-9所示。

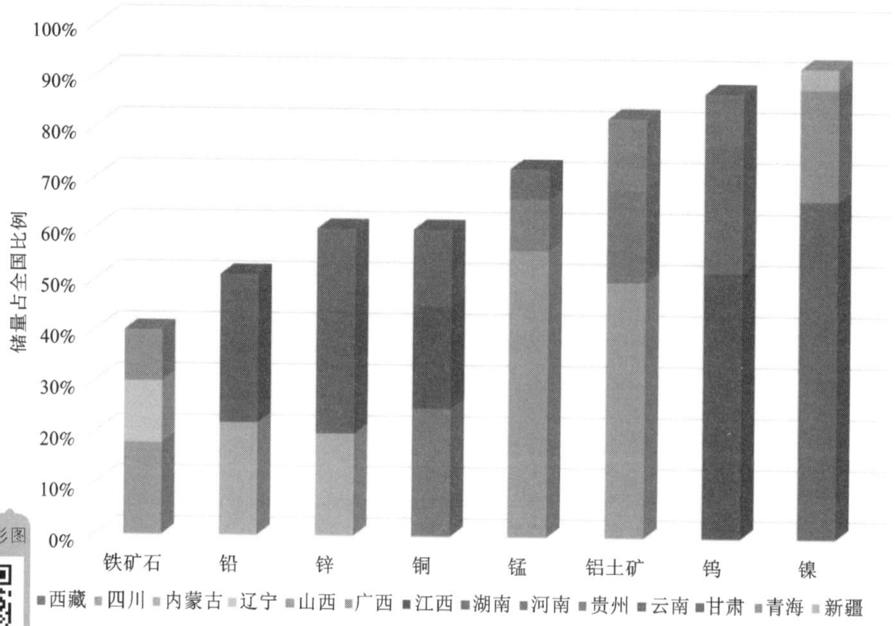

扫一扫，看彩图

图 1-8　中国主要金属矿产储量地区分布

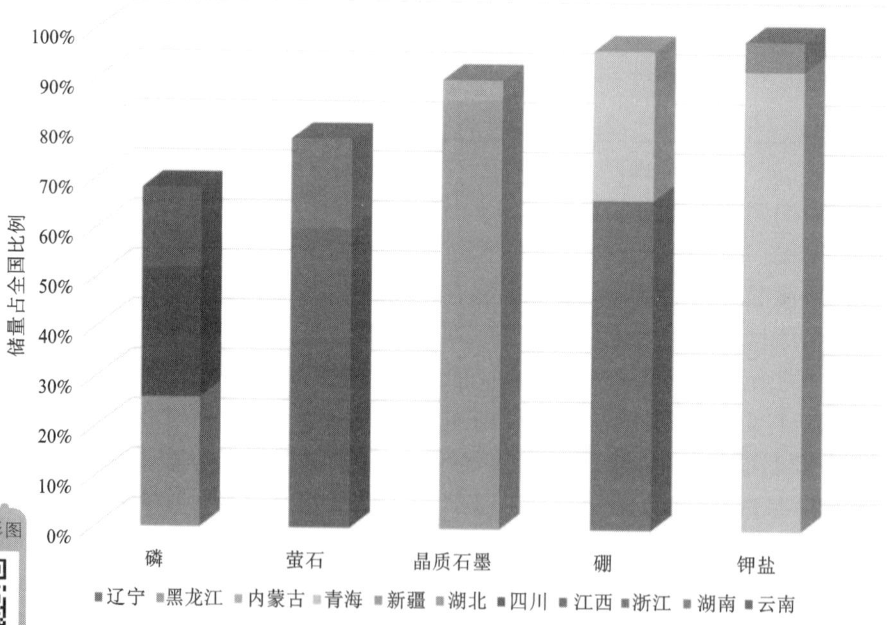

扫一扫，看彩图

图 1-9　中国主要非金属矿产储量地区分布

1.1.2.2 非煤矿产资源开发利用现状

非煤矿山由于其赋存环境的原因，开采深度普遍大于煤矿，据不完全统计，目前开采深度超过1000 m的金属矿山主要分布在南非、加拿大、澳大利亚、欧盟、中国等国家和地区，有色金属矿山开采深度已达4500 m，其中开采深度超2000 m的矿山主要是金、银、铂等贵金属矿。国内金属矿的开采深度较其他国家浅，但是整体趋势为向深部继续推进。据统计，我国"十三五"期间，接近50余座金属矿山步入1000 m以深的开采范畴，其中一半开采深度将达到1500 m以深，部分矿山统计如表1-4[19]所示，其中大部分为有色金属矿山。

表1-4 我国采深1000 m以上地下金属矿山部分统计

序号	矿山名称	所在地区	开采深度/m
1	崟鑫金矿	河南省灵宝市朱阳镇	1600
2	会泽铅锌矿	云南省曲靖市会泽县	1500
3	六苴铜矿	云南省大姚县六苴镇	1500
4	夹皮沟金矿	吉林省桦甸市	1500
5	秦岭金矿	河南省灵宝市故县镇	1400
6	红透山铜矿	辽宁省抚顺市红透山镇	1300
7	文峪金矿	河南省灵宝市豫灵镇	1300
8	潼关中金	陕西省潼关县桐峪镇	1200
9	玲珑金矿	山东省烟台招远市玲珑镇	1150
10	冬瓜山铜矿	安徽省铜陵市狮子山区	1100
11	湘西金矿	湖南省怀化市沅陵县	1100
12	阿舍勒铜矿	新疆维吾尔自治区阿勒泰地区	1100
13	三山岛金矿	山东省莱州市	1050
14	金川二矿区	甘肃省金昌市	1000
15	山东金洲矿业集团	山东省威海乳山市	1000
16	弓长岭铁矿	辽宁省辽阳市弓长岭区	1000

非煤矿产资源开采深度普遍较大，因此在开采过程中面临更加复杂的地质环境，除高地应力、高地温、高渗透压的挑战以外，还存在其他开采困难需要解决。如大多数金属矿是热液型矿床，矿岩坚硬且所受应力大、温度高，岩层温度随深

度以 10~40℃/km 的速率增加，这样的高温环境条件会严重恶化作业人员的劳动条件，降低井下设备的工作性能，为了降温而采取的措施也会增加开采成本。根据国外深部开采经验，随着采深增加，深部高温依次通过常规通风系统、空气制冷系统、水冷却系统和冰冷却系统进行调节，如图 1-10 所示。当井深为 400~800 m 时，大断面巷道通常通过增大风量、风速来散热，改善工人工作环境。当井深为 800~1500 m 时，通风系统的降温效果下降，常采用压缩空气制冷系统降温，主要用于辅助工作面降温。当井深为 1500~2500 m 时，采用供水制冷系统降温：①井下分散制冷方式通过增加井下空调设备，制冷机散发大量热量，但是该方式既不经济也难以满足降温要求；②井上、井下联合制冷采用 2 级循环输送冷水，即井筒中用高压管路，井下用低压管路，用高、低压换热器在井底车场附近连接，目的在于改善井下冷凝温度过高的问题；③井上集中制冷通过安装井上预冷塔进行制冷，地表比井下的冷凝温度低，安装、维修容易，成本也相对低。当井深超过 2500 m 时，采用地表制冰系统降温——冰块破碎后通过管道输送到井下冷库内，然后通过热交换系统、对空气和水进行冷却，可提高输送效率，减少井下泵水量，并降低泵水成本，且降温效果显著。

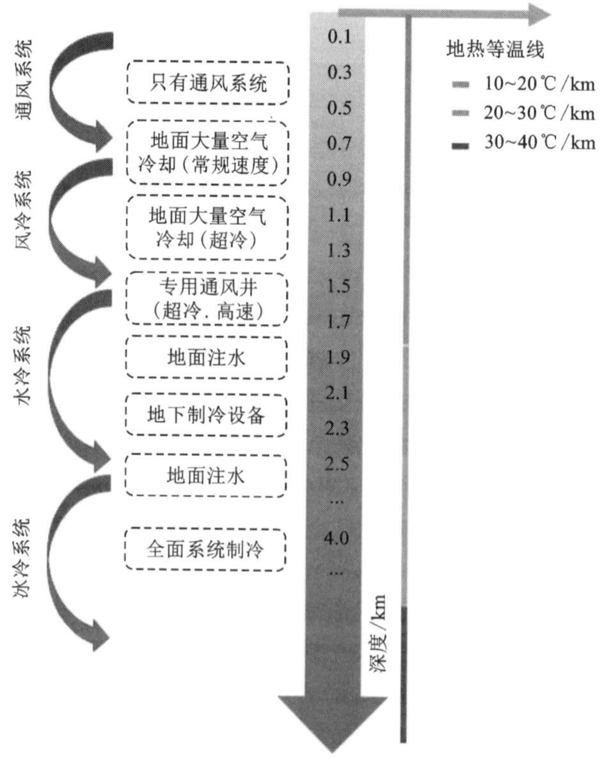

图 1-10　不同深度降温制冷模式[21]

扫一扫，看彩图

大量文献资料显示，很多金属矿山在深部开采中都遇到了高能级岩爆与矿震、大面积采空区失稳、冒顶和片帮等动力灾害问题，且难以精准预测与有效防治[21-24]。因此，对矿山开采过程中的岩层移动与破裂进行监测预测研究，能够有效预防地下开采带来的灾害。

贵州开阳磷矿进行了我国非煤矿山智能化采矿技术应用的初步探索[15]。开阳磷矿在开采过程中建立了矿山微震监测系统和三维可视化平台，能够实时感知岩层动力扰动信息并精确定位采场高应力分布位置，实现了高精度地压自动预警，有效预防了深部开采高应力带来的灾害。

金川镍矿在我国金属矿中占据重要地位，总开采面积超过 57 万 m^2，但其矿床埋藏较深，开采深度已超过 1000 m，地质构造复杂，地应力较高，地压活动频繁，带来了较大的开采挑战。一般认为，在使用回填采矿方法的金属矿山中，地表岩石移动并不严重，不会诱发大规模地质灾害。然而，金川镍矿尽管采用了高密度水泥回填，但地表仍发生了岩石移动、变形和破坏。全球定位系统(GPS)监测的变形结果表明，地表岩石运动大致集中在主要的地下采矿区以上，地表岩石运动的变形速率加快，地表张裂发育，对矿山稳定和竖井安全构成了重大威胁。因此，监测围岩和充填体的变形，研究和建立地下开采强度与地表岩石变形之间的关系，建立科学的矿山灾害和失稳预测系统，已成为一项重要挑战。金川镍矿通过应用一种蜂窝结构驱动装置进行大面积连续开采的新技术，实现了矿体的高效连续回采；并采用了一种先进的回填技术，使得金川镍矿成为世界上回填技术水平最高的金属矿，采矿机械化水平得到提升，为国内其他矿山提供了成功的技术示范[25]。

1.1.2.3 开采技术

地下开采形成采空区后，复杂的地质环境，包括深部开采的高地应力、高地温、高渗透压等问题都会成为导致地下矿灾形成的因素，使采空区和岩层移动、破裂形成的空隙成为灾害孕育的场所。因此，针对非煤矿山的“三高”开采挑战，李夕兵等[26]提出了将其变害为利的科学构想：高应力有利于坚硬矿岩致裂与块度控制；高地温可加速原地溶浸采矿过程中矿物与溶浸液间的相互作用；高井深存在的高水压有利于高水压设备或井下动力源的更新。

(1)高应力。矿层开挖后会使采空区上覆岩层的应力重新分布，尤其在深部高地应力环境下，一旦岩层变形失稳，会带来严重灾害。李夕兵[26]认为高应力隐含的能量在合适的诱导工程下，有利于极坚硬矿岩的致裂破碎，从而提出了一种高应力诱导致裂破岩方法，实现了深部硬岩矿体高应力诱导非爆破连续开采。目前已经在开阳磷矿初步实现了这一构想，即通过开挖合理的诱导工程，将深部高地应力诱变为用于岩体破碎的有用能，将岩体的灾害性破坏转变为有序破碎，当高应力在开挖岩体周围形成一定的松动区后，再利用采矿机械对松动区内的岩体进行截割落矿，大幅度提高深部硬岩的可切削性和开采效率。

(2)高井深。一方面，高井深导致的矿石提升困难以及人在深部作业环境下会发生一系列心理、生理异常变化，促使人们进行减少提升或不提升矿石的采矿方法变革，同时，致力于实现矿山智能化与自动化。井下少用或不用人员，使矿山向智能化无人化开采迈进。另一方面，深井高水压，可作为新的动力源推动高水动力矿浆管道提升运输的研发，即将矿石在地下破碎、研磨后，用水力泵送到地表，在技术经济适宜时，还可建造地下选矿厂，实现废石不出坑。

(3)高地温。一方面，高地温有利于对贵重金属或贫矿资源进行原地破碎溶浸采矿、提高矿物溶浸效果。另一方面，井下储存大量的地热能源，将热能送到地面，通过地面的热交换又可实现井下工作面降温。当开采深度到达一定临界值，地温很高时，即可实现溶浸开采与地热资源的联合回收，一旦技术成熟将带来采矿工艺的巨大变革，实现真正意义上的绿色流态开采。

基于上述构想，王少锋[27]等根据不同深地资源特别是有色贵重矿物资源开采面临的挑战，提出了对应的开发模式，如图1-11所示。在浅部，可采用常规的开采方法。随着地下开采进入深部高应力环境后，深部硬岩承受的高地应力意味着深部岩体贮存着高弹性能，可通过开挖诱导工程，将深部高地应力岩体弹性能诱变为用于岩体破碎的有用能，即通过诱导工程使高应力在开挖岩体周围形成损伤区后，再利用采矿机械等方法对损伤区进行截割落矿，继而实现高应力诱导机械化连续开采。继续向深部进发，有色金属特别是有色贵金属运用传统提升方式会因提升大量废石而消耗过多能量，因此可以在井下配备破碎、选矿系统，通过在井下预先选矿从而节省耗能，抑或是制备成矿浆进行无间断水力提升，进而利用深井高水压对水力提升系统进行压力补偿从而节约提升耗能。随着矿物质赋存深度的继续增加，由于高地温和高地压，井下作业环境将极为恶劣，以人和采矿机械为主导的采矿活动将无法进行，然而高地压、高地温以及发展充分的水力提升技术将会为深部溶浸采矿和热、电、矿物资源联合开发提供有利条件，比如可以利用高地压进行耦合致裂矿体从而产生众多供溶浸液流通的导水裂隙，利用高地温不仅可促进溶浸液与矿物质的反应速度，而且高地温可通过溶浸液实现地热回收。当开采进入极深状态后，地温超过一定阈值，常态化开采技术难以进行，随着深度逐渐增加，地下物质逐渐由脆性过渡为延性，物质状态由固态过渡为流固混合态。此时可以利用集采掘、液化、充填、水力提升于一体的集成化、智能化、无人化采矿舱对深地资源进行精准化、精细化无废开采。

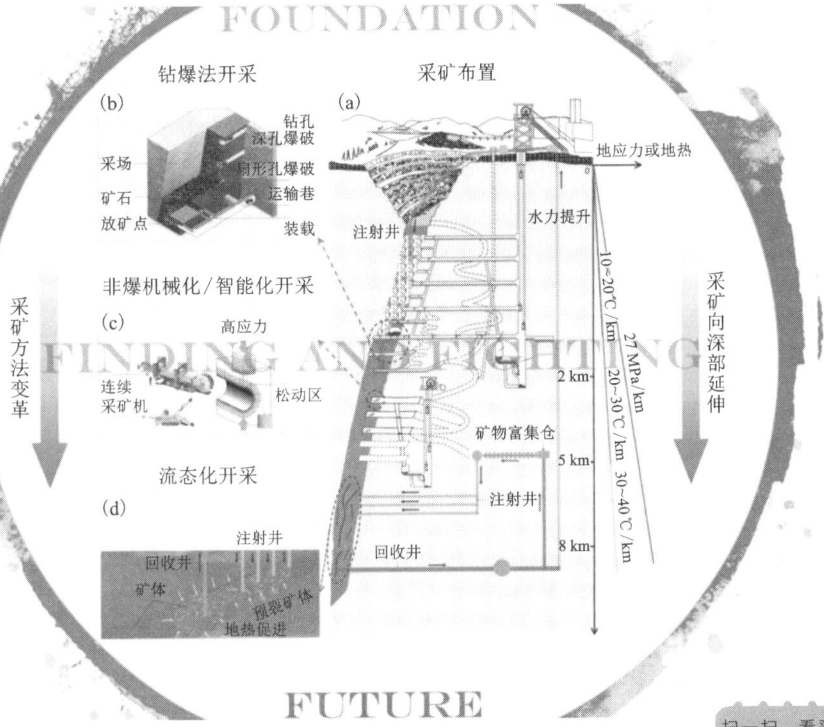

图 1-11 地下开采模式随开采深度分类[27]

扫一扫，看彩图

1.2 地下开采扰动岩层破裂及诱发灾害特征

1.2.1 地下开采扰动岩层移动与破裂

地下矿体开采后会形成采空区，采空区的上覆岩层应力状态改变，随之发生变形、破裂和移动。首先，采空区直接顶塌陷，随后，基本顶发生弯曲，并以断裂块组成的砌体形式下沉。此外，开采扰动还可能会向上传递至地表，使地表发生下沉和塌陷。有学者将开采引起的上覆岩层扰动划分为从直接顶垂直延伸到地表的三个区域：冒落区、破断区和连续变形区或者地表塌陷区[28-32]。采空区上方岩层冒落、破裂和坍塌的过程中，采空区及上覆岩层中产生了许多裂缝、空隙等结构，如图 1-12 所示，其组成包括：矿层采空后直接顶发生冒落，碎石堆积形成的孔隙；各岩层由于力学性质不同，不协调移动过程中产生的离层裂隙；同一岩层由于下沉拉伸而形成的破断裂隙；岩层裂隙向地表发育形成的地表裂缝等。

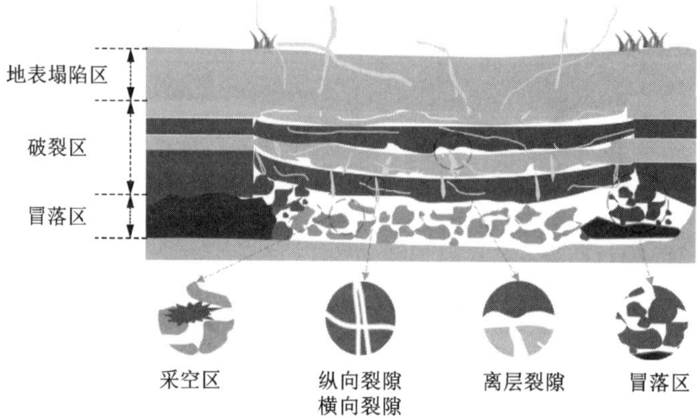

图 1-12 采空区上覆岩层移动和破裂

岩层移动过程中会形成多种形式的孔隙场，改变覆岩裂隙的分布规律，空隙率及渗透率随之变化，影响流体的流动特性；此外，覆岩空隙场本身也可能作为灾害的孕育场所，为矿灾的形成提供必要条件。因此，有必要对采动覆岩的移动规律和裂隙分布规律进行研究，为灾害的发生机理和防治研究奠定理论基础。目前，许多学者采用物理相似材料模拟、数值计算、理论分析的方法对采动覆岩的移动规律展开研究。

(1)相似材料模拟。

许家林等[33]采用物理和数值模拟方法研究了覆岩主关键层对地表下沉动态过程的影响规律。冯国瑞等[34]采用相似模拟实验研究了采空区上覆煤层开采时相同水平层位岩层与竖直层位岩层的移动变形情况。刘书贤等[35]采用理论分析、模拟试验和数值计算结合的方法，研究了深部煤炭开采引起上部覆岩移动变形与应力场变化情况，解决了开采扰动下深部覆岩结构采动应力演化致灾的安全问题，建立了坚硬厚煤岩层的通用力学分析模型，获得了覆岩结构不同破坏形式的基本力学方程及判据。张艳丽等[36]采用相似材料模拟试验，对综放开采时上覆岩层沿倾斜方向上的运移(破坏)特征进行了研究。胡青峰等[37]沿岩层倾向主断面建立了二维相似材料模型，分析了煤层开采诱发覆岩沉陷规律、双煤层重复开采时覆岩沉陷规律和离层发育规律。

(2)数值计算。

数值计算是模拟开采影响下岩层移动和破裂的一种经济有效的方法。Coulthard[38]使用通用离散元代码(UDEC)研究了长壁采煤引起的地层沉降。Amarasiri 和 Kodikara[39]参考 UDEC 计算机程序，提出了一种使用 DEM 模拟土壤裂缝扩展的方法。Gao 等人[40]用 UDEC 三角法模拟长壁采煤工作面上方岩层的渐进崩落，并提出了一个新的损伤指数，即裂纹总长度与总接触长度的比值，以表征顶板裂缝的产生及其传播。Xu 等[41]使用 3DEC 软件建立了等效节理岩体模型，以模拟采矿引起的岩层和表面的崩塌和大位移运动。

(3)理论分析。

采动影响会使煤岩体应力重新分布，从而引发岩层的变形。多年来，采矿与力学工作者们针对采场变形控制进行了多项研究。钱鸣高院士、缪协兴教授[42]提出的关键层理论，对采动岩体变形、采动应力转移叠加和岩层破断都给出了合理的定性定量解释。Palchik[32]通过对天然气排放变化进行现场测试，利用断裂带的最大高度及其与开采煤层厚度的比值，简单地量化了由长壁开采导致的覆岩层分离和破裂的形成和发展。Schatzel 等人[43]在长壁开采期间，利用钻孔监测直接测量了储层条件的变化，研究结果揭示了储层条件变化、长壁工作面位置和地表移动之间的关系。也有学者提出了理论数学模型来研究裂隙带的高度及其影响因素，如简化预测方程[44]、与时间无关的能量模型[45]和基于现场测量数据和物理模型的关键地层模型[46,47]。

在采动覆岩裂隙分布规律研究方面，许多学者同样运用相似材料模拟、数值计算、理论分析等方法展开研究。

(1)相似材料模拟。

赵保太等[48]采用实验室相似材料模拟的方法，研究了煤层采动裂隙场的变化规律，揭示了三软不稳定煤层采动影响下上覆岩层裂隙场分布及演化规律，并通过监测顶、底板中应力变化和岩层位移变化，研究了煤层开采过程中上覆岩层结构形态和岩层移动规律，得出了上覆岩层在采动影响下裂隙场的横向三区和纵向三带的分布范围以及裂隙的发展演化规律。李振华等[49]采用相似材料物理模拟了覆岩裂隙演化的全过程，并利用分形几何理论研究了裂隙网络分形维数与工作面推进速度、矿山压力、覆岩下沉、上三带之间的关系。刘三钧等[50]运用实验室相似材料模拟试验，研究了远距离下保护层开采对覆岩破断下沉的影响，发现了上覆煤岩裂隙卸压、失稳、起裂、张裂、裂隙萎缩、变小、吻合、封闭的动态演化规律。许兴亮等[51]通过分析开采条件下工作面前方支承压力分布规律和煤体卸压破坏全过程的采动力学行为，在实验室研究了工作面前方承载应力环境下岩体渗透性的变化，揭示了采动影响下采场空间裂隙发育与演化规律，提出工作面前方裂隙发育区形成的主要原因是强度破坏。尹光志等[52]利用自行研制的"多场耦合煤矿动力灾害大型模拟试验系统"，通过应力监测、色素示踪、照相素描等手段，统计了各水平、垂直切面的裂隙形态、数量与分布特征，并建立了采空区覆岩裂隙网络数值模型。

(2)数值计算。

潘瑞凯等[53]针对浅埋近距离双厚煤层开采的工程实际，建立了三维物理相似模型、PFC2D 数值模型和理论模型，对双厚煤层开采后的覆岩裂隙发育规律进行了研究，揭示了浅埋双厚煤层开采后地表-采区-下采区的漏风机制，并根据采动空隙场分布特点提出了堵风治燃的工程对策。李家卓等[54]运用 FLAC3D 软件对自开切眼至充分采动全过程覆岩随工作面推进时的应力、位移和破坏情况进行了数值模拟研究，由此确定了覆岩导水裂隙带高度。韩佩博[55]通过三维相似开采模拟试验和 COMSOL 数值模拟相结合的方法，对煤层围岩的采动应力变化规律、裂隙场演化规律及瓦斯运移特征进行了研究。

(3)理论分析。

王玉涛等[56, 57]采用传统经验公式、钻孔冲洗液漏失量观测及钻孔电视观测 3 种方法，对深埋煤层在非充分采动下覆岩裂隙场分布特征及导水裂隙带的发育高度进行了理论计算、定量探测和定性分析，并基于开采空间守恒理论，构建了采空区空隙率与渗透率三维空间动态分布模型。Esterhuizen 和 Karacan[58]估计了塌陷碎片之间的空隙，发现采空区随着覆岩层的重量逐渐压实，导致孔隙率和渗透率随着覆岩层高度的增加而降低。

这些研究成果对采动空间内的破裂特性及空隙率进行了定性、定量描述，但是大都为离散分区模型和一维、二维变化模型。由于覆岩的隐蔽性、覆岩破断及冒落过程的随机性以及煤岩层地质的复杂性，目前对矿层采空区覆岩空隙率的描述还处于定性或者简单定量分析的阶段。此外，伴随开采扰动，采空区覆岩破断、下沉、冒落势必是一个与采空区时空发展相协同的动态变化过程和随机过程，因此，采空区覆岩空隙率分布是一个动态变化、随机分布、非均匀的三维空间场，以往研究对采动覆岩裂隙三维分布规律的研究较为欠缺。因此，有必要对开采诱发覆岩三维移动规律以及空隙率三维分布规律进行系统研究。

1.2.2 地下开采扰动诱发灾害特征

大规模的地下开采会形成采空区，并引发后续的岩层移动和破断，形成上覆岩层的空隙网络，采空区及空隙网络一方面为灾害的孕育提供了空间，另一方面也会影响氧气、瓦斯等流体的流动特性，从而导致灾害的形成。开采扰动引起的孔隙可以为地层中的热量和质量传递提供通道，可能导致地下煤火、地下水流入以及瓦斯爆炸和突出等多种灾害，孔隙场中热质传递途径如图 1-13 所示。采矿引起的裂缝或裂隙以及断层复活可以穿透含水层，潜在地连接地表、含水层和采空区，从而引发大量水流入，引发突水灾害。在煤矿中，采动引发的孔隙和裂缝作为地表和煤层气体流通的通道，可能导致煤层自燃，引发地下煤火灾害；此外，煤层气通过裂缝和孔隙涌出，在采空区内聚集，可能会引起瓦斯爆炸事故。地下开采扰动引起的灾害不仅会浪费大量的矿产资源，破坏地下和地面环境，而且会增加工人伤亡风险，威胁人类健康。因此，了解开采扰动地层的移动规律以及裂缝的分布和发展对灾害防治具有重要意义。

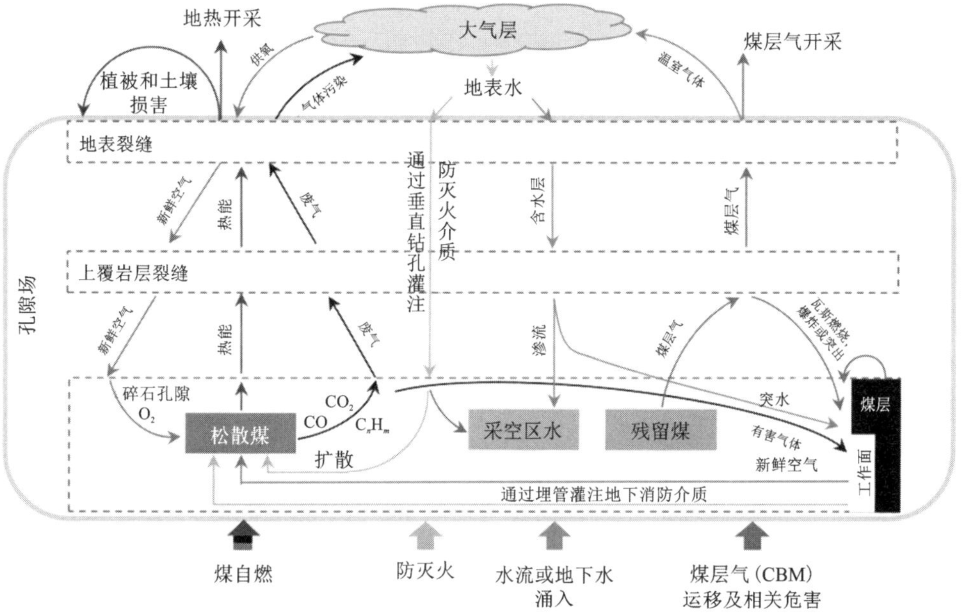

（该系统包括四个子系统：a. 煤自燃；b. 防灭火；c. 水流或地下水涌入；d. 煤层气运移及相关危害。）

图 1-13 煤层长壁开采引起的采空区传热传质途径及特征示意图

1.2.2.1 煤层自燃与地下煤火灾害

伴随煤炭资源的大规模开采，煤层完整性被破坏后的漏风供氧会引发煤层自燃，其不断扩展形成大面积的地下煤火。世界上所有产煤国家都不同程度地存在着地下煤层燃烧现象甚至煤火灾害，其中尤以中国、美国、印度的形势最为严峻[59-61]。地下煤火的存在不仅消耗着大量不可再生的煤炭资源，同时会使数十倍的煤炭资源呆滞而难以开采[62, 63]，资料显示，我国地下煤火燃烧面积达 720 km^2，每年直接燃烧损失的煤炭资源高达 1360 万吨，间接损失的煤炭资源约 2 亿吨。初步估算，地下煤火每年造成经济损失约 200 亿元[64]。地下煤火燃烧后形成的空洞以及燃烧引起的覆岩损伤，会使地表沉陷甚至坍塌，形成纵横交错的地表裂隙。煤炭燃烧产生的温室气体与其他有毒有害气体，如 CO_2、CH_4、NO_x、N_2O、CO、H_2S、SO_2 等，通过这些裂隙逸散到地面空气中严重污染大气环境，严重危害当地居民的身体健康[65, 66]。地下煤火燃烧形成的高温不断烘烤地表，加剧土壤沙化，燃烧形成的硫磺、煤焦油等物质也会造成土壤理化性状恶化，导致地表植退化，严重破坏生态环境[67, 68]。地下煤火问题已成为危害我国能源战略安全和生态和谐发展的重大问题。此外，随着煤炭资源的大规模开采，采动影响型地下煤火逐渐成为地下煤火灾害的主要类型，因此对采动影响型地下煤火发展规律和灾变过程的研究迫在眉睫。

采动影响型地下煤火的形成及发展过程如图 1-14 所示。煤炭开采后，煤层中会出现采空区，上覆岩层形成复杂的裂隙网络，新鲜风流中的氧气通过这些空隙与破碎煤体发生相互作用，煤体氧化发热升温直至燃烧，出现煤层自燃，其继续发展形成地下煤火。地下煤火燃烧形成的高温又会改变覆岩体的力学特性并形成煤层采燃复合型空区。火区煤岩体受到地下煤火的长期烘烤而受热膨胀，在煤岩体中产生大量热裂隙，并与采动岩体裂隙交叉贯通，形成联通地上和地下的复杂裂隙网络。由于火风压的作用，新鲜风流通过部分裂隙通道进入火区，促进火区煤火的持续燃烧，从而引起煤岩裂隙的进一步扩展，形成循环的热动力学过程，使得地下煤火不断向四周蔓延。

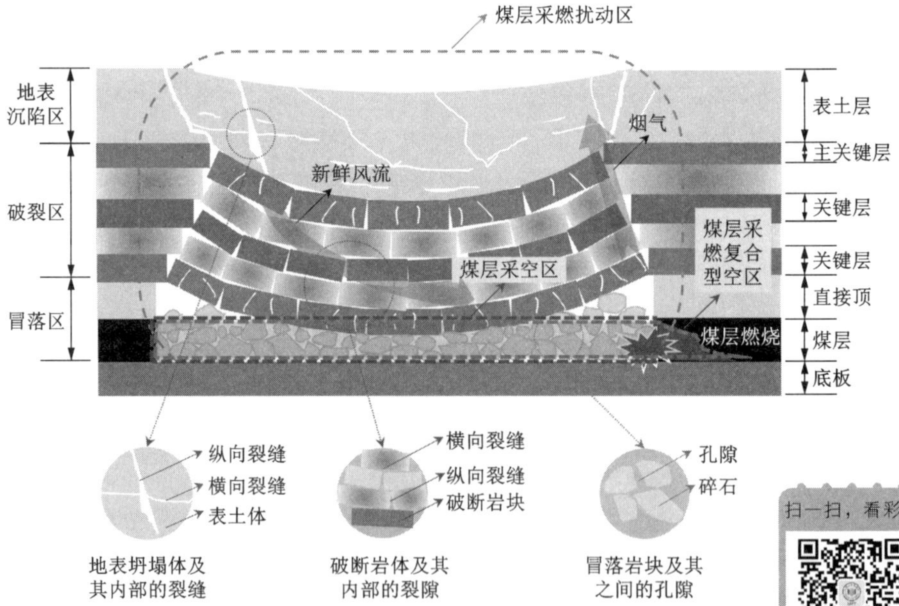

扫一扫，看彩图

图 1-14　采动影响型地下煤火的形成及发展过程

煤层采空区及覆岩空隙场是煤层自燃的漏风供氧、烟气和热量逸散的通道，也是防灭火介质流动扩散的路径，是煤氧复合、蓄热升温、地下煤火防治的重要影响因素，决定着地下煤层燃烧空间的气体浓度场、流场和温度场以及灭火介质渗流场分布，因此研究地下煤火采燃扰动区空隙分布规律对掌握地下煤层自燃发生、发展和灭火过程的热、质传递规律极为重要。同时，地下煤火是采燃扰动区多空隙介质内多相多场相互耦合作用的复杂热动力系统。对采燃扰动区热流固耦合过程的研究，可为地下煤火的精准靶向施治提供理论基础。

(1)煤层燃烧对覆岩性质和移动特性的影响。

有学者开展了煤系岩层岩样的温度效应和煤层采燃复合型空区覆岩破裂及裂隙率分布规律研究。在试验研究方面，左建平等[69]试验研究了不同温度影响下砂岩的变形破坏特性，发现温度对砂岩的局部变形破坏机制有明显的影响，随着温度的升高，断裂机制呈现脆性机制向延性机制转变的趋势。曾强等[70]在分析煤火控制体范围及其介质属性特征的基础上，结合煤层开采上覆岩层移动规律，确定了煤火控制体内不同裂隙区域空间范围及其透气率的计算方法。陆银龙等[71]进行了高温下泥岩和砂岩的热物理性质实验和单轴压缩实验，基于热力学与弹性力学理论建立了考虑岩石损伤演化的温度-应力耦合作用控制方程。孙留涛[72]利用扫描电镜、核磁共振研究了煤体热损伤后孔隙结构特征及演化规律，采用分形理论对热损伤煤体的孔隙结构进行了定量表征。

在数值模拟方面，康健等[73]建立了随机非均匀介质的固-热耦合数学模型，考虑了岩石非均质性的影响，研究了正态分布、均匀分布、韦伯分布 3 种随机分布下岩石热传导系数和热膨胀系数的变化规律。李连崇等[74]基于岩石在细观层面的异构特性，应用弹性损伤机制和热弹性理论描述了热应力引起岩石破坏过程中的热力耦合作用，建立了细观热力耦合损伤模型，并利用 RFPA2D 程序模拟了热载荷条件下各向同性及各向异性岩体的应力分布及破坏特征。Wanne T S 等[75]采用 PFC2D 程序模拟了岩石中心受热而膨胀破裂的过程。于庆磊等[76]采用数字图像处理技术表征岩石细观结构，应用 RFPA 程序建立了基于真实细观结构的岩石热-力耦合破裂过程分析模型，研究了不同温度条件下岩石变形强度特征及其热损伤演化过程。陆银龙等[71]利用 COMSOL 有限元程序和 Matlab 软件建立了热力耦合条件下燃空区扩展的数值模型，研究了燃空区覆岩温度场的演化规律。刘学伟等[77]基于线弹性热力学理论，并考虑温度对材料影响，建立了裂隙岩体温度-应力耦合控制方程，提出了模拟温度-应力耦合过程及其作用下岩体裂隙扩展过程的数值流形方法。Xia 等[78]考虑到煤氧化反应过程中温度变化会引起气体膨胀，随后产生的气体压力梯度会影响固体应力状态，从而构建了煤层渗透率演化模型并分析气体的流动状态。宋泽阳等[79]考虑温度梯度和浓度梯度对浮力的耦合作用，建立了浮力驱动的自然通风平台，研究地下煤火区岩层渗透率变化。

上述研究成果对认识煤岩层热损伤及其对煤层采动或燃烧引起的空区覆岩冒落和地表下沉的影响具有重要意义，为揭示采燃复合型空区覆岩空隙率分布规律提供了一定的理论支撑。但是，以往研究大多倾向于考虑煤层燃烧温度对煤体和覆岩力学性质及移动规律的影响，较少考虑煤层采燃耦合效应及其引发覆岩移动的时变特征。在采动影响型地下煤火影响区，煤层空区是煤层采动和煤层燃烧共同作用形成的复合型空区，再加上煤层燃烧高温会引发覆岩热损伤，覆岩空隙场更是一个动态随机的变化过程。因此，针对采动影响型地下煤火，有必要进行更加全面的采燃复合型空区覆岩空隙率三维动态随机分布规律研究，为煤火影响区内氧气、烟气、瓦斯、灭火介质、封堵介质等的运移规律、热传递规律以及覆岩在采燃耦合条件下的稳定性研究提供理论基础。

(2)煤层燃烧影响区内的多物理场耦合作用。

地下煤层燃烧是一个复杂的多物理场、多相介质耦合作用系统，涉及热、流、固耦合过程。影响这些过程的因素可分为三类：煤岩性质，煤层和地层条件以及外部条件。这些因素之间又会相互影响，例如煤燃烧会引起煤岩体热损伤和形成燃空区，然后影响煤层和地层条件，改变热质传递介质特性，最后其反过来又会影响煤燃烧特性。

许多学者对地下煤火的多物理场耦合作用进行了定性和定量分析，通过相似性试验、数值模拟和理论分析等方法揭示其规律。控制方程是地下煤火多场耦合研究的理论基础，许多学者在多场耦合模型中考虑了不同因素。朱万成等[80]以岩石的损伤为主线，在多场耦合分析方程中引入损伤变量，基于质量守恒和能量守恒原理，提出岩体损伤过程中的热-流-力(THM)耦合模型。翟诚等[81]针对损伤作用和热对流影响的 3 场耦合模型，建立了高温岩体热流固耦合损伤模型。相似性试验研究方面，早在 20 世纪 80 年代就有学者进行了地下煤火的试验模拟。Chen 和 Stott 等[82, 83]搭建了第一个被认为是成功的大型煤自燃实验平台。还有许多学者进行了采空区与煤层相似性试验研究，考虑煤层倾角、上覆岩层裂隙和通风方式等因素，进一步探究了地下煤火的发展机理，如 Su 等[84]搭建了急倾斜长壁采空区的相似性试验平台，分析采空区内气体流动和通风量对氧气浓度的影响，并根据氧浓度梯度提出急倾斜长壁采空区自燃危险区的定量判断方法。大型试验平台的搭建受到成本和技术条件的限制，难以广泛应用，因此数值模拟在地下煤火多场耦合研究中得到广泛应用。张东海等[85]利用有限元法进行数值求解，得到高冒区渗流速度场、温度场和氧浓度场的分布，在此基础上划分出最易自然发火的区域，分析了高冒区自然发火机理。魏晨慧[86]在考虑岩石材料力学参数非均匀分布的基础上，提出一个考虑岩石损伤过程的热-流-固耦合模型，并基于有限元软件结合编程，实现了所建模型的数值求解。在地下煤层燃烧的热力学系统中，由采燃扰动引起的岩层空隙是供氧、排烟和散热的通道，因此，也有学者在建立区域孔隙度或渗透率分布模型的基础上，通过数值模型来模拟煤层火灾[87, 88]，采空区灭火材料和混合气体流动[89, 90]以及煤层气、地下水、空气的迁移规律[91-94]。

上述研究对煤层燃烧影响区内的热质传递规律和多物理场耦合过程进行了分析，但由于煤层燃烧影响区内介质的跨尺度性、非均质性和各向异性，目前还难以清晰地掌握地下煤火影响区内的传热和传质规律，致使地下煤火的热-流-固耦合机制不明，难以开发有效的地下煤火综合防、灭火方法及技术体系。因此，充分认识采燃复合型空区上覆岩层空隙率的三维动态分布对地下煤火热-流-固耦合机制的研究具有重要意义。

1.2.2.2　突水突泥灾害

矿井深部的岩体，在高地应力和高地温作用下，特征发生明显变化，突水概率随之增加。在矿业生产领域，全国煤矿受突水突泥严重威胁的矿井数量约占矿井总数50%，矿石储量超过250亿吨。而从近年开采情况看，受突水突泥灾害威胁的煤矿产出煤炭量不到总产量的10%。另据地下工程建设安全事故案例分析[95]，采用矿山法施工的地下工程，突水突泥占整个地下工程事故的45%、塌方大变形占35%、瓦斯占9%、岩爆占7%、其他占4%。

突水灾害是指隧道及地下工程施工过程中大量水体沿岩体节理、断层等结构面以及岩溶管道、地下暗河等不良地质构造瞬时涌入隧道内的一种地质灾害现象[96]。突水和突泥的区别在于有无松散碎屑物质，突水过程伴随大量泥砂，就称为突泥灾害。泥砂主要来源于岩溶陷落柱、断裂破碎带、松散含水层。在矿层进行回采的过程中，在高强度、整体式的开采扰动下，会导致地质构造发生变化，覆岩变形破坏会引起含水层结构的破坏，在这种情况下，如果没有及时做好相应的防护工作，极易导致导水带出现破裂，使基岩含水层和第四系松散含水层水体向采空区渗流，进而引发突水事故。如神东矿区大柳塔矿1203工作面推进到距切眼20.8 m时，顶板全厚切落，发生了突水溃沙地质灾害，最大涌水量达408 m^3/h。

(1)突水突泥致灾系统。

突水突泥致灾系统是由地质体、地下水和地下工程活动组成的，三者相互作用最终导致突水突泥灾害的发生。地质体是基础因素，决定地下水的形成、运移和储存；地下水体是控制因素，决定突水突泥灾害发生的规模和大小；地下工程活动是灾害发生的直接诱导因素。随着突水突泥灾害日益严重，众多学者开始对突水突泥地质模式以及可溶岩地区乃至非可溶岩地区的致灾系统进行研究，试图建立具有普适性的突水突泥致灾构造分类[97-99]。其中，较为典型的有3类11型[100]，突水突泥致灾系统被划分为岩溶类(溶蚀裂隙型、溶洞溶腔型、管道及地下暗河型)，断层类(富水断层型、导水断层型、阻水断层型)，其他成因类(侵入接触型、层间裂隙型、不整合接触型、差异风化型、特殊条件型)。岩溶类是指在可溶岩地层中，由溶蚀作用形成的岩溶致灾系统诱发的突水突泥灾害；断层类则是由断层及其影响带引起的突水突泥灾害；除此两类之外的突水突泥灾害类型则归为其他成因类。其中，岩溶类突水突泥数量最多，占总量的48%，其次为断层类突水突泥，占29%，其他成因类突水突泥占23%。另外，不同型式的灾害形式也不同，大部分以突水突泥为主，还有少部分以涌水、突泥或涌突水为主。

(2)突水突泥孕灾模式。

孕灾模式是突水突泥灾害的孕育过程，即在开挖扰动作用下，掌子面逐渐靠近致灾系统，抗突体由稳定-劣化-破坏直至发生突水突泥的灾变动态演化过程。依据灾害孕育发展过程与破坏特征的不同，可以将突水突泥孕灾模式划分为直接揭露型、渐进破坏型、渗透失稳型和间歇破坏型[101]。直接揭露型是地下工程活动时靠近致灾系统并直接将其揭露，地下水或充填介质在压力作用下喷射而出，造成突水突泥灾害。直接揭露型一般发生在断层致灾系统中，灾害水源以静储量为主，具有瞬时性、灾害前期破坏性强、后期较弱的特点。渐进破坏型通常是受到开挖扰动的影响，产生内部裂缝并不断发展最终导致突水突泥灾害发生。渐进破坏型多发生在岩石完整性好的致灾系统中，灾害水源以静储量为主，前期有淋水、渗水现象。渗透失稳型的致灾系统内部充填介质在高压水作用下发生渗流，介质中的细颗粒形成渗流通道，诱发突水突泥。渗透失稳型主要发生在填充具有一定渗透性介质的裂隙、断层中，灾害具有滞后性，前期会发生淋水、渗水等现象，后期渗水量增大，抗突体到达临界点后发生灾害。间歇破坏型是在已发生灾害的致灾系统中，由于突水通道堵塞重新汇集地下水，从而再次发生灾害。间歇破坏型多发生在充填软塑性黏土的裂隙、管道等构造中，灾害水源包括充填介质静储量和地下水动储量，伴随降雨等现象容易发生间歇性、难预测性的二次灾害。

1.2.2.3 瓦斯突出灾害

近年来，由瓦斯突出和爆炸引起的死亡10人以上的煤矿事故70%出现在中国采深600 m以下的矿区。随着采深的增加，地应力增大，瓦斯含量和瓦斯压力迅速增加且难以散发，煤岩体中积聚了大量的瓦斯气体能量，大量瓦斯气体扩散到煤岩的裂隙和空隙之间，施工过程中扩散至巷道或工作面，致使煤与瓦斯突出矿井数量增多，且突出强度和频率随深度增加明显增大[9]。根据有关地质资料，1000~2000 m煤层瓦斯含量约占全国瓦斯总量的60%以上。另外，在深部高应力作用下，煤层内瓦斯气体压缩达到极限，受工程扰动，压缩气体急剧释放，导致工作面或围岩结构瞬时破坏而产生煤与瓦斯突出。

我国高突矿井相对集中于中南和西南地区，即集中于贵州、湖南、四川、重庆、河南、云南、安徽、湖北等8个省、直辖市。有学者统计了2007年到2016年间我国煤矿瓦斯事故发生的地域分布，如图1-15所示[102]。

当煤层开采后，形成压力较低的采空区，采空区内透气性增高，煤层中的瓦

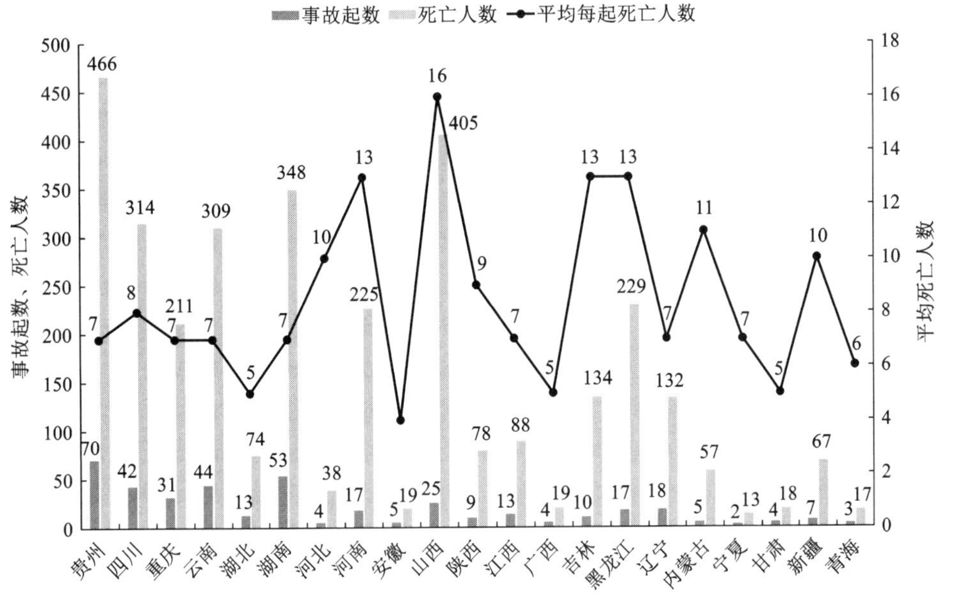

图 1-15　2007—2016 年我国部分煤矿瓦斯事故发生地域分布图

斯在渗透压作用下向采空区及岩层裂隙逸出，这些瓦斯不仅在煤层上部破裂岩层裂隙带中聚集，同时也在工作面空间及采空区内严重超限，一旦通风能力和方式不能满足要求，瓦斯不能得到稀释扩散，极易造成瓦斯灾害。因此，研究采动煤层覆岩裂隙演化特征是治理瓦斯灾害的理论关键。许多学者对煤层瓦斯流动特性和煤层应力状态的相互关系做了大量研究，以说明煤层中瓦斯渗流机理。有学者针对含瓦斯煤受不同应力条件的渗流特性开展了大量的实验研究，得出了含瓦斯煤样渗透特性与外部受力状态的关系[103-107]。韩磊[108]建立了含瓦斯煤解吸、吸附作用的热-流-固耦合模型，研究了煤层不同初始温度下瓦斯抽采过程中煤层温度和采孔周围瓦斯压力和瓦斯含量的变化规律。谢广祥等[109]实测了煤层回采过程中瓦斯压力和采动应力，并通过理论分析、数值模拟等方法研究了煤层瓦斯压力与采动应力的变化规律，结果表明沿工作面走向，瓦斯压力随采动应力增大而增大，在到达峰值前，易失稳引起动力灾变，是煤与瓦斯突出灾害的重点防范区域。也有学者进行了瓦斯防灾减灾方面的研究。余明高等[110]从瓦斯爆炸机理、瓦斯抑爆材料、抑爆技术及装备三个方面分析了我国当前的研究现状，详细分析了不同的抑爆介质和技术装备的特点，并指出今后瓦斯抑爆防爆技术的研究方向，并结合数字矿山和矿井灾变智慧系统的建设，形成了一套完整的瓦斯抑爆减灾系统。

1.2.2.4 矿山压力显现和冲击地压灾害

冲击地压是指在开采过程中，聚积在巷道围岩或回采工作面周围岩体中的能量突然释放，导致岩体的突然破裂，产生的冲击力使大量岩石碎片飞出的现象。在浅部开采条件下，由于工程围岩所承受的应力荷载主要为自重应力，一般不会产生冲击地压。随开采深度的增加，地质构造变得复杂，自重应力增大，持续增加的深度有利于弹性能量的聚集，导致矿岩应力持续增加，采场矿压显现强烈，表现为围岩剧烈变形、巷道和采场失稳[111]。同时，随开采深度增加岩体的变形特性也会发生根本变化：由浅部的脆性向深部的塑性转化；岩体变形具有较强的时间效应；岩体的扩容现象突出；岩体变形具有不连续性[9]。在深部地应力、构造应力以及工程扰动的作用下，岩体积聚的能量大于其失稳和破坏所需要的能量，造成岩层失去结构稳定性，进而引发冲击地压。因此浅部没有冲击倾向性的非冲矿井进入深部后可能转变为冲击地压频发的冲击矿井，冲击地压发生的频率、强度和规模会随之上升。对于采掘工作面而言，导致冲击地压的能量源来自应力集中区内采掘面的原岩构造应力，以及采场或柱前支承压力高峰区域的采掘面瞬间释放的弹性变形能。煤矿冲击地压通常分为三种类型：煤体压缩型、顶板断裂型和断层错动型。煤体压缩型冲击地压发生机理为煤岩结构的变形向某区域集中，煤岩结构系统由平衡态向非平衡态过渡，在开采扰动的影响下，煤岩结构失稳而产生煤体压缩型冲击地压[112]。顶板的稳定性受到拉应力的控制，拉伸破裂会导致岩石微破裂，在井下回采工作面产生震动。在开采扰动的不断影响下，微破裂不断增加，岩层平衡状态稳定性逐渐减小，顶板岩层突然裂开，使系统储存的弹性能迅速释放而发生顶板断裂型冲击地压。断层错动型冲击地压大多发生在采深较大且上覆岩层产生的正压力足够大的情况下，浅部开采由于岩层正压力较小，因此只会引起断层的稳定滑动，不会引起突发式断层错动冲击地压。

我国最早的冲击地压灾害于 1933 年发生在抚顺胜利矿，1960 年全国发生冲击地压的矿井有 6 个，到 1990 年统计的仅煤炭部所属煤矿发生冲击地压的已增加到 58 个，近年来已超过 100 个。据不完全统计，河南、山东、辽宁、黑龙江、河北、北京等多个省市的矿井在生产中曾发生过冲击地压灾害，最大震级超过了 4.0 级，造成了重大损失。我国目前记录到的震级最大的断层错动型冲击地压案例发生在河南义马矿区内千秋煤矿，震级达到 4.1 级，该矿区内存在大型逆冲断层，矿区内千秋煤矿、跃进煤矿等多个煤矿在采掘过程中受到断层活化的影响而发生冲击地压灾害。矿山压力显现和冲击地压灾害不仅使巷道维护费用大大增加，而且造成矿井生产系统不畅，运输能力不足，风、水、电系统脆弱等一系列问题，成为矿井安全生产的重大隐患。此外，冲击地压与瓦斯突出、突水突泥等灾害同步发生，互为诱因，加重灾害后果，使灾害更难防治。

深部采掘过程中，强弹性与硬煤质的煤层中容易出现冲击地压，而很少在塑性变形大和软煤质的煤层中出现冲击地压。若巷道变形小，意味着煤体较硬，则脆性破坏比较容易出现，这会导致冲击破坏的形成。因此，有学者通过围岩变形监测来预测冲击地压的发生。蔡武[113]根据甘肃宝积山煤矿 705 工作面发生冲击地压的实际情况，建立了适用于该矿 Fa 断层区域的冲击地压监测与防治技术体系，采用钻屑+矿压监测及时监测煤体应力和顶板的活动性，并采用大直径钻孔+煤体爆破+注水的方法进行联合卸压，为冲击危险性预测提供依据。也有学者通过微震监测技术预测冲击地压的发生。微震监测技术是借助生产活动过程中形成的微小地震事件对地下现状、生产效果进行监测的一种地球物理技术，地震学与声发射学是其基础。目前很多微震监测设备已经可以实现对目标的远距离、三维、动态、实时监测。窦林名等[114]在义马矿区和大屯矿区运用冲击矿压动静载的“应力场-震动波场”监测预警技术，实现了冲击矿压危险的时间与空间、定期与短临相结合的分期、分级预警，综合预测准确率达到了 80%以上。在冲击地压灾害的预防方面，有学者提出了基于能量调控的深部高应力岩石诱导致裂方法。李夕兵等[115]认为高应力下的硬岩矿体在承受采矿扰动时属于岩石动静组合的受力问题，在此基础上，利用岩石动静组合加载理论分析了深部硬岩开采的诱导崩落技术，探索实现高应力硬岩原始储能的激发释放和可控利用。

综上所述，煤矿开采对自然、地质环境都会产生非常大的影响，煤矿开采后煤层地质构造遭到破坏，也极易引发其他地质灾害。采矿区域地质灾害不仅影响煤矿开采企业的经济效益，还对采矿人员的生命安全造成威胁，因此需要对煤矿开采导致的岩层移动及破坏规律进行系统研究，为采动诱发岩体灾害防治提供理论基础，从而保障采矿生产安全和采矿人员生命健康。

参考文献

[1] 中华人民共和国自然资源部. 中国矿产资源报告 2022[M]. 北京：地质出版社，2022.

[2] 彭苏萍. 复合型三角洲的沉积特征与沉积模式[J]. 煤炭学报，1994(01)：89-98.

[3] 孟召平，彭苏萍，贺日兴，等. 阜新刘家区井田地质构造对煤储层影响及有利区块预测[J]. 中国煤田地质，1997(03)：36-39.

[4] 朱宝存，唐书恒，张佳赞. 煤岩与顶底板岩石力学性质及对煤储层压裂的影响[J]. 煤炭学报，2009，34(06)：756-760.

[5] 朱焕春，陶振宇. 不同岩石中地应力分布[J]. 地震学报，1994(01)：49-63.

[6] Su S，Stephansson O. Effect of a fault on in situ stresses studied by the distinct elementmethod [J]. International Journal of Rock Mechanics and Mining Sciences，1999，36(8)：1051-1056.

[7] 梁政国. 煤矿山深浅部开采界线划分问题[J]. 辽宁工程技术大学学报(自然科学版)，2001，20(4)：554-556.

[8] 钱七虎.深部岩体工程响应的特征科学现象及“深部”的界定[J].华东理工学院学报，2004，27(1)：1-5.
[9] 谢和平，周宏伟，薛东杰，等.煤炭深部开采与极限开采深度的研究与思考[J].煤炭学报，2012，37(04)：535-542.
[10] 谢和平，高峰，鞠杨，等.深部开采的定量界定与分析[J].煤炭学报，2015，40(01)：1-10.
[11] 谢和平.“深部岩体力学与开采理论”研究构想与预期成果展望[J].工程科学与技术，2017，49(02)：1-16.
[12] 何满潮，谢和平，彭苏萍，等.深部开采岩体力学研究[J].岩石力学与工程学报，2005(16)：2803-2813.
[13] 张农，李希勇，郑西贵，等.深部煤炭资源开采现状与技术挑战[C]//全国煤矿千米深井开采技术.2013：10-31.
[14] 郭志伟.我国煤矿深部开采现状与技术难题[J].煤，2017，26(12)：58-59+65.
[15] 李夕兵，黄麟淇，周健，等.硬岩矿山开采技术回顾与展望[J].中国有色金属学报，2019，29(09)：1828-1847.
[16] 葛世荣，郝尚清，张世洪，等.我国智能化采煤技术现状及待突破关键技术[J].煤炭科学技术，2020，48(07)：28-46.
[17] 谢和平，王金华，王国法，等.煤炭革命新理念与煤炭科技发展构想[J].煤炭学报，2018，43(05)：1187-1197.
[18] 谢和平，高峰，鞠杨，等.深地煤炭资源流态化开采理论与技术构想[J].煤炭学报，2017，42(03)：547-556.
[19] 蔡美峰，薛鼎龙，任奋华.金属矿深部开采现状与发展战略[J].工程科学学报，2019，41(04)：417-426.
[20] Mackay L, Bluhm S, Van Rensburg J. Refrigeration and cooling concepts for ultra-deep platinum mining[C]//The 4th International Platinum Conference, Platinum in transition《Boom or Bust》, The Southern African Institute of Mining and Metallurgy. 2010：285-292.
[21] 李夕兵，古德生.深井坚硬矿岩开采中高应力的灾害控制与破碎诱变[C]//香山第175次科学会议.北京：中国环境科学出版社，2002：101-108.
[22] 谢和平.深部高应力下的资源开采——现状、基础科学问题与展望[C]//香山第175次科学会议.北京：中国环境科学出版社，2002：179-191.
[23] Zhou J, Li X, Mitri H S. Classification of rockburst in underground projects：comparison of tensupervised learning methods[J]. Journal of Computing in Civil Engineering, 2016, 30(5)：04016003.
[24] Zhou J, Li X, Mitri H S. Comparative performance of six supervised learning methods for the development of models of hard rock pillar stabilityprediction[J]. Natural Hazards, 2015, 79(1)：291-316.
[25] Yang Z. Key technology research on the efficient exploitation and comprehensive utilization of resources in the deep Jinchuan nickeldeposit[J]. Engineering, 2017, 3(4)：559-566.
[26] 李夕兵，周健，王少锋，等.深部固体资源开采评述与探索[J].中国有色金属学报，2017，

27(06): 1236-1262.

[27] 王少锋, 李夕兵. 深部硬岩可切割性及非爆机械化破岩实践[J]. 黄金科学技术, 2021, 29(05): 629-636.

[28] Turchaninov I A, Iofis M A, Kasparyan E V. Principles of rockmechanics[J]. 1979.

[29] Kratzsch I H. Mining subsidenceengineering[J]. Environmental Geology and Water Sciences, 1986, 8(3): 133-136.

[30] Peng S. Coal mine groundcontrol[M], second edition. John Wiley & Sons Inc. 1986.

[31] Whittaker B N, Reddish D J. Subsidence: occurrence, prediction andcontrol[M]. Netherlands, 1989.

[32] Palchik V. Formation of fractured zones in overburden due to longwallmining[J]. Environmental Geology, 2003, 44(1): 28-38.

[33] 许家林, 钱鸣高, 朱卫兵. 覆岩主关键层对地表下沉动态的影响研究[J]. 岩石力学与工程学报, 2005(5): 787-791.

[34] 冯国瑞, 任亚峰, 王鲜霞, 等. 采空区上覆煤层开采层间岩层移动变形实验研究[J]. 采矿与安全工程学报, 2011, 28(3): 430-435.

[35] 刘书贤, 魏晓刚, 麻凤海, 等. 深部采动覆岩移动变形致灾的试验分析[J]. 水文地质工程地质, 2013, 40(4): 88-92.

[36] 张艳丽, 李开放, 任世广. 大倾角煤层综放开采中上覆岩层的运移特征[J]. 西安科技大学学报, 2010, 30(2): 150-153.

[37] 胡青峰, 崔希民, 刘文锴, 等. 特厚煤层重复开采覆岩与地表移动变形规律研究[J]. 采矿与岩层控制工程学报, 2020, 2(2): 31-39.

[38] Coulthard M A. Applications of numerical modelling in underground mining andconstruction [J]. Geotechnical & Geological Engineering, 1999, 17(3): 373-385.

[39] Amarasiri A, Kodikara J. Use of material interfaces in DEM to simulate soil fracture propagation in Mode Icracking[J]. International Journal of Geomechanics, 2011, 11(4): 314-322.

[40] Gao F, Stead D, Coggan J. Evaluation of coal longwall caving characteristics using an innovative UDEC Trigonapproach[J]. Computers and Geotechnics, 2014, 55: 448-460.

[41] Xu N, Zhang J, Tian H, et al. Discrete element modeling of strata and surface movement induced by mining under open-pit final slope[J]. International Journal of Rock Mechanics and Mining Sciences, 2016, 88: 61-76.

[42] 钱鸣高, 缪协兴, 许家林. 岩层控制的关键层理论[M]. 徐州: 中国矿业大学出版社, 2003.

[43] Schatzel S J, Karacan C Ö, Dougherty H, et al. An analysis of reservoir conditions and responses in longwall panel overburden during mining and its effect on gob gas wellperformance [J]. Engineering Geology, 2012, 127(3): 65-74.

[44] Majdi A, Hassani F P, Nasiri M Y. Prediction of the height of destressed zone above the minedpanel roof in longwall coal mining[J]. International Journal of Coal Geology, 2012, 98: 62-72.

[45] Rezaei M, Hossaini M F, Majdi A. A time-independent energy model to determine the height of destressed zone above the mined panel in longwall coalmining[J]. Tunnelling and Underground Space Technology, 2015, 47(3): 81-92.

[46] Miao X, Cui X, Xu J. The height of fractured water-conducting zone in undermined rockstrata [J]. Engineering Geology, 2011, 120(1-4): 32-39.

[47] Xuan D, Xu J, Wang B, et al. Investigation of fill distribution in post-injected longwall overburden with implications for grout take estimation[J]. Engineering Geology, 2016, 206: 71-82.

[48] 赵保太, 林柏泉, 林传兵. 三软不稳定煤层覆岩裂隙演化规律实验[J]. 采矿与安全工程学报, 2007(2): 199-202.

[49] 李振华, 丁鑫品, 程志恒. 薄基岩煤层覆岩裂隙演化的分形特征研究[J]. 采矿与安全工程学报, 2010, 27(4): 576-580.

[50] 刘三钧, 林柏泉, 高杰, 等. 远距离下保护层开采上覆煤岩裂隙变形相似模拟[J]. 采矿与安全工程学报, 2011, 28(1): 51-55.

[51] 许兴亮, 张农, 田素川. 采场覆岩裂隙演化分区与渗透性研究[J]. 采矿与安全工程学报, 2014, 31(4): 564-568.

[52] 尹光志, 李星, 韩佩博, 等. 三维采动应力条件下覆岩裂隙演化规律试验研究[J]. 煤炭学报, 2016, 41(2): 406-413.

[53] 潘瑞凯, 曹树刚, 李勇, 等. 浅埋近距离双厚煤层开采覆岩裂隙发育规律[J]. 煤炭学报, 2018, 43(8): 2261-2268.

[54] 李家卓, 方庆河, 谭文峰, 等. 覆岩裂隙带发育高度数值模拟与探测[J]. 金属矿山, 2011(6): 42-45.

[55] 韩佩博. 三维采动应力条件下煤层覆岩及底板裂隙场演化规律与瓦斯运移特征研究[D]. 重庆: 重庆大学, 2015.

[56] 王玉涛, 刘震. 深部煤层非充分采动下覆岩裂隙场可视化探测研究[J]. 煤炭科学技术, 2020, 48(3): 197-204.

[57] 王玉涛. 采空区多孔介质空隙率与渗透特性三维空间动态分布模型[J]. 中国安全生产科学技术, 2020, 16(10): 40-46.

[58] Esterhuizen G, Karacan C. A methodology for determining gob permeability distributions and its application to reservoir modeling of coal mine longwalls[C]//. In: SME Annual Meeting, 2007: 07-078.

[59] Stracher G B, Taylor T P. Coal fires burning out of control around the world: thermodynamic recipe for environmentalcatastrophe[J]. International Journal of Coal Geology, 2004, 59(1-2): 7-17.

[60] Pone J D N, Hein K A A, Stracher G B, et al. The spontaneous combustion of coal and its by-products in the Witbank and Sasolburg coalfields of SouthAfrica[J]. International Journal of Coal Geology, 2007, 72(2): 124-140.

[61] Wu J, Liu X. Risk assessment of underground coal fire development at regionalscale[J].

International Journal of Coal Geology, 2011, 86(1): 87-94.
[62] Zhang J, Kuenzer C. Thermal surface characteristics of coal fires 1 results of in-situmeasurements[J]. Journal of Applied Geophysics, 2007, 63(3-4): 117-134.
[63] Zhang J, Kuenzer C, Tetzlaff A, et al. Thermal characteristics of coal fires 2: Results of measurements on simulated coal fires[J]. Journal of Applied Geophysics, 2007, 63(3-4): 135-147.
[64] 管海晏. 中国北方煤田自燃环境调查与研究[M]. 北京: 煤炭工业出版社, 1998.
[65] Voigt S, Tetzlaff A, Zhang J, et al. Integrating satellite remote sensing techniques for detection and analysis of uncontrolled coal seam fires in North China[J]. International journal of coal geology, 2004, 59(1-2): 121-136.
[66] O'Keefe J M K, Henke K R, Hower J C, et al. CO2, CO, and Hg emissions from the Truman Shepherd and Ruth Mullins coal fires, eastern Kentucky, USA[J]. Science of the Total Environment, 2010, 408(7): 1628-1633.
[67] Zhang J, Wagner W, Prakash A, et al. Detecting coal fires using remote sensingtechniques[J]. International journal of Remote sensing, 2004, 25(16): 3193-3220.
[68] 汤研. 煤田火地下高温区强迫对流提热降温特性及技术研究[D]. 徐州: 中国矿业大学, 2019.
[69] 左建平, 周宏伟, 谢和平, 等. 温度和应力耦合作用下砂岩破坏的细观试验研究[J]. 岩土力学, 2008(6): 1477-1482.
[70] 曾强, 王德明, 蔡忠勇. 煤田火区裂隙场及其透气率分布特征[J]. 煤炭学报, 2010, 35(10): 1670-1673.
[71] 陆银龙, 王连国, 唐芙蓉, 等. 煤炭地下气化过程中温度-应力耦合作用下燃空区覆岩裂隙演化规律[J]. 煤炭学报, 2012, 37(8): 1292-1298.
[72] 孙留涛. 煤岩热损伤破坏机制及煤田火区演化规律数值模拟研究[D]. 徐州: 中国矿业大学, 2018.
[73] 康健, 赵明鹏, 梁冰. 随机固-热耦合模型与岩石热破裂数值试验研究[J]. 岩土力学, 2005, 26(1): 135-139.
[74] 李连崇, 杨天鸿, 唐春安, 等. 岩石破裂过程 TMD 耦合数值模型研究[J]. 岩土力学, 2006, 27(10): 1727-1732.
[75] Wanne T S, Young R P. Bonded-particle modeling of thermally fracturedgranite[J]. International Journal of Rock mechanics and mining Sciences, 2008, 45(5): 789-799.
[76] 于庆磊, 杨天鸿, 郑超. 岩石细观结构对其变形强度影响的数值分析[J]. 岩土力学, 2011, 32(11): 3468-3472.
[77] 刘学伟, 刘泉声, 卢超波, 等. 温度-应力耦合作用下岩体裂隙扩展的数值流形方法研究[J]. 岩石力学与工程学报, 2014, 33(7): 1432-1441.
[78] Xia T, Zhou F, Liu J, et al. A fully coupled hydro-thermo-mechanical model for the spontaneous combustion of underground coalseams[J]. Fuel, 2014, 125: 106-115.
[79] Song Z, Wu D, Jiang J, et al. Thermo-solutal buoyancy driven air flow through thermally

decomposed thin porous media in a U-shaped channel: Towards understanding persistent underground coalfires[J]. Applied Thermal Engineering, 2019, 159: 113948.

[80] 朱万成, 魏晨慧, 田军, 等. 岩石损伤过程中的热-流-力耦合模型及其应用初探[J]. 岩土力学, 2009, 30(12): 3851-3857.

[81] 翟诚, 孙可明, 李凯. 高温岩体热流固耦合损伤模型及数值模拟[J]. 武汉理工大学学报, 2010, 32(3): 65-69.

[82] Chen X D, Stott J B. Oxidation rates of coals as measured from one-dimensional spontaneous heating[J]. Combustion and flame, 1997, 109(4): 578-586.

[83] Stott J B, Harris B J, Hansen P J. A 'full-scale' laboratory test for the spontaneous heating ofcoal[J]. Fuel, 1987, 66(7): 1012-1013.

[84] Su H, Zhou F, Shi B, et al. Causes and detection of coalfield fires, control techniques, and heat energy recovery: Areview[J]. International Journal of Minerals, Metallurgy and Materials, 2020, 27(3): 275-291.

[85] 张东海, 杨胜强, 王钦方, 等. 煤巷高冒区松散煤体自然发火的数值模拟研究[J]. 中国矿业大学学报, 2006, 6: 757-761.

[86] 魏晨慧. 热流固耦合条件下煤岩体损伤模型及其应用[D]. 沈阳: 东北大学, 2012.

[87] Wolf K H, Bruining H. Modelling the interaction between underground coal fires and their roofrocks[J]. Fuel, 2007, 86(17-18): 2761-2777.

[88] Yuan L, Smith A C. Numerical study on effects of coal properties on spontaneous heating in longwall gobareas[J]. Fuel, 2008, 87(15-16): 3409-3419.

[89] 时国庆. 防灭火三相泡沫在采空区中的流动特性与应用[D]. 徐州: 中国矿业大学, 2010.

[90] 车强. 采空区气体三维多场耦合规律研究[D]. 北京: 中国矿业大学(北京), 2010.

[91] Whittles D N, Lowndes I S, Kingman S W, et al. Influence of geotechnical factors on gas flow experienced in a UK longwall coal minepanel[J]. International Journal of Rock Mechanics and Mining Sciences, 2006, 43(3): 369-387.

[92] Guo H, Yuan L, Shen B, et al. Mining-induced strata stress changes, fractures and gas flow dynamics in multi-seam longwallmining[J]. International Journal of Rock Mechanics and Mining Sciences, 2012, 54: 129-139.

[93] Song Z, Kuenzer C. Coal fires in China over the last decade: a comprehensivereview[J]. International Journal of Coal Geology, 2014, 133: 72-99.

[94] Wessling S, Kuenzer C, Kessels W, et al. Numerical modeling for analyzing thermal surface anomalies induced by underground coal fires[J]. International Journal of Coal Geology, 2008, 74(3-4): 175-184.

[95] 钱七虎. 地下工程建设安全面临的挑战与对策[J]. 岩石力学与工程学报, 2012, 31(10): 1945-1956.

[96] 李术才, 王康, 李利平, 等. 岩溶隧道突水灾害形成机理及发展趋势[J]. 力学学报, 2017, 49(1): 9.

[97] 刘招伟. 圆梁山隧道岩溶突水机理及其防治对策[D]. 武汉: 中国地质大学, 2004.

[98] 王建秀, 杨立中, 何静. 大型地下工程岩溶涌(突)水模式的水文地质分析及其工程应用[J]. 水文地质工程地质, 2001(04): 49-52.
[99] 李晓昭, 黄震, 许振浩, 等. 隧道突水突泥致灾构造及其多尺度精细观测技术[J]. 中国公路学报, 2018, 31(10): 79-90.
[100] 李术才, 潘东东, 许振浩, 等. 隧道突水突泥致灾构造分类, 地质判识, 孕灾模式与典型案例分析[J]. 岩石力学与工程学报, 2018, 37(5): 29.
[101] 黄鑫. 隧道突水突泥致灾系统与充填溶洞间歇型突水突泥灾变机理[D]. 济南: 山东大学, 2019.
[102] 刘业娇, 袁亮, 薛俊华, 等. 2007—2016 年全国煤矿瓦斯灾害事故发生规律分析[J]. 矿业安全与环保, 2018, 45(3): 5.
[103] 蒋长宝, 尹光志, 黄启翔, 等. 含瓦斯煤岩卸围压变形特征及瓦斯渗流试验[J]. 煤炭学报, 2011, 36(5): 802-807.
[104] 黄启翔, 尹光志, 姜永东. 地应力场中煤岩卸围压过程力学特性试验研究及瓦斯渗透特性分析[J]. 岩石力学与工程学报, 2010, 29(8): 1639-1848.
[105] 齐黎明, 陈学习, 程五一. 瓦斯膨胀能与瓦斯压力和含量的关系[J]. 煤炭学报, 2010, 35(S1): 105-108.
[106] 曹树刚, 郭平, 李勇, 等. 瓦斯压力对原煤渗透特性的影响[J]. 煤炭学报, 2010, 35(4): 595-599.
[107] 尹光志, 蒋长宝, 王维忠, 等. 不同卸围压速度对含瓦斯煤岩力学和渗流特性影响试验研究[J]. 岩石力学与工程学报, 2011, 30(1): 68-77.
[108] 韩磊. 热流固耦合模型的瓦斯抽采模拟[J]. 辽宁工程技术大学学报(自然科学版), 2013, 32(12): 1605-1608.
[109] 谢广祥, 胡祖祥, 王磊. 工作面煤层瓦斯压力与采动应力的耦合效应[J]. 煤炭学报, 2014, 39(06): 1089-1093.
[110] 余明高, 阳旭峰, 郑凯, 等. 我国煤矿瓦斯爆炸抑爆减灾技术的研究进展及发展趋势[J]. 煤炭学报, 2020, 45(01): 168-188.
[111] 谢和平, 周宏伟, 刘建锋, 等. 不同开采条件下采动力学行为研究[J]. 煤炭学报, 2011, 36(7): 1067-1074.
[112] 潘一山, 李忠华, 章梦涛. 我国冲击地压分布、类型、机理及防治研究[J]. 岩石力学与工程学报, 2003(11): 1844-1851.
[113] 蔡武. 断层型冲击矿压的动静载叠加诱发原理及其监测预警研究[D]. 徐州: 中国矿业大学, 2015.
[114] 窦林名, 姜耀东, 曹安业, 等. 煤矿冲击矿压动静载的“应力场-震动波场”监测预警技术[J]. 岩石力学与工程学报, 2017, 36(4): 803-811.
[115] 李夕兵, 姚金蕊, 宫凤强. 硬岩金属矿山深部开采中的动力学问题[J]. 中国有色金属学报, 2011, 21(10): 2551-2563.

第 2 章　地下开采扰动岩层移动规律

矿层地下开采后采场中形成采动空间，破坏了围岩的原始应力平衡及分布状态，受二次应力影响，围岩发生垮落、断裂和变形。随着开采的持续进行，采空区面积不断扩大，开采扰动范围逐渐向上延伸，采动覆岩向采空区移动并发生破断和离层，进而岩层破坏区域逐渐向地表扩展，直至影响到地表造成地表塌陷。

地下开采矿山采空区覆岩的移动及由此引起的地表沉降是一个极其复杂的动态过程，受众多因素影响，如采矿方法、顶板控制、矿体厚度与倾角、岩石物理力学性质、地质构造及岩石的风化程度等[1, 2]。近年来，很多专家学者在研究岩层与地表移动规律时，总结提出了预测开采地面沉降的多种方法，如比较著名的有随机介质理论分析法、幂指数函数法、剖面函数法、积分网格法、影响函数法、模拟分析法、模糊测度法及弹塑性理论分析法等[3-8]。这些方法在工程应用中取得了一定效果，但也有其各自的局限性。本章主要基于关键层理论和随机介质理论，介绍矿层地下开采扰动岩层的移动规律。

2.1　地下开采扰动岩层空间分区特性

地下开采采场上覆岩体结构的“砌体梁”模型将上覆岩层的变形、移动和破坏沿垂直方向分为弯曲带、裂隙带及冒落带，沿走向分为煤柱支撑区、离层区及压实稳定区；根据冒落岩石的破坏特性及堆积状态又可将冒落带沿采空区走向分为自然堆积区、载荷影响区和重新压实区。采空区及覆岩三维分区如图 2-1 所示。

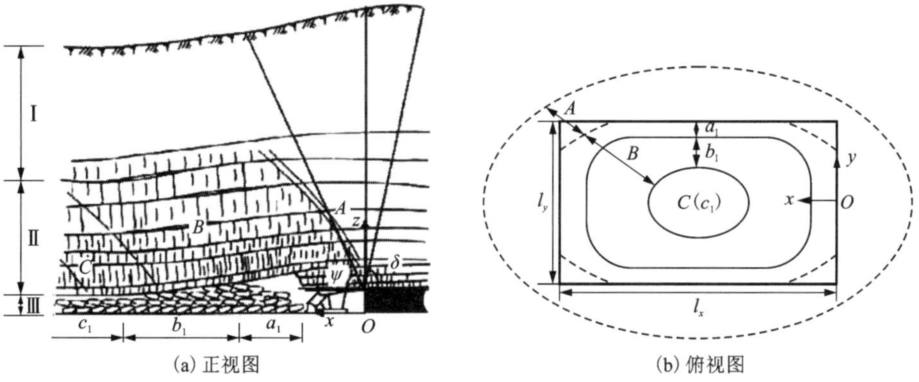

Ⅰ—弯曲带；Ⅱ—裂隙带；Ⅲ—冒落带；A—煤柱支撑区；B—离层区；
C—压实稳定区；a_1—自然堆积区；b_1—载荷影响区；c_1—重新压实区。

图 2-1　采空区及覆岩分区示意图

2.1.1　煤矿开采扰动岩层分区特性

“上三带”指冒落带、断裂带和弯曲带；“下三带”指底板采动导水破坏带、底板阻水带和底板承压水导升带。

1. 冒落带

冒落带也称垮落带，指由采煤引起的上覆岩层破裂并向采空区垮落的范围。其主要特点如下。

(1) 导水、导砂。

(2) 分层性冒落带自下而上可分为不规则冒落带和规则冒落带。

(3) 碎胀系数值恒大于 1，一般为 1.05~1.80。

(4) 可压缩性垮落岩块间的空隙会被逐渐压实。

冒落带是开采工作面放顶后引起的矿层直接顶破坏的范围，是岩层应力产生变形、离层或断裂而脱离原有岩体造成的。该区域岩块呈现不规则垮落，岩体的碎胀系数比较大，破碎岩石体积膨胀充填采空区。

冒落带高度主要取决于开采厚度、上覆岩层的力学性质和碎胀系数，一般为开采厚度的 3~5 倍。顶板岩石坚硬时，冒落带高度为开采厚度的 5~6 倍；顶板为软岩时，冒落带高度为开采厚度的 2~4 倍。

2. 断裂带

断裂带也称裂缝带，指冒落带上方的岩层产生断裂或裂缝，但仍保持其原有层状的岩层范围。其主要特点如下。

(1) 导水、不导砂。

(2)分层性断裂带自下而上可分为严重断裂带、一般断裂带和微小断裂带。

严重断裂带的岩层大多断开，但仍保持其原有层位，透水严重；一般断裂带的岩层很少断开，透水程度一般；微小断裂带的岩层存在裂缝，连通性较差。

(3)碎胀系数值恒大于1，但小于冒落带的碎胀系数值。

(4)可压缩性部分离层裂缝可能会被逐渐压实。

断裂带高度主要取决于上覆岩层结构及其力学性质。断裂带和冒落带之间没有明显的分界线，在水体下采煤时这两者合称为导水裂缝带。导水裂缝带高度与岩性有关，一般情况下，软弱覆岩形成的“两带”(断裂带和冒落带)高度为开采厚度的9~12倍，中硬覆岩形成的“两带”高度为开采厚度的12~18倍，坚硬覆岩形成的“两带”高度为开采厚度的18~28倍。

裂隙带的岩层受下部冒落岩体的支撑，岩层下沉后断裂逐渐减小，断裂岩块排列比较整齐，保持原岩的原有层序，具有一定的规律性，岩体的碎胀系数较小。裂隙带厚度比冒落带厚度大。

3. 弯曲带

弯曲带也称为弯曲下沉带，指断裂带上方直至地表产生弯曲的岩层范围。其主要特点如下。

(1)导水、不导砂。

(2)岩层保持原有的整体性和层状结构。

(3)岩层移动过程连续而有规律，不存在或极少存在离层裂缝。

岩层只发生了弯曲、下沉或同时产生微小的裂隙，岩层主要表现为弹性或塑性弯曲。该区域下沉量较小、下沉速度缓慢，当上覆岩层不是特别厚时可波及地表。受采动影响，采空区上覆岩层都会发生不同程度的弯曲下沉，但仍保持岩体的完整性，这部分岩层基本呈整体连续移动。

4. 底板采动导水破坏带

底板采动导水破坏带是指煤层底板岩层受采动影响而产生的采动导水裂隙的范围，其深度为从矿层底板至采动导水破坏带最深处的法线距离。底板采动导水破坏带发育深度主要与采煤工作面尺寸、开采方法和顶板管理方法、煤层厚度及倾角、底板岩层结构和物理力学性质有关。

5. 底板阻水带

底板阻水带也称为保护层带和完整岩层带，指煤层底板采动导水破坏带以下，底部含水体或底板承压水导升带以上具有阻水能力的岩层范围。在承压水上采煤时，为保证安全，底板阻水带的最小厚度应保证该段岩层在底部含水体水压力作用下不发生破坏。

6. 底板承压水导升带

底板承压水导升带指煤层底板承压含水层的水在水压力和矿压作用下上升到

底板岩层中的范围。

“三带”理论的研究成果对煤矿防治水工作起到了巨大的促进作用，同时对地表移动圈的划分、地表建(构)筑物的保护起到了重要作用。

2.1.2　非煤矿开采扰动岩层分区特性

上述“三带”的划分是根据煤矿地质条件的层状特性开展的，而当非煤矿矿山成矿机理及地质条件不具有层状时，开采扰动岩体多为裂隙发育的块状岩体，具有不连续性、不规则性，直接套用煤矿“三带”理论研究非煤矿山的覆岩移动及破坏是不合适的。因此，有学者针对非煤矿山地质特点，通过分析大量非煤矿山资料，结合一些非煤矿山采空区冒落情况的实地调查研究，将非煤矿山覆岩破坏特征划分了新的“三区”：垮落区、塑性区、弹性区。

1. 垮落区

非煤矿山采空区上覆岩体由于应力平衡被破坏，采空区上方岩体产生断裂破坏，岩块之间无法通过摩擦力、铰合力支撑岩块自重而垮落的区域称为垮落区。

垮落区的破坏特征具体如下：

(1)采空区上覆岩体在外力(自重应力、构造应力、爆破震动等)作用下，使岩体沿采空区法线产生弯曲变形，当外力作用超过岩石本身的抗拉、抗剪强度时，岩体内部产生微裂纹、微裂隙，这些微裂纹、微裂隙扩展、贯通变成断裂，岩体由大的块体变成小的块石而垮落，垮落的块石杂乱无章、大小不一地堆积在采空区内。

(2)非煤矿山地质特征导致其垮落形状多为拱形、圆锥形、桶形。

(3)由岩体变为岩块，岩石具有碎胀性，垮落后岩块间空隙较大，贯通性好，有利于水、砂、泥土的通过，若采空区上部有水体或含水较多时，对采矿工作的开展极为不利。垮落后岩石的体积大于垮落前的原岩体积，具体比原岩体积大多少主要取决于岩石的碎胀系数(松散系数)，岩石的碎胀系数一般为 1.25~2.5，岩石的碎胀性可使岩块的垮落自行停止。

(4)垮落区高度与矿体厚度和岩体的碎胀系数关系最为密切。一般情况下采空区覆岩为硬岩时比为软岩时垮落区高度要大。

(5)在采空区面积和开采高度等条件相同的情况下，非煤矿矿山垮落区垮塌面积比煤矿冒落面积小，其垮落高度(除去地质断层构造影响因素外)一般大于煤矿冒落高度。

垮落区的范围和高度，对地下矿山开采采取何种支护方式及支护强度等的选取非常重要。

2. 塑性区

在非煤矿山采空区上覆岩层中，覆岩可能发生塑性变形，脆性覆岩发生剪切破坏产生微裂纹、微裂隙，岩块之间可通过摩擦力、铰合力支撑绝大部分自重，而小部分自重靠垮落后碎胀的岩块支撑，覆岩仍保持原有的结构层次的区域称为塑性区。其位于垮落区和弹性区之间。塑性区的破坏特征有以下几点。

(1)微裂隙一般不闭合，形成导水裂隙。

(2)塑性区内根据与垮落区距离的远近又可分为裂缝区、裂隙区、裂纹区3个区域。靠近垮落区的为裂缝区，裂缝区岩体多发生严重断裂，但仍保持原岩层次结构，导水性能好；裂隙区处于裂缝区和裂纹区之间，岩体断裂较少，导水性一般；裂纹区远离垮落区，有微裂纹出现，不贯通，裂纹尺寸较短，导水性较差。

垮落区和塑性区均有导水性，在水体下采矿时，准确地确定垮落区和塑性区的范围和高度，对于安全生产非常重要。

3. 弹性区

在非煤矿山塑性区之上，没有因为采空区的出现而导致其覆岩发生微裂纹的区域称为弹性区。

弹性区覆岩具有以下特征。

(1)非煤矿山弹性区岩体受地下开采扰动影响而产生的移动是连续的、有规律的，移动过程是整体性下移且不改变覆岩结构的，不存在或少有存在微裂纹。

(2)弹性区覆岩在自重应力作用下产生弯曲，在水平方向一般处于构造应力作用，密实程度好，一般不渗水，具有隔水作用，可作为水下开采时的良好隔水保护层。

(3)弹性区的移动范围和高度除了受地质条件影响外，受开采深度、采空区高度和采空区范围影响较大。当开采深度大时，弹性区的高度也更大；采空区范围较大时，相应地弹性区的范围也随之增大。

弹性区的高度和范围，在地表移动圈的划分、保安矿柱的留设、地表重要建(构)筑物的保护等很多方面都有重要的意义。

非煤矿山采动覆岩垮落区主要分布在采空区上方拉应力区的覆岩内。顶部拉应力区随着开采工作面的推进而扩展，原来处于拉应力的部位会受到压缩。塑性区主要分布在支承压力区、垮落区周边、采空区上部含软弱夹层的区域及风化带岩层内。

无论是非煤矿山还是煤矿，顶板地质构造弱面是采空区顶板失稳破坏的内部主因。当有弱面存在时，弱面往往会使顶板组合结构、岩体性质发生变化，常常破坏顶板的完整性，致使顶板强度降低，进而造成失稳破坏。地下开挖造成的应力局部集中是造成覆岩垮落的驱动力，是外部诱因。当开挖扰动破坏了地下某区域的原岩应力平衡状态后，应力会重新分布。由于采空区的出现，应力在某些区域聚集，随着工作面采空区的变化，这些应力经过多次应力场的变更交叠，常常会使应力集中在采空区顶板及一些关键部位。在强大外力的作用下，采空区顶板出现弯曲、下沉，采空区中央顶板出现拉应力。由于岩石材料具有抗压不抗拉的特性，再加之顶板内部有弱面的出现，常会在顶板强度低的区域产生拉裂纹，随着时间的推移，拉裂纹贯通导致顶板垮落。

从能量的角度来讲，覆岩在外力的作用下，体积和形状均会发生改变，从而产生弹性能量聚集，体积的变化产生体变弹性能、形状的变化产生形变弹性能、顶板的弯曲下沉产生弯曲弹性能。当覆岩中的这些能量积聚达到一定量时，需要一定体积的岩体来吸收和转移这部分能量，当其超过这块岩体本身吸收和转移的极限时，就会将这部分额外能量转换为势能和动能进行垮落释放，造成覆岩的局部垮落或产生岩爆等冲击地压现象，其垮落体积的大小或岩爆的严重程度与岩体本身产生弹性能量的大小呈正比例关系。

煤矿冒落与采空区面积相关性更强。在相同采空区面积和开采高度的情况下，煤矿冒落水平范围更大，高度较小；而非煤矿山垮落水平范围较小，高度较大。产生这种差异的原因是金属矿山覆岩块体多属不规则状，且厚度大，裂隙、节理的存在更无规则性，导致覆岩更易整块垮落，垮落界面多不平整；煤矿岩层多属层状，多含层理、裂隙、节理，由于受外界力不平衡因素而冒落，其冒落的高度往往受其层状层理的影响较大，在受到外界同样外力作用时，其下部岩层吸收外力能量后产生冒落，为了达到二次应力平衡，下部岩层向四周传递应力能量，当能量向上部传递到岩层层理面(节理面、裂隙面)时，由于层理面之间的空隙传递应力能量不如岩石材料本身好，大部分应力能量将返回并沿更易传递应力能量的岩石材料本身传递，这样就会向水平方向扩展，而不再向岩层竖直方向发展。因此，煤矿冒落水平面积较大，冒落高度一般受岩层厚度及含层理(节理、裂隙)多少的影响。煤矿冒落界面较平滑、平整，尤其是冒落面顶部一般都是水平的。

2.2　地下开采扰动岩层移动模型

伴随地下开采，采空区上覆岩层会产生移动、变形和破坏，并逐渐向上发展直至地表，使地表产生连续的移动、变形和非连续的破坏，这个过程和现象称为岩层和地表移动(简称岩移)，也称为矿山开采沉陷。

在《煤矿科技术语　第 7 部分：开采沉陷与特殊采煤》(GB/T 15663. 7—2008)中，开采沉陷学是指“研究由于煤矿开采所引起的岩层移动及地表沉陷的现象、规律等相关问题的科学”。

实际上，地下矿产资源的开采大都会造成不同程度的开采沉陷现象，因此需要开展开采沉陷研究和解决开采沉陷问题。地下煤层属于沉积形成的层状矿体，煤层开采面积大，开采沉陷现象显现速度快、地表沉陷现象和造成的危害比较明显，我国又是煤炭生产大国，因此煤矿开采沉陷问题引起了人们的广泛关注。发生在地层中的开采沉陷现象及附加损害主要有：覆岩垮落、破裂、弯曲、层面剪切破坏；地下水资源破坏；其他有用矿物赋存条件破坏；地下工程结构变形破坏；矿井水灾等。发生在地表的开采沉陷现象及附加损害主要有：地表塌陷和变形；地表裂缝；地面建(构)筑物损坏；道路、管线、堤坝等基础设施破坏；农用地质量下降或破坏；山区地质灾害；生态环境破坏等。

长壁开采是一种广泛应用于地下矿床特别是煤层机械化大规模开采的方法。长壁采场盘区及上覆岩层沉陷情况，如图 2-2 所示。随着长壁采场盘区煤层的逐渐开采，形成一个矩形采空区，其长度随着长壁工作面的推进而逐渐增大。随后，上覆岩层向下沉移，充填采空区。

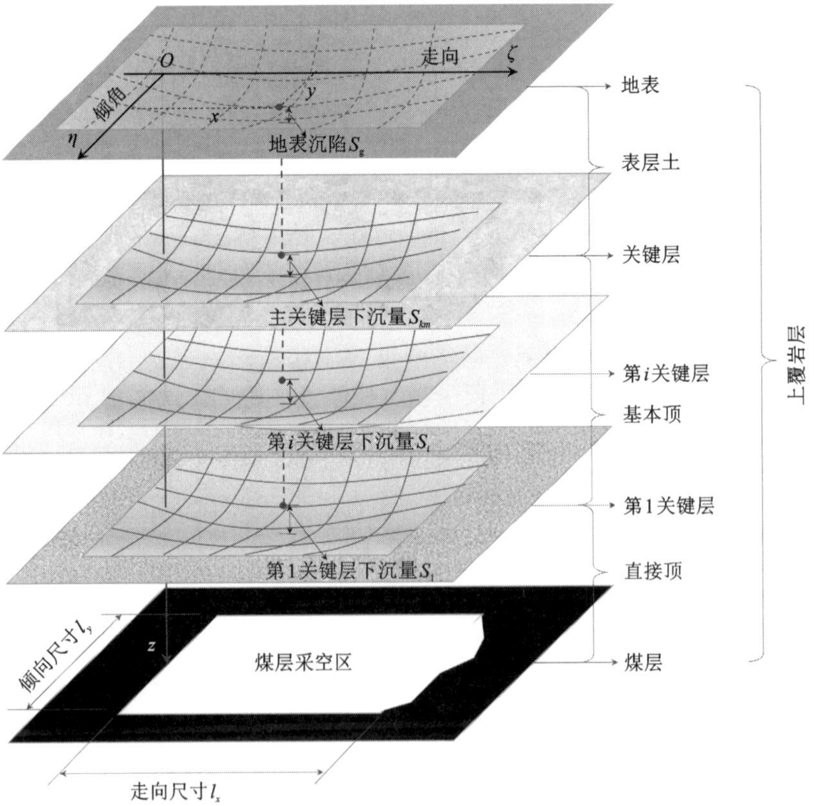

图 2-2　煤层采空区覆岩移动理论分析模型示意图

矿床的上覆岩层，特别是煤层的覆岩，是由许多层状沉积地层组成的，它们具有不同的构造大小、产状、力学性质和荷载。随着工作面的推进，煤层的开采会导致上覆岩层变形，无支撑岩层会周期性断裂成块体，并以块体铰接形式逐步下沉。由于不同覆岩性质差异，关键层控制着覆岩整体或部分的下沉，关键层断裂后覆岩随之下沉，如图 2-3 所示。关键层必须满足其断裂长度在对应覆岩整体或部分中最大的条件，其断裂长度由关键层的强度、厚度和载荷决定。特别地，控制着覆岩整体下沉的岩层被称为主关键层。

扫一扫，看彩图

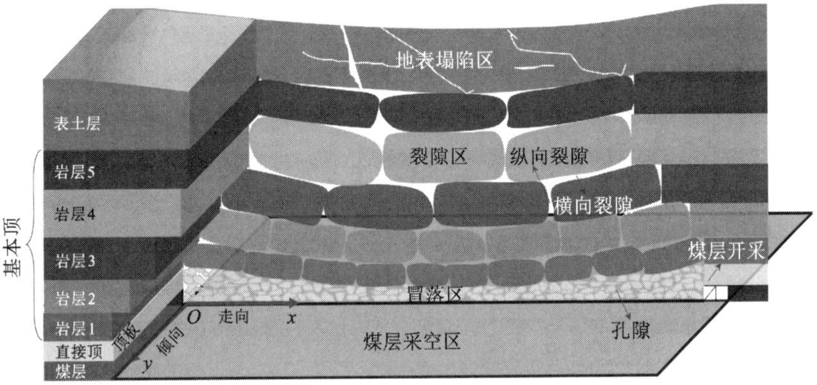

图 2-3　采空区覆岩移动三维示意图

2.2.1　地下开采引起的岩层移动过程与特征

2.2.1.1　岩层移动的形式

岩层移动的形式可归纳为以下 6 种。

(1) 弯曲：岩层沿层面的法线方向依次向采空区弯曲。

(2) 垮落：覆岩层在压力作用下弯曲而产生拉伸破坏，并从岩体中垮落下来。

(3) 片帮：外露的煤岩壁在支承压力作用下压碎并向采空区突出的现象，也称煤的挤出。

(4) 滚动：地层倾角较大时，采空区上部垮落的岩石可能下滑并充填下方采空区，从而使采空区上部的移动空间增大。

(5) 岩石沿层面滑移：在开采倾斜煤层时，岩石在自重力的作用下，除产生沿层面法线方向的弯曲外，还会产生沿层面方向的移动。

(6) 底板岩层隆起：当底板岩层较软时，在煤层采出后，底板在垂直方向减压、水平方向受压，导致底板向采空区隆起。

2.2.1.2 岩层移动的过程及区域特征

(1)采空区围岩弯曲变形：当地下矿体采出后，直接顶岩层在自重力和上覆岩层的压应力作用下，产生向下移动和弯曲，底板岩层向上隆起。

(2)顶板岩层断裂、破碎、冒落：当顶板岩层的内部应力超过岩层强度时，顶板岩层即发生断裂、破坏，并破碎、冒落到采空区，其上覆岩层以梁、板形式沿层面法线方向向下移动。

(3)岩层移动范围：随着工作面的继续推进，采空区范围扩大，采动造成的岩层弯曲、断裂和离层现象的范围不断扩大，岩层移动逐渐向上发展；当开采范围足够大时，岩层移动发展到地表，形成地表移动、变形、开裂及塌陷。

(4)下沉盆地：开采停止后，岩层移动过程逐渐停止，并在地表形成一个比采空区范围大得多的下沉盆地。

岩层移动稳定后，根据覆岩变形和应力分布特征可大致划分为三个区域：充分采动区(减压区)、最大弯曲区和岩石压缩区(支承压力区)。

充分采动区的特征为：①下部岩体破碎成块状，上部岩体断裂、产生离层和裂隙；②竖向受拉，横向受压；③各点的移动向量与煤层法线方向一致，在同一层内的移动向量彼此相等；④移动量最大。

最大弯曲区的特征为：①岩层向下弯曲的程度(曲率)最大；②产生沿层面方向的拉伸变形和压缩变形。

岩石压缩区的主要特征为：沿层面方向受拉，沿层面法线方向受压。

2.2.2 地下开采引起的地表移动过程与特征

矿山开采引起的地表移动过程与特征主要包括地表移动的形式、地表移动盆地形成过程、地表移动盆地的特征和地表移动与变形指标。

2.2.2.1 地表移动的形式

所谓地表移动，是指因采矿引起的岩层移动波及地表而使地表产生移动、变形、破坏的现象和过程。

由于不同地区采矿地质条件不同，地表移动通常有如下四种表现形式：地表移动盆地、裂缝与台阶、塌陷坑、采动滑移或滑坡。

(1)地表移动盆地：由开采引起的采空区上方地表移动的整体形态和范围，也叫作地表下沉盆地。当地下开采达到一定范围后，岩层移动会波及地表，使地表产生移动和变形，受影响地表从原有的标高向下沉降，从而在采空区上方形成一个比采空区范围大得多的沉陷区域。

(2)裂缝与台阶：地表会产生延伸型裂缝，裂缝两侧地表有时还会有一定的落差而形成台阶，属于地表非连续性破坏。

裂缝与台阶发生的原因主要是上覆岩层深厚比较小，地表拉伸变形或剪切变形较大。当松散层为塑性较大的黏土，且地表拉伸变形值超过 6 mm/m 时，地表出现裂缝。当松散层为塑性较小的砂质黏土、黏土质砂，且地表拉伸变形值超过 2 mm/m 时，地表即可产生裂缝。在急倾斜煤层条件下，特别是松散层较薄时，地表可能出现裂缝或台阶。

地表裂缝一般平行于开采区边界发展。在采煤工作面推进过程中，工作面前方地表可能出现垂直于推进方向的裂缝，随着工作面推过裂缝下方，这些裂缝还会闭合。地表裂缝的形状为楔形，开口大，开裂度随深度增加而减小。当地表有松散层时，裂缝发育深度一般不大于 5 m，但是在基岩露头的地表，裂缝深度可达数十米。

(3) 塌陷坑：地表下沉破裂时，产生的边缘较陡、深度较大的漏斗状或沟槽状塌陷，称之为塌陷坑，属于严重的地表非连续性破坏，其通常发生在浅部开采急倾斜煤层或特厚煤层时，对地表的破坏非常严重。

(4) 采动滑移或滑坡：主要发生在山区或黄土沟壑地区。采动滑移指地下开采引起的山区地表附加移动；采动滑坡指地下开采引起的山坡整体性大面积滑动或坍塌。

2.2.2.2　地表移动盆地形成过程

地表移动盆地是在采矿工作面推进的过程中逐渐形成的，主要包括四个阶段。

(1) 地表移动启动阶段：当工作面自开切眼向前推进相当于开采深度的 1/4～1/2 距离时，开采影响波及地表，引起地表下沉。

(2) 移动范围、最大下沉同步增长阶段：随着工作面继续向前推进，采空区面积增大，地表的影响范围不断扩大，下沉值不断增加，地表移动盆地范围逐渐扩大。

(3) 移动范围稳定增长阶段：当采空区尺寸增大到一定程度时，地表移动盆地范围继续扩大，最大下沉值将不再增加，从而形成一个平底的下沉盆地。

(4) 移动稳定阶段：工作面停采后，地表移动不会马上停止，而是要延续一段时间后才稳定下来，形成最终的地表移动盆地，此时的地表移动盆地又称静态移动盆地。

通常用采动程度表示地表移动的不同阶段。采动程度是指采空区尺寸和其对岩层移动和地表下沉影响的状态。依据采动程度可将地表移动分为非充分采动、充分采动和超充分采动三种情况。

(1) 非充分采动：地表最大下沉值随采区尺寸增大而增加的开采状态。

(2)充分采动：地表最大下沉值不随采区尺寸增大而增加的临界开采状态，也称临界开采。

(3)超充分采动：地表最大下沉值不随采区尺寸增大而增加，且超出临界开采的状态，也称超临界开采。

显然，地表移动启动阶段和移动范围、最大下沉同步增长阶段属于非充分采动；移动范围稳定增长阶段属于超充分采动；两者中间的临界情况属于充分采动。

2.2.2.3 地表移动盆地的特征

地表移动盆地主断面是指通过移动盆地最大下沉点沿煤层倾向或走向的垂直断面，沿走向的主断面称为走向主断面，沿倾向的主断面称为倾向主断面。在非充分采动或刚达到充分采动时，盆地内只有一个最大下沉点，沿走向和倾向分别只有一个主断面；当达到超充分采动时，盆地中央平底部分点的下沉值均达到了最大下沉值，此时主断面有无数个。

地表移动盆地主断面的特征如下。

(1)范围最大：主断面上地表移动盆地的范围最大。

(2)变形量最大：主断面上地表移动最充分，移动变形量最大。

(3)无横向位移：主断面上的点通常不产生垂直于主断面方向的水平移动。

下面从地表移动盆地的变形区域特征和几何形态特征两方面来分析地表移动盆地的特征。

1. 变形区域特征——中性区域、压缩区域和拉伸区域的地表移动盆地特征

中性区域：又称地表移动盆地的中间区域，位于盆地中央部位。在此区域内，地表下沉均匀，地表下沉值达到该地质采矿条件下应有的最大值，其他移动变形值近似为零，一般不出现明显的裂缝。这个区域我们也称为地表移动的充分采动区域。

压缩区域：又称地表移动盆地的内边缘区域，位于采空区边界附近到最大下沉点之间。在此区域内，地表向盆地中心方向倾斜，呈凹形，产生压缩变形，一般不出现裂缝。

拉伸区域：又称地表移动盆地外边缘区域，位于采空区边界到盆地边界之间。在此区域内，地表向盆地中心方向倾斜，呈凸形，产生拉伸变形，是产生地表裂缝的主要区域。

2. 几何形态特征——水平煤层、倾斜煤层和急倾斜煤层地表移动盆地几何特征

(1)水平煤层地表移动盆地几何特征。

与采空区相对位置：地表移动盆地位于采空区的上方，其最大下沉点所在位

置和采空区中心一致。地表移动盆地的平底部分位于采空区中部的正上方。

地表移动盆地的形状：与采空区对称，如果采空区的形状为矩形，则地表移动盆地的平面形状为规则椭圆形。地表移动盆地左右两侧基本对称，移动范围相当。

盆地内外边缘分界点：大致位于采空区边界的正上方或略有偏离。

(2)倾斜煤层地表移动盆地几何特征。

与采空区相对位置：与采空区位置不完全对称，地表移动盆地向下山方向偏移；最大下沉点偏向采空区的下山方向，与采空区中心不重合。

地表移动盆地的形状：平面呈不规则椭圆形，在走向上对称于倾斜中心线；而在倾斜方向上不对称，煤层倾角越大，这种不对称性越明显。上山方向较陡，移动范围小；下山方向较平缓，移动范围大。

(3)急倾斜煤层地表移动盆地几何特征。

与采空区相对位置：与采空区位置不对称，整个地表移动盆地明显偏向下山方向；最大下沉点大致位于采空区下边界上方。

地表移动盆地的形状：地表移动盆地形状的不对称性更加明显。工作面下边界上方地表的开采影响达到开采范围以外很远；工作面上边界上方地表的开采影响则达到煤层底板岩层。

2.2.2.4　地表移动与变形指标

地表移动盆地中不同位置的地表移动与变形程度是不同的。用来描述地表移动盆地中地表移动与变形程度的常用指标有地表下沉值、地表水平移动值、地表倾斜值、地表曲率值和地表水平变形值等。

通常将开采影响前的地表点初始位置与地表移动后位置的连线的长度和方向，称为地表点移动向量。

地表下沉值：地表点移动向量的垂直分量。

地表水平移动值：地表点移动向量的水平分量。

地表倾斜值：地表两相邻点下沉值之差与其变形前的水平距离之比。

地表曲率值：地表两相邻线段倾斜差与其变形前的水平距离平均值之比。

地表水平变形值：地表两相邻点的水平移动值之差与其变形前的水平距离之比。

显然，上述地表移动与变形指标均具有方向性，一个地表点的下沉值为铅垂线方向；同一点的其他移动与变形指标值随水平方向变化而变化，即同一点在不同方向上的水平移动、倾斜、曲率和水平变形是不同的。

2.2.3 岩层移动三维模型

2.2.3.1 关键层理论

由于以往矿压理论不能对一些关键的矿山压力显现、岩层移动及覆岩离层现象做出统一的相互关联的解释，岩层控制的关键层理论于 20 世纪 90 年代被提出。钱鸣高院士认为在上覆岩层中存在一些较为坚硬的厚岩层，其对岩体活动全部或局部起决定作用，前者称为主关键层，后者称为亚关键层[9, 10]。根据关键层的定义可知，基本顶可视为最下部的关键层，最上部的关键层为主关键层。假设将基本顶及上部岩层依次记为 S_1，S_2，S_3，…，最下部的关键层 S_1 及其上部共有 n 层岩层同步协同变形(图 2-4)，则第 $n+1$ 层岩层 S_{n+1} 为关键层的判别条件为：

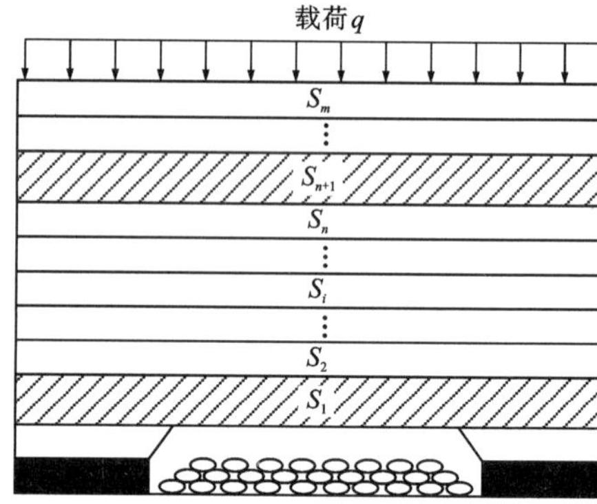

图 2-4　关键层判别模型

$$\begin{cases}(q_n)_1 > (q_{n+1})_1 \\ L_{n+1} > L_1\end{cases} \quad (2-1)$$

$$(q_n)_1 = \frac{E_1 h_1^3(\gamma_1 h_1 + \gamma_2 h_2 + \cdots + \gamma_n h_n)}{E_1 h_1^3 + E_2 h_2^3 + \cdots + E_n h_n^3} \quad (2-2)$$

式中：E_n、h_n、γ_n 分别为第 n 层岩层的弹性模量、厚度、容重；L 为顶板周期破断步距。如果第 $n+1$ 层岩层的断裂步距不满足条件 $L_{n+1}>L_1$，应将第 $n+1$ 层岩层所控制的全部岩层作为载荷作用到第 n 层岩层上部，重新计算第 1 层岩层的变形和破断步距。

关键层理论采用力学方法求解采动后，岩体内部的应力场和裂隙场改变，使采场矿压、岩层移动和地表沉陷等方面的研究成为一个有机的整体，为岩层移动和采场矿压研究提供了一种统一思想和方法。关键层理论为其后提出的煤矿“绿色开采”和“科学采矿”奠定了理论基础，因而被学术界和工程界普遍接受和广泛应用。许家林等研究了关键层对覆岩及地表移动的控制作用，以及关键层破断块度与表土层厚度对地表下沉曲线形态的影响：当表土层较薄或覆岩中有典型的关键层时，表土层将不能完全消化掉关键层的非均匀下沉，此时应根据关键层破断后下沉曲线特征来预计地表下沉曲线[11]。另外，其团队还探讨了覆岩主关键层对地表下沉动态过程的影响：主关键层的破断将引起地表下沉速度和地表下沉影响边界的明显增大和周期性变化[12]，并提出将控制覆岩主关键层不破断作为建筑物下采煤设计原则。

采场覆岩是多层厚度不同、强度各异的岩层的有序堆列。基本顶岩层在移动过程中，自身强度、受力的不同会导致变形的不协调性，从而在竖直方向上产生离层，形成离层裂隙。同时，岩层在弯曲的过程中，横向截面会发生转移，从而会在岩层走向上产生破断裂隙，进而直接顶岩层则随着工作面的推进而直接垮落、堆积并存在空隙。

2.2.3.2　岩层竖向位移

1. 未破断岩层

未破断失稳的岩层在自重和上部载荷作用下发生挠曲下沉，可以运用弹性薄板弯曲理论计算其下沉量。根据采场覆岩破断“O”形圈特性，将岩层弯曲假设成受均布载荷作用、边界固支的椭圆形薄板的挠曲下沉，其下沉量 w_{ki} 可由式(2-3)计算[13]：

$$w_{ki}(x,\ y)=\frac{(\rho_i gT_i+q_{0i})\cos\alpha\left(\frac{4x^2}{l_x^2}+\frac{4y^2}{l_y^2}-1\right)^2}{8D_i\left(\frac{48}{l_x^4}+\frac{32}{l_x^2l_y^2}+\frac{48}{l_y^4}\right)} \tag{2-3}$$

式中：ρ_i 为第 i 岩层岩石密度；T_i 为第 i 岩层厚度；q_{0i} 为第 i 岩层上部载荷；α 为煤层倾角；l_x 为采空区走向长度；l_y 为采空区倾向宽度；D_i 为第 i 岩层抗弯刚度，$D_i=ET_i^3/[12(1-v^2)]$(其中 E 为弹性模量，v 为泊松比)。

2. 破断岩层

(1)岩层移动的半空区三维模型。

根据岩体结构的“砌体梁”力学模型理论，岩层破断后则形成稳定的“砌体梁”结构，其竖向位移 w_{kix} 沿煤层走向的拟合曲线为[14]：

$$w_{kix}=w_{0i}(1-\mathrm{e}^{-\frac{x}{2l_i}}) \tag{2-4}$$

式中：w_{0i} 为第 i 岩层移动稳定后的下沉量；l_i 为第 i 岩层岩石破断长度。

同时，在煤层倾向方向，“砌体梁”的下沉量也具有类似的曲线，可表示为 $w_{kiy}=w_{0i}(1-\mathrm{e}^{-\frac{l_y/2-|y|}{2l_i}})$。在图 2-5 的直角坐标系中，假设破断关键层下沉量在 x 轴上按式(2-4)分布，同时受着 w_{kiy} 的等比例影响，即

$$\frac{1-\mathrm{e}^{-\frac{l_y/2-|y|}{2l_i}}}{1-\mathrm{e}^{-\frac{l_y}{4l_i}}}=\frac{w_{ki}(x,\ y)}{w_{0i}(1-\mathrm{e}^{-\frac{x}{2l_i}})}$$

所以有：

$$w_{ki}(x,\ y)=\frac{w_{0i}(1-e^{-\frac{x}{2l_i}})(1-e^{-\frac{l_y/2-|y|}{2l_i}})}{1-e^{-\frac{l_y}{4l_i}}} \tag{2-5}$$

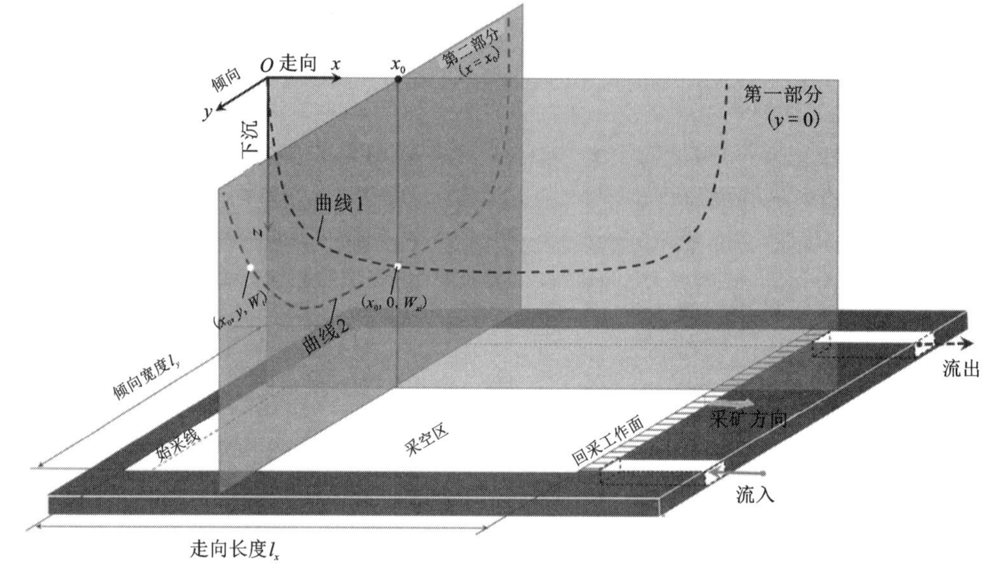

[注：坐标原点位于第 i 个关键层中与始采线中点对应的点。曲线 1 是第一部分($y=0$)中第 i 个关键层沿煤层走向的沉降曲线。曲线 2 是第二部分($x=x_0$)中第 i 个关键层沿煤层倾向的沉降曲线，其中 x_0 是 x 的任意值。W_{xi} 是曲线 1 在 $x=x_0$ 处的沉降值，W_i 是曲线 2 在 y 的任意值处的沉降值。点(x_0，0，W_{xi})是曲线 1 和 2 的交点，点(x_0，y，W_i)是曲线 2 中的任意点。]

图 2-5　沿煤层走向 x 和倾向 y 的第 i 个关键层的长壁开采结构及其沉降曲线

(2)岩层移动的全空区三维模型

根据采场覆岩破断下沉的“砌体梁”力学模型理论，岩层破断后则形成稳定的“砌体梁”结构，如图 2-5 所示的第 i 岩层在 $y=0$ 截面上的竖向位移 w_{xi} 沿煤层走向的拟合曲线公式为：

$$w_{xi}=w_{oi}(1-e^{-\frac{x}{2l_i}}) \tag{2-6}$$

同样，在煤层倾向上，$x=x_0$ 截面(截面 B)上“砌体梁”的下沉量也具有类似的曲线(即曲线 2)，且曲线关于 x 轴对称，公式为：

$$w_{yi}(x=x_0)=w_{xi}(x=x_0)(1-e^{-\frac{l_{yi}/2-|y|}{2l_i}})/(1-e^{-\frac{l_{yi}}{4l_i}}) \tag{2-7}$$

使 x_0 任意化后可以得到第 i 岩层的竖向位移曲面方程：

$$w_i(x,\ y)=\frac{w_{0i}(1-\mathrm{e}^{-\frac{x}{2l_i}})(1-\mathrm{e}^{-\frac{l_{yi}/2-|y|}{2l_i}})}{1-\mathrm{e}^{-\frac{l_{yi}}{4l_i}}} \tag{2-8}$$

对式(2-8)进行关于 $x=l_{xi}/2$ 轴对称处理后可得：

$$w_i(x,\ y)=\begin{cases}\dfrac{w_{0i}(1-\mathrm{e}^{-\frac{x}{2l_i}})(1-\mathrm{e}^{-\frac{l_{yi}/2-|y|}{2l_i}})}{1-\mathrm{e}^{-\frac{l_{yi}}{4l_i}}}, & (0\leqslant x\leqslant l_{xi}/2)\\[2ex]\dfrac{w_{0i}(1-\mathrm{e}^{-\frac{l_{xi}-x}{2l_i}})(1-\mathrm{e}^{-\frac{l_{yi}/2-|y|}{2l_i}})}{1-\mathrm{e}^{-\frac{l_{yi}}{4l_i}}}, & (l_{xi}/2\leqslant x\leqslant l_{xi})\end{cases} \tag{2-9}$$

式中：w_{0i} 为第 i 岩层移动稳定后的最大下沉量，$w_{0i}=M-\sum h_i(Kp_i-1)$，$M$ 为开采煤层厚度，$\sum h_i$ 为第 i 岩层到煤层顶板的距离，Kp_i 为 $\sum h_i$ 内岩石的残余碎胀系数；l_i 为第 i 岩层岩石破断长度，$l_i=h_i\sqrt{\sigma_{\mathrm{ti}}/(3q)}$，$h_i$、$\sigma_{\mathrm{ti}}$ 分别为第 i 岩层的厚度、抗拉强度，q 为岩层的自重和上部载荷强度；l_{xi} 为第 i 层破断下沉覆岩的走向长度；l_{yi} 为第 i 层破断下沉覆岩的倾向宽度。

(3)岩层移动的三维动态模型。

煤系地层通常由许多厚度、强度和刚度不等的层状沉积地层组成。煤层开采会导致顶板破断垮落，顶板会周期性断裂成块状结构。这些块体可能铰链在一起，形成一个砌体梁结构，然后下沉。由于基本顶一般由若干个强度、厚度、荷载不同的地层组成，其一般由一个主关键层和若干个关键层控制岩层和地表的沉降。如图 2-5 所示为沿煤层走向和倾向的长壁开采结构和关键层沉降曲线，可用于分析从地层到地表的沉降。长壁开采后在煤层内形成一个矩形空区，根据关键层理论推导关键层下沉曲线：

$$W_{xi}=W_{0i}\left\{1-\left[1+\exp\left(\frac{l_x-|l_x-2x|}{0.5l_i}-2\right)\right]^{-1}\right\} \tag{2-10}$$

$$W_{0i}=M-\sum h_i(Kp_i-1) \tag{2-11}$$

$$l_i=h_i\sqrt{\sigma_{\mathrm{ti}}/(3q)} \tag{2-12}$$

式中：W_{xi} 是 $y=0$ 截面中第 i 个关键层的沉降量；W_{0i} 是第 i 个关键层的最大沉降量，由煤层开挖尺寸和裂隙地层膨胀增量之间的差值表示；l_x 是采空区的走向长度；l_i 为第 i 个关键层的破断长度；M 是煤层厚度；$\sum h_i$ 是第 i 个关键层和煤层之间的距离；Kp_i 是第 i 个关键层和煤层之间岩体的碎胀系数（破碎后膨胀体积与其原始体积的比率)；h_i 和 σ_{ti} 分别是第 i 个关键层的厚度和抗拉强度；q 是第 i 个关键层上的荷载。采空区走向长度可以用下式表示：

$$l_x = \int_0^t v(t)\,\mathrm{d}t \tag{2-13}$$

式中：t 是从始采线开始采煤所用时间；$v(t)$ 是采煤前进的速度。

当 $x=x_0$ 时，第 i 个关键层沿煤层倾向的下沉量可以表示为：

$$W_{yi}(x=x_0) = \frac{W_{xi}(x=x_0)\cdot\left\{1-\left[1+\exp\left(\dfrac{l_y-2|y|}{0.5l_i}-2\right)\right]^{-1}\right\}}{1-\left[1+\exp\left(\dfrac{l_y}{0.5l_i}-2\right)\right]^{-1}} \tag{2-14}$$

式中：W_{yi} 是当 $x=x_0$ 时第 i 个关键层的沉降量；$W_{xi}(x=x_0)$ 是第 i 个关键层在(x_0，0)点的沉降量，即当 $x=x_0$ 时第 i 个关键层的最大沉降量；l_y 是采空区的倾向宽度。当截面 $x=x_0$ 为任意值时，第 i 个关键层的垂直位移曲面可表示为：

$$W_i(x, y, t) = \frac{W_{0i}\left\{1-\left[1+\exp\left(\dfrac{\int_0^t v(t)\,\mathrm{d}t-\left|\int_0^t v(t)\,\mathrm{d}t-2x\right|}{0.5l_i}-2\right)\right]^{-1}\right\}\cdot\left\{1-\left[1+\exp\left(\dfrac{l_y-2|y|}{0.5l_i}-2\right)\right]^{-1}\right\}}{1-\left[1+\exp\left(\dfrac{l_y}{0.5l_i}-2\right)\right]^{-1}} \tag{2-15}$$

式中：W_i 是第 i 个关键层在 x-y 平面上的沉降量。

2.2.3.3 岩层平面伸张

岩层在受到采动影响后会发生弯曲变形甚至破断，其所占有的空间体积增大。岩层破断下沉后可以用覆岩破断下沉前后岩层微元面的面积变化量来描述其平面伸张量，即

$$u_i(x, y) = \sqrt{1+\left[\frac{\partial w_{ki}(x, y)}{\partial x}\right]^2+\left[\frac{\partial w_{ki}(x, y)}{\partial y}\right]^2}\,\mathrm{d}x\mathrm{d}y-\mathrm{d}x\mathrm{d}y \tag{2-16}$$

式中：$u_i(x, y)$ 为第 i 岩层在点(x，y)处的微元面的面伸张量。

对于整个岩层，其整体伸张量可表示为

$$u_i = \int_0^{L_s}\int_{-l_y/2}^{l_y/2}\sqrt{1+\left[\frac{\partial w_{ki}(x, y)}{\partial x}\right]^2+\left[\frac{\partial w_{ki}(x, y)}{\partial x}\right]^2}\,\mathrm{d}x\mathrm{d}y-L_s l_y \tag{2-17}$$

式中：u_i 为第 i 岩层的面伸张量；L_s 为岩层移动基本稳定线距工作面的距离；l_y 为采空区倾向宽度。

2.2.3.4　岩层移动三维模型的应用

通过式(2-3)和式(2-5)计算工作面推进 300 m 后，其后方 100 m 范围内的覆岩下沉曲面如图 2-6 所示。如图 2-7 所示为在煤层走向中线($y=0$)处覆岩的下沉曲线，从各曲线的变化趋势上看，紧邻直接顶的覆岩在工作面后方 50~60 m 后下沉量基本稳定，而在其上部随着埋深变浅各覆岩层的稳定距离(从工作面到覆岩基本稳定点的距离)有所增长，依次为 67 m、79 m、92 m 和 110 m，总体上各覆岩的稳定距离一般为其破断岩块长度的 6~8 倍。

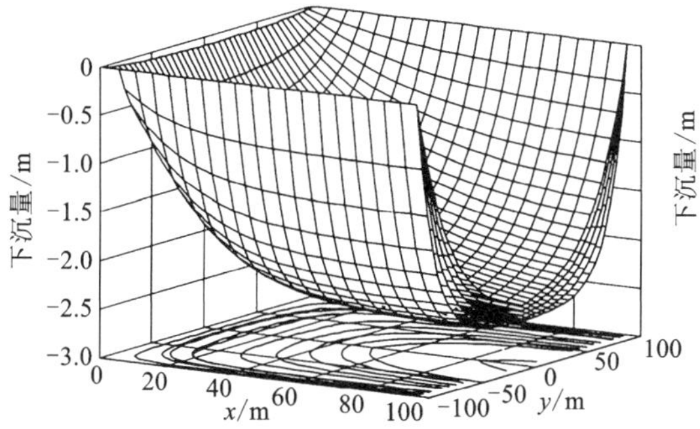

图 2-6　采场覆岩下沉曲面

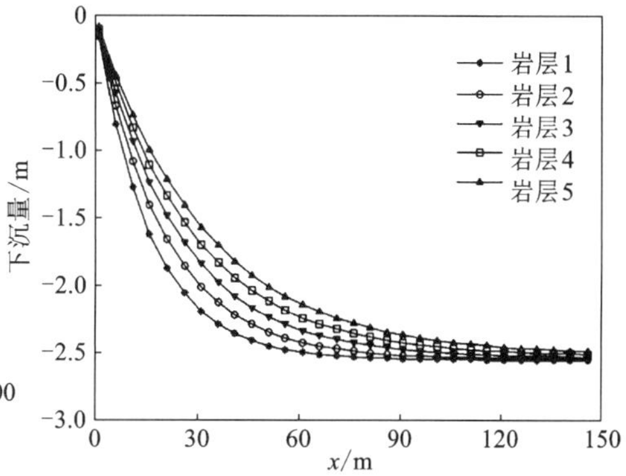

图 2-7　$y=0$(即走向中线)处覆岩下沉曲线

由式(2-9)可得第 1 关键层和第 2 关键层沉降量如图 2-8 所示，其形状类似于盆的形状；矩形采空区四个端点的沉陷量最小，从采空区周边向中心急剧增加，然后趋于稳定，达到最大值。

由于式(2-10)所示的岩层沉降表达式在煤层走向和煤层倾向方向上相似，因此在 $x-z$ 和 $y-z$ 平面上的空隙率分布曲线图相似。由于覆岩沿煤层倾向的运动和沿煤层走向相似，因此利用 UDEC 软件程序建立了某煤矿 4 号煤层以上煤系地层沿煤层走向的二维模型(图 2-9)。利用岩层间的层理将覆盖层划分为与地层厚度相对应的岩层。岩层被分成离散块体，这些块体通过地层中的节理相互作用，在层理和节理处可产生裂缝。块体本身在内部被划分为区域，作为一个使用三角形网格的有限数值计算单元。UDEC 模型包含两种类型的岩石性质，用于参数化岩石基质(块)和岩石接触(地层中的节理和地层之间的层理)。Mohr-Coulomb 塑性模型[15]被用来确定块体材料的力学行为。此外，使用基于节理区域接触的库仑滑动模型[15]来确定块体之间岩石接触的力学行为，其属性如表 2-1 所示。根据覆岩理论断裂长度计算覆岩块度大小，确定覆岩关键层。4 号煤层覆岩中有两个关键层。在长壁开采顶板周期来压现场监测中，周期性地观察

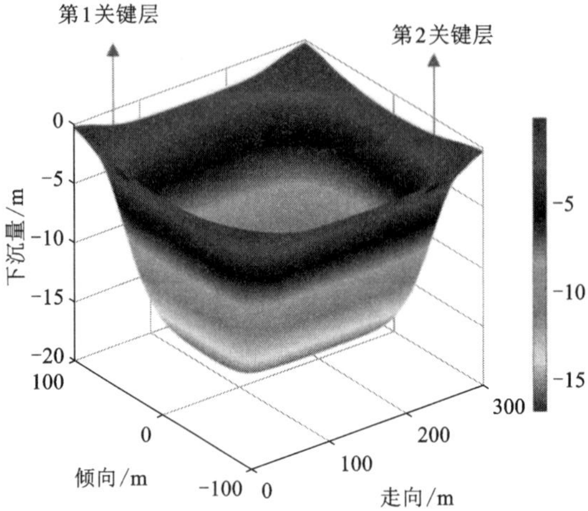

扫一扫，看彩图

图 2-8　关键层移动的三维模型

到两个支承压力峰值，不同强度的地压明显出现。相邻峰间距分别为 42.6 m 和 23.5 m，对应地压显现的高强度和低强度。因此，在 UDEC 模型中，第 2 关键层（主关键层）和第 1 关键层的块体尺寸分别设计为 42.6 m 和 23.5 m。

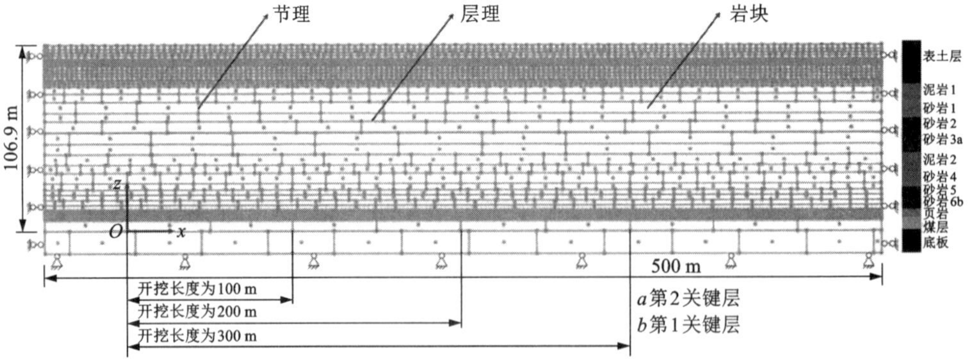

图 2-9　煤系地层的 UDEC 模型

表 2-1　上覆岩层中岩石接触面的力学参数

类型	接触面	法向刚度 /(GPa · m^{-1})	剪切刚度 /(GPa · m^{-1})	抗拉强度 /MPa	摩擦角 /(°)	内聚力 /MPa
地层整体	泥土	0.1	0.04	0	27	0
	泥岩	5.8	2.1	1.2	28	1.4
	砂岩	60.4	18.9	2.4	31	2.9
	页岩	10.1	4.0	0.9	15	1.2
	煤层	9.3	3.8	0.6	20	1.0
层理面	泥土-泥岩	2.8	0.9	0.4	27	0.6
	泥岩-砂岩	20.1	8.4	1.9	28	1.9
	砂岩-页岩	27.7	10.0	1.4	20	1.7
	页岩-煤层	9.5	3.8	0.6	18	1.1

由于 4 号煤层易发生自燃，为防止残煤自燃，在采空区地面开钻 50 m 间隔的钻孔，向采空区注入防灭火材料。这些钻孔可作为观测钻孔，用于确定关键层的位置和测量其沉降值。将理论方程计算结果、UDEC 数值模拟结果与观测孔现场实测结果进行对比，如图 2-10 所示。很明显，数值沉降与现场实测结果较吻合，并得到了理论结果的支持。除了采空区长度仅为 100 m 时理论沉降量大于数值沉降量外，理论沉降量与数值沉降量基本一致。这是因为在理论沉降模型中，第 2 关键层被假定为块状结构，但实际上该关键层还未发生断裂。因此，将未破断的第 2 关键层视为弹性薄椭圆形板，从而可获得第 2 关键层的沉降修正值，其结果如图 2-10(a) 中的黑色虚线所示。

此外，采用理论计算、随机计算、模拟试验和数值模拟的方法，对某煤层 6 个不同长壁开采步骤下第 1 关键层沉陷量进行计算，结果如图 2-11 所示。在开挖长度为 50 m 时，理论计算和随机计算均显示第 1 关键层产生了一定沉降量，最大沉降量分别为 9 m 和 9.465 m。但试验和数值模拟结果均表明，第 1 关键层未发生明显下沉。这是由于实际上此阶段第 1 关键层尚未破裂，而在理论模型中假定其已经破裂，将第 1 关键层模拟为弹性椭圆岩层可以修正该计算误差。开挖长度为 100 m 时，第 1 关键层沉降的理论和随机计算结果均比开挖长度为 50 m 时有所增加。

在开挖长度为 150 m、200 m、250 mm 和 300 mm 时，理论计算、随机计算、模拟试验和数值模拟结果吻合较好，均表明第 1 关键层下沉最大的位置在长壁采动区中部。上述对比分析结果表明，构建的理论模型能够较好地表征煤层长壁开采引起的上覆岩层沉降。

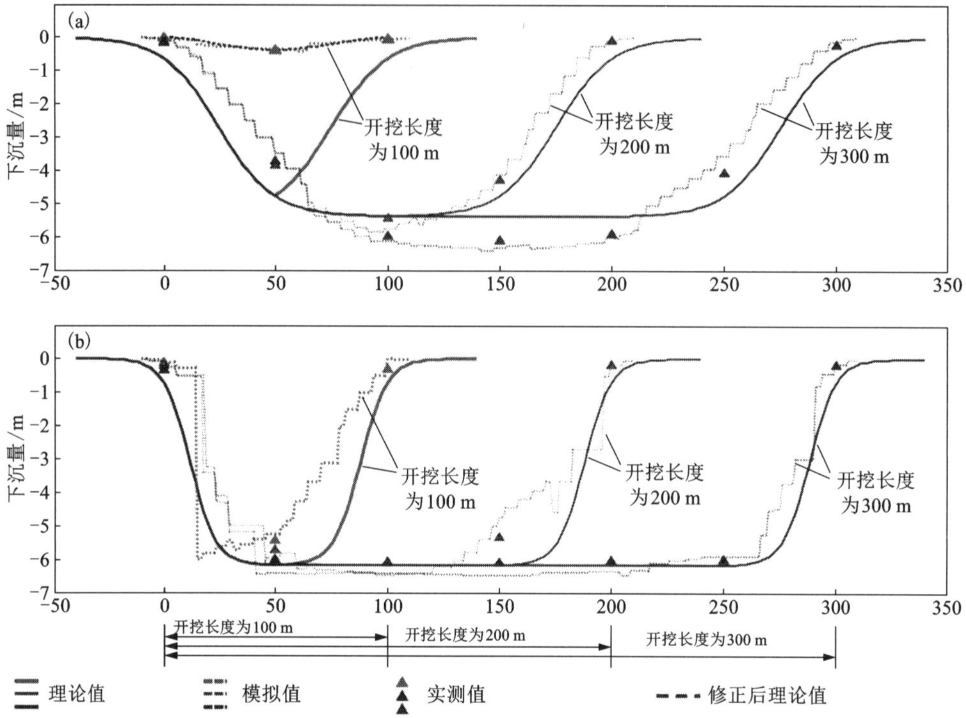

图 2-10　(a)第 2 关键层和(b)第 1 关键层的沉降(由理论、数值、现场测量和修正的理论结果得出)

扫一扫，看彩图

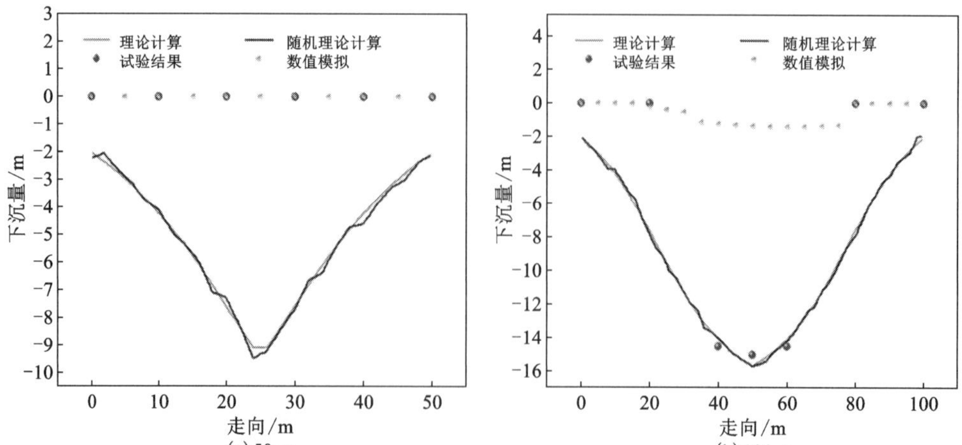

(a) 50 m　　(b) 100 m

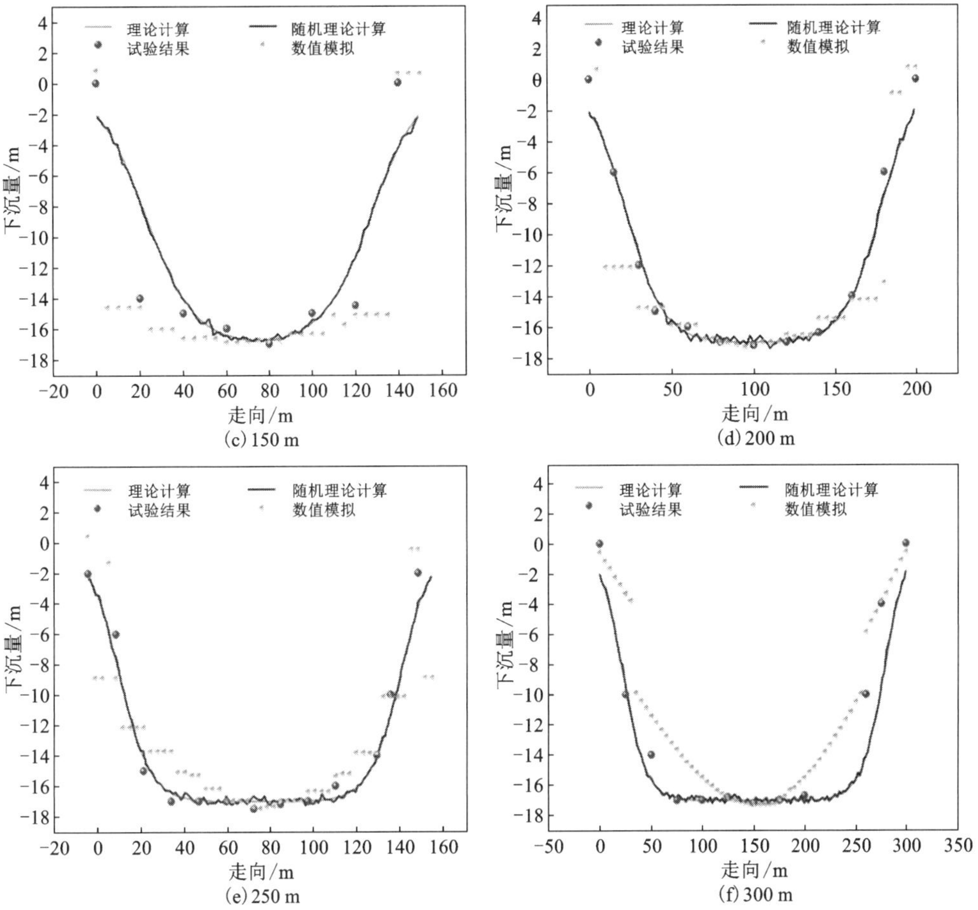

图 2-11　不同开采长度下的关键层下沉量对比，包括理论计算、随机计算、试验和数值模拟结果

2.2.4　地表移动三维模型

2.2.4.1　地表移动与变形计算方法分类

按计算方法建立的原理与途径，通常将地表移动与变形计算方法分为以下三类。

(1) 基于实测资料的经验方法：通过对地表移动实测资料的统计分析，确定计算各种移动变形值的无因次曲线或函数形式的预测方法，如典型曲线法、诺模图法、剖面函数法、灰色预测法、卡尔曼滤波法、时间序列分析法、神经网络法等。该类方法所用到的参数主要为不同计算方法的特征参数和开采区域采矿地质条件及几何特征参数。

(2)理论模型方法：把岩体抽象为某个理论模型(如连续介质模型和非连续介质模型)，按照这个模型计算受开采影响岩体产生的移动、变形和应力的分布情况。该类方法所用到的参数主要为实验室测定的岩石物理力学参数和开采区域采矿地质条件及几何特征参数。

(3)影响函数法：假定微小单元开采将引起地表产生微小的地表移动(用影响函数表示)，整个开采区域引起的地表移动可看作该开采区域内所有微小单元开采引起的微小地表移动的总和。该类方法所用到的参数主要为不同影响函数的特征参数和开采区域采矿地质条件及几何特征参数。

我国积累了大量的地表移动与变形实测资料，并先后建立了以概率积分法、负指数函数法、典型曲线法为基础的地表移动与变形计算方法体系，并在实践中得到了广泛应用。

2.2.4.2 概率积分法的基本原理和应用

概率积分法是以正态概率函数为影响函数的地表移动与变形计算方法，因其所用的移动与变形计算公式中含有概率积分函数而得名。因为这种方法的理论基础是随机介质理论，所以又叫随机介质理论法。经过我国开采沉陷研究工作者的不断研究，该方法已发展成我国较成熟、应用最广泛的计算方法。

(1)岩层移动的连续介质模型与非连续介质模型概念。

连续介质模型是指在岩层移动过程中，介质始终保持它的连续性，介质单元之间的联系保持不变。这类模型可用弹塑性力学方法求解。

非连续介质模型是指在岩层移动过程中，介质的连续性受到破坏，介质单元之间原有的联系发生变化，单元互相分离并发生相对运动。这类模型可采用块体力学、颗粒体力学方法求解。

(2)地表移动的随机介质理论。

自然界中的岩体由于被节理、裂隙、断层、软弱夹层等非均质结构面所切割，因此具有明显的非连续介质特征；用非连续介质模型研究开采沉陷问题是合适的。

波兰学者李特威尼申通过将自然岩体抽象为非连续介质中的颗粒体介质，提出并建立了岩层移动的随机介质理论。

随机介质理论的基本假设与推论表明，岩体介质是由许多足够小的岩块颗粒组成的；这些颗粒之间完全失去联系，可以相对运动，且它们的运动过程是随机过程；开采引起的岩层与运动的规律与作为随机介质的颗粒介质模型所描述的规律在宏观上是相似的；基于随机介质理论建立的影响函数与基于实测资料的克诺特-布德雷克理论建立的影响函数——高斯函数是非常相似的。

(3)地表移动的概率积分法模型。

我国学者刘宝琛、廖国华在 20 世纪 60 年代初期将随机介质理论引入国内，并逐渐发展概率积分法。概率积分法是将矿山岩层移动作为一个服从统计规律的随机现象来讨论的，通过随机介质理论导出单元开采引起的地表下沉和水平移动表达式，然后通过对开采区域求积得到地下开采引起的地表移动与变形值。

2.2.4.3　基于随机介质理论的地表移动模型

地下煤层的覆岩土层是一种赋存条件多样且成因复杂的天然地质体。由于长期的地质作用，覆岩土层内诸如节理、裂隙、断层等结构面分布广泛，这些结构面将岩土体分割成大量尺寸和形状各异的结构体即岩土块体。当煤层开采时，单个块体会发生十分复杂、随机的运动，因此很难将其视为简单的弹性体或者弹塑性体而应用经典力学的方法来分析各个岩土块体的运动。但地表移动及观测表明岩土体宏观上总的运动具有明显的规律性，因此可用随机介质移动理论来研究煤层开采引起的地表移动问题[16-18]。

1. 地表沉降模型

随机介质理论是颗粒介质运动力学的一个分支，它满足抛物或抛物面二阶偏微分方程，与经典方法的关系在某种程度上类似于湍流统计理论与经典流体力学理论之间的关系。根据随机介质理论，如图 2-12 所示，在点 $A(x, y, 0)$处由主关键层一个微单元的沉降引起的地表沉降 $W_e(x, y)$，可以用式(2-18)表示。

$$\begin{aligned} W_e(x, y) &= \frac{1}{r^2(z)}\exp\left\{-\frac{\pi}{r^2(z)}[(x-\zeta)^2+(y-\eta)^2]\right\}\mathrm{d}\zeta\mathrm{d}\eta\mathrm{d}z \\ &= \frac{1}{z^2\cot^2\beta}\exp\left\{-\frac{\pi}{z^2\cot^2\beta}[(x-\zeta)^2+(y-\eta)^2]\right\}\mathrm{d}\zeta\mathrm{d}\eta\mathrm{d}z \end{aligned} \tag{2-18}$$

式中：ζ、η 和 z 分别是笛卡尔坐标系的三个轴；x 和 y 是地面上任意点的坐标值；$r(z)$是由主关键层中微观单元沉降引起的地表影响区域半径；β 是影响角，其值取决于地层和表土层的性质。

点 A 处由整个主关键层沉降引起的地面沉降是主关键层中所有微观单元的地面沉降之和，其表达式如下所示：

$$\begin{aligned} W_g(x, y, t) &= \iiint_V W_e(x, y)\mathrm{d}\zeta\mathrm{d}\eta\mathrm{d}z \\ &= \int_{-\infty}^{+\infty}\int_{-\infty}^{+\infty}\frac{W_m(\zeta, \eta, t)}{H^2\cot^2\beta}\exp\left\{-\frac{\pi}{H^2\cot^2\beta}[(x-\zeta)^2+(y-\eta)^2]\right\}\mathrm{d}\zeta\mathrm{d}\eta \end{aligned} \tag{2-19}$$

式中：W_g 是地表沉降；W_m 是主关键层沉降；H 是地表和主关键层之间的距离；V 是主关键层沉降的空间尺度(积分范围)。

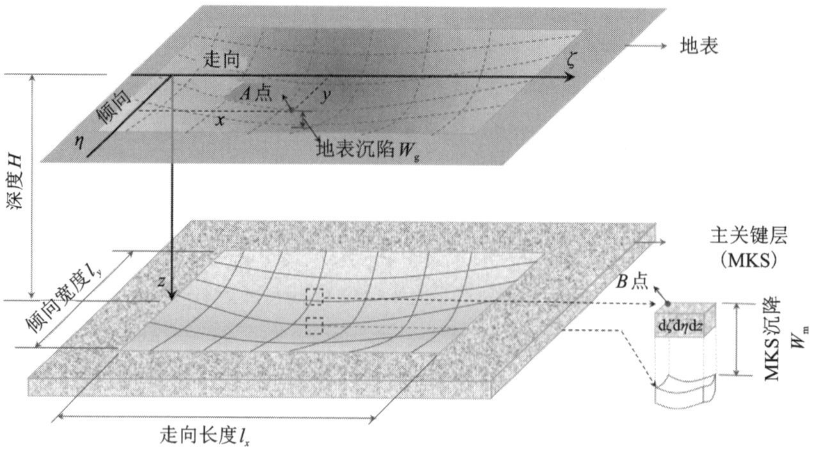

（注：其中ζ、η和z分别沿煤层走向、煤层倾向和垂直方向为笛卡尔坐标系的三个轴。坐标原点是地面上与始采线中点相对应的点，点A是地表坐标为$(x, y, 0)$的任意点，点B是主关键层中具有坐标(ζ, η, z)的任意点。单元$d\zeta d\eta dz$是主关键层的微单元。）

图 2-12　主关键层沉降引起的地表沉降

2. 地表三向移动的动态模型

根据随机介质移动理论，对于如图 2-13(a)所示的不规则空区，以开采起始点处开采微元被开采的瞬间为时间起始点，位于点(X, Y, Z)处的开采微元$dxdydz$开采瞬间的时间为τ，且假设开采微元瞬间被开挖殆尽，则经历时间t后，开采微元$dxdydz$引起地表(X, Y)处的下沉位移量$W_e(X, Y, t)$、X方向水平位移量$U_{eX}(X, Y, t)$和Y方向水平位移量$U_{eY}(X, Y, t)$分别为：

$$W_e(X, Y, t) = \frac{1}{r^2(z)}\left[1 - e^{-c(t-\tau)}\right] e^{-\frac{\pi}{r^2(z)}\left[(X-x)^2+(Y-y)^2\right]} dxdydz$$

$$= \frac{1}{z^2\cot^2\beta_f}\left[1 - e^{-c(t-\tau)}\right] e^{-\frac{\pi}{z^2\cot^2\beta_f}\left[(X-x)^2+(Y-y)^2\right]} dxdydz \quad (2-20)$$

$$U_{eX}(X, Y, t) = \frac{X-x}{r^3(z)} \cdot \frac{dr(z)}{dz}\left[1 - e^{-c(t-\tau)}\right] e^{-\frac{\pi}{r^2(z)}\left[(X-x)^2+(Y-y)^2\right]} dxdydz$$

$$= \frac{X-x}{z^3\cot^2\beta_f}\left[1 - e^{-c(t-\tau)}\right] e^{-\frac{\pi}{z^2\cot^2\beta_f}\left[(X-x)^2+(Y-y)^2\right]} dxdydz \quad (2-21)$$

$$U_{eY}(X, Y, t) = \frac{Y-y}{r^3(z)} \cdot \frac{dr(z)}{dz}\left[1 - e^{-c(t-\tau)}\right] e^{-\frac{\pi}{r^2(z)}\left[(X-x)^2+(Y-y)^2\right]} dxdydz$$

$$= \frac{Y-y}{z^3\cot^2\beta_f}\left[1 - e^{-c(t-\tau)}\right] e^{-\frac{\pi}{z^2\cot^2\beta_f}\left[(X-x)^2+(Y-y)^2\right]} dxdydz \quad (2-22)$$

式中：$r(z)$ 为开采微元对地表的主要影响半径，$r(z)=z\cot\beta_f$，β_f 为取决于煤层上覆岩土层性质的主要影响角；c 为地表下沉系数。

假设开采速度为匀速，针对单向线状发展采空区，假设采空区沿 x 轴方向的发展速度为 v_x，开采微元 $\mathrm{d}x\mathrm{d}y\mathrm{d}z$ 引起地表(X, Y)处的下沉位移量 $W_e(X, Y, t)$、X 方向水平位移量 $U_{eX}(X, Y, t)$ 和 Y 方向水平位移量 $U_{eY}(X, Y, t)$ 可表示如下：

$$W_e(X, Y, t)=\frac{v_x}{z^2\cot^2\beta_f}\left[1-e^{-c(t-\tau)}\right]e^{-\frac{\pi}{z^2\cot^2\beta_f}\left[(X-v_x\tau)^2+(Y-y)^2\right]}\mathrm{d}y\mathrm{d}z\mathrm{d}\tau \quad (2-23)$$

$$U_{eX}(X, Y, t)=\frac{(X-v_x\tau)v_x}{z^3\cot^2\beta_f}\left[1-e^{-c(t-\tau)}\right]e^{-\frac{\pi}{z^2\cot^2\beta_f}\left[(X-v_x\tau)^2+(Y-y)^2\right]}\mathrm{d}y\mathrm{d}z\mathrm{d}\tau \quad (2-24)$$

$$U_{eY}(X, Y, t)=\frac{(Y-y)v_x}{z^3\cot^2\beta_f}\left[1-e^{-c(t-\tau)}\right]e^{-\frac{\pi}{z^2\cot^2\beta_f}\left[(X-v_x\tau)^2+(Y-y)^2\right]}\mathrm{d}y\mathrm{d}z\mathrm{d}\tau \quad (2-25)$$

体积为 V 的采空区引起的地表移动则为该采空区内所有开采微元引起地表移动的叠加，可用积分的形式表示。在地表(X, Y)处空区 V 引起的下沉位移量 $W(X, Y, t)$、X 方向水平位移量 $U_X(X, Y, t)$ 和 Y 方向水平位移量 $U_Y(X, Y, t)$ 分别为：

$$W(X, Y, t)=\iiint_V W_e(X, Y, t) \quad (2-26)$$

$$U_X(X, Y, t)=\iiint_V U_{eX}(X, Y, t) \quad (2-27)$$

$$U_Y(X, Y, t)=\iiint_V U_{eY}(X, Y, t) \quad (2-28)$$

针对如图 2-13(b)所示的水平矩形单向发展采空区，形状为倾向宽为 a、走向长为 b 的矩形采空区，其在地表(X, Y)处引起的下沉位移量 $W(X, Y, t)$、X 方向水平位移量 $U_X(X, Y, t)$ 和 Y 方向水平位移量 $U_Y(X, Y, t)$ 分别为：

$$\begin{aligned}W(X, Y, t)=&M\int_0^a\mathrm{d}y\int_0^b\frac{1}{H^2\cot^2\beta_f}e^{-\frac{\pi}{H^2\cot^2\beta_f}\left[(X-x)^2+(Y-y)^2\right]}\mathrm{d}x+\\&M\int_0^a\mathrm{d}y\int_0^t\frac{v}{H^2\cot^2\beta_f}\left[1-e^{-c(t-\tau)}\right]^{-\frac{\pi}{H^2\cot^2\beta_f}\left[(X-v\tau-b)^2+(Y-y)^2\right]}\mathrm{d}\tau\end{aligned} \quad (2-29)$$

$$\begin{aligned}U_X(X, Y, t)=&M\int_0^a\mathrm{d}y\int_0^b\frac{X-x}{H^3\cot^2\beta_f}e^{-\frac{\pi}{H^2\cot^2\beta_f}\left[(X-x)^2+(Y-y)^2\right]}\mathrm{d}x+\\&M\int_0^a\mathrm{d}y\int_0^t\frac{(X-v\tau-b)v}{H^3\cot^2\beta_f}\left[1-e^{-c(t-\tau)}\right]e^{-\frac{\pi}{H^2\cot^2\beta_f}\left[(X-v\tau-b)^2+(Y-y)^2\right]}\mathrm{d}\tau\end{aligned}$$

(2-30)

$$U_Y(X,\ Y,\ t)=M\int_0^a \mathrm{d}y\int_0^b \frac{Y-y}{H^3\cot^2\beta_f}\mathrm{e}^{-\frac{\pi}{H^2\cot^2\beta_f}[(X-x)^2+(Y-y)^2]}\mathrm{d}x+$$

$$M\int_0^a \mathrm{d}y\int_0^t \frac{(Y-y)v}{H^3\cot^2\beta_f}[1-\mathrm{e}^{-c(t-\tau)}]\mathrm{e}^{-\frac{\pi}{H^2\cot^2\beta_f}[(X-v\tau-b)^2+(Y-y)^2]}\mathrm{d}\tau \quad (2-31)$$

式中：a 为火区倾向宽度；b 为火区走向长度；v 为煤层开采速度；H 为煤层埋深；M 为开采煤层厚度。

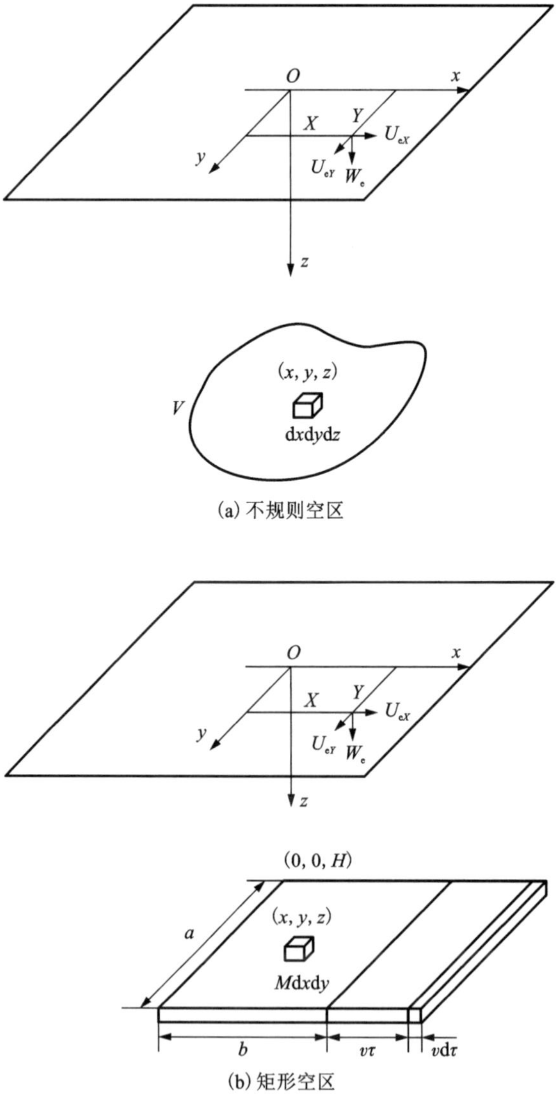

图 2-13　地表移动分析坐标

参考文献

[1] 李轴，白世伟，杨春和，等. 矿山覆岩移动特征与安全开采深度[J]. 岩土力学，2005，26(1)：27-32.

[2] 付华. 崩落法开采引起的地表塌陷与滑移机理研究[D]. 武汉：中国科学院武汉岩土力学研究所，2017.

[3] 刘宝琛，廖国华. 地表移动的基本规律[M]. 北京：中国工业出版社，1965.

[4] Meng Z, Shi X, Li G. Deformation, failure and permeability of coal-bearing strata during longwall mining[J]. Engineering Geology, 2016, 208: 69-80.

[5] 王小华. 基于 Weibull 时间序列函数与负指数法的地表动态沉陷预计方法研究[D]. 太原：太原理工大学，2016.

[6] 何国清，杨伦，凌賡娣，等. 矿山开采沉陷学[M]. 徐州：中国矿业大学出版社，1991.

[7] Brauner G Subsidence due to underground mining. Part 1. Theory and practices in predicting surface deformail. International Journal of Rock Mechanics and Mining Sciences and Geomechanics Abstracts, 1974. 11(3): 58.

[8] 李文秀，赵胜涛，梁旭黎. 薄冲击层下磷矿开采地表移动分析的 Laplace 函数方法[J]. 化工矿物与加工，2005，34(3)：21-24.

[9] 钱鸣高，缪协兴，许家林. 岩层控制中的关键层理论研究[J]. 煤炭学报，1996，21(3)：225-230.

[10] 钱鸣高，缪协兴，许家林，等. 岩层控制的关键层理论[M]. 徐州：中国矿业大学出版社，2003.

[11] 许家林，钱鸣高. 关键层运动对覆岩及地表移动影响的研究[J]. 煤炭学报，2000，25(2)：122-126.

[12] 许家林，钱鸣高，朱卫兵. 覆岩主关键层对地表下沉动态的影响研究[J]. 岩石力学与工程学报，2005，24(5)：787-791.

[13] 吴家龙. 弹性力学[M]. 北京：高等教育出版社，2001.

[14] 李树刚，钱鸣高，石平五. 综放开采覆岩离层裂隙变化及空隙渗流特性研究[J]. 岩石力学与工程学报，2000，19(5)：604-607.

[15] Gao F, Stead D, Coggan J. Evaluation of coal longwall caving characteristics using an innovative UDEC Trigonapproach[J]. Computers and Geotechnics, 2014, 55: 448-460.

[16] Litwiniszyn J. Statistical methods in the mechanics of granularbodies[J]. Rheologica Acta, 1958, 1(2): 146-150.

[17] Liu B C. Ground surface movements due to underground excavation in the P. R. China[J]. Comprehensive Rock Engineering, 1993, 4(29): 781-817.

[18] Yang J S, Liu B C, Wang M C. Modeling of tunneling-induced ground surface movements using stochastic mediumtheory[J]. Tunnelling and Underground Space Technology, 2004, 19(2): 113-123.

第3章 地下开采扰动岩层破裂与表征

众所周知，由于成岩时间及矿物成分不同，煤系地层形成了厚度不等、强度不同的多层岩层。我们将在岩层移动中起主要控制作用的一层至数层厚硬岩层称为关键层。关键层为覆岩中的承载骨架层，在破断前可以“板”(或简化为“梁”)结构的形式承载，断裂后则可形成“砌体梁”结构继续起到承载作用。上覆岩层可划分为若干组，每组以关键层为底层，其上部的软弱岩层为载荷层，每层关键层的断裂将导致其组内上覆岩层产生整体运动。要想弄清开采时由下向上传递的岩层移动动态过程，并对岩层移动过程中形成的采动裂隙与应力演化、采场矿压显现、煤岩体中水与瓦斯的流动和地表沉陷等状态的变化进行有效的监测与控制，关键在于弄清具体地质开采条件下覆岩的破断运动规律。岩层控制的关键层理论为煤矿岩层控制和绿色开采研究提供了理论基础和重要工具[1-6]。本章主要介绍地下开采采场的基本结构形式与特性以及扰动岩层的破裂结构与特性，为岩层破裂表征提供有效手段与方法。

3.1 地下开采扰动岩层破裂特性

3.1.1 矿层开采采场的基本结构形式与特性

3.1.1.1 矿层开采采场的三种基本结构形式

根据理论分析、相似模拟和数值模拟研究结果，并依据覆岩运动规律、岩层破断运动特征及与采场矿压显现的关系，可将煤层开采采场结构形式划分为三种，分别是围岩承载结构、矿压运动结构和工作面防护结构(图3-1)。

1. 围岩承载结构

围岩承载结构是将上覆岩层重力转移到周边围岩的压力拱，简称“大结构”。

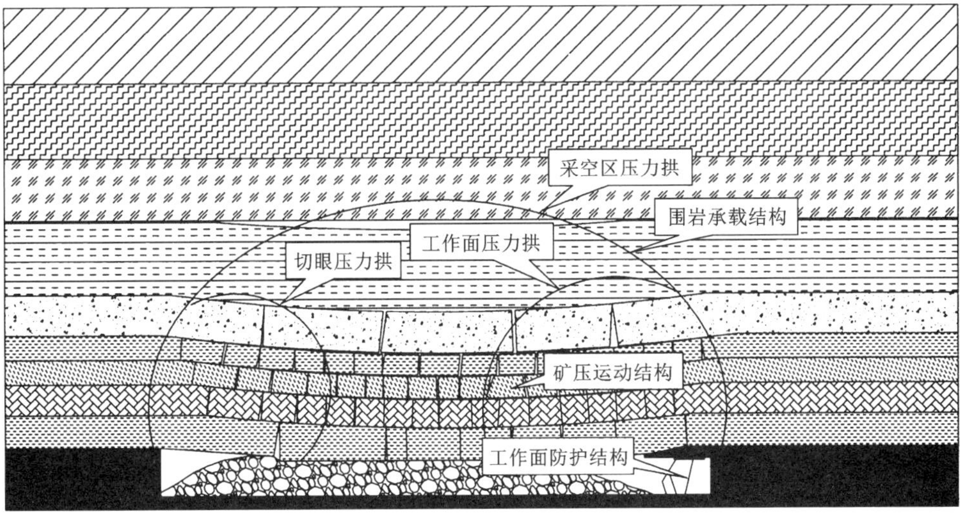

图 3-1　采场三种基本结构形式

大结构在覆岩运动的各个阶段具有不同的特征。

(1)基本顶初次破断压实前表现为单一逐渐增大的压力拱形态。工作面从开切眼向前推进后，大结构是采场围岩应力增高区。应力增高区的范围随围岩破坏情况不断变化。围岩塑性变形前，其内应力状态对应岩石全应力-应变曲线的峰前区域，较原岩应力有较大幅度增加，但并未达到其强度极限。当该区域内应力集中达到峰值强度围岩产生不可恢复的塑性变形，承载能力降低，直接顶岩层产生破断冒落于采空区，应力增高区向围岩周边转移，塑性区的围岩成为应力降低区，对应全应力-应变曲线的峰后区域围岩成为应力降低区。随着工作面不断前移，大结构的拱脚始终处于切眼和工作面煤壁煤岩体内，应力降低区内岩层高度(即拱高)不断增加，基本顶上方应力降低区内岩层重力(可视为基本顶荷载)也不断增加，基本顶向采空区的弯曲变形加剧达到其极限强度后在采空区上方破断，在自重作用下加速向采空区冒落，这一过程中压力拱表现为逐渐增大的单个实拱。

(2)基本顶初次破断冒落压实后表现为“一大两小”三个压力拱形式。基本顶破断触矸后，压力拱下的岩层重力迅速向最先触矸处转移，使得破断岩块在最先触矸处产生应力集中区。此时围岩承载结构由“一大两小”三个压力拱组成。为区分三个压力拱，根据其所在位置和作用分别称为采空区压力拱、切眼压力拱和工作面压力拱，采空区压力拱形式为实拱，切眼压力拱和工作面压力拱形式为半实拱。采空区压力拱承载原岩应力，切眼压力拱和工作面压力拱承担采空区压力拱下应力降低区内的岩层重力，切眼压力拱的前拱脚和工作面压力拱的后拱脚共用一个拱脚。随着工作面继续前移，采空区压力拱的拱高在到达弯曲下沉带后不再增加，而采空区压力拱的跨度随工作面推进继续增加；切眼压力拱在采空区充分压实后的形态基本保持不变，工作面压力拱随工作面的推进不断前移，两个拱之间为采空区的压实区。此处的垂直应力等于上覆岩层重力，且受切眼压力拱前拱脚和工作面压力拱后拱脚夹持作用，两个拱的基本顶破断岩块之间一直保持水平力的联系。

(3) 主关键层破断后表现为“两个大半拱和两个小拱”形式。根据岩层控制的关键层理论，主关键层对直至地表的岩层活动起控制作用。在浅埋煤层采场覆岩主关键层破断致使采空区压力拱拱顶被基岩和表土层的交界面截断，大结构依靠切眼和工作面两个半拱形式保持稳定，此时大结构形式表现为“两个大半拱和两个小拱”形式。两个半拱承担原岩传递的岩层重力，两个小拱承担岩层破断线内结构拱的岩石重力。

2. 矿压运动结构

矿压运动结构是由大结构下方应力降低区内岩层向采空区变形运动过程中所形成的结构形式，简称“小结构”。根据大结构在覆岩运动过程中形式不同，主要分为两种形式：一种是基本顶初次破断前单一采空区压力拱下的小结构，另一种是工作面压力拱形成后的小结构。关于小结构的研究文献很多，目前影响最为广泛的砌体梁、传递岩梁、悬臂梁、铰接岩块等理论都是对小结构的不同表述方式[7-11]。小结构是采场支架及围岩矿压显现的主要力源，是采场岩层控制和支架选型主要研究对象。

3. 工作面防护结构

工作面防护结构是由工作面煤壁、直接顶、直接底和采场液压支架共同组成的保护作业人员和设备安全的空间结构形式，简称“微结构”，其位于小结构下方，根据小结构形成不同，相应也分为两种形式。工作面煤壁和直接底可以看作一个大的钢片，直接顶和液压支架各自为一个钢片，它们之间的连接方式可以看作铰接，根据结构力学理论：三个钢片用三个铰两两相连，且三个铰不在一条直线上，则组成几何不变体系，且没有多余约束。

3.1.1.2 矿层开采采场的三种基本结构特性

矿层开采是在岩体之中进行的。这些岩体至少经历了上百万年的地质活动，在岩体开挖前基本处于自然平衡状态，通常称之为原岩。煤层开挖后，打破原岩应力场的平衡状态，促使应力的重新分布。一般来说，开挖对岩体环境的影响主要体现在以下三种效应[11]。

(1) 位移和岩体破坏。根据开挖卸荷原理，原岩开挖后，由于岩石抵抗力的去除而产生位移并运动，使得岩块掉落，完整岩石有可能被挤出。

(2)应力方向旋转。无支护开挖边界成为主应力面，该面上正应力(其中一个主应力是开挖面的正应力)和剪应力为零，使得岩体中主应力量值变化，主应力方向旋转而变得与开挖边界平行和垂直。一般来说，这将对原岩应力场的方向和大小产生扰动，并在开挖周围出现应力集中。

(3)水流动。水流量的增加可提高岩体中的水头差，加剧岩块向开挖面的位移和岩石风化以及时效退化。

这三种效应伴随开挖行为是时刻存在的。因此开挖行为总会在周围产生扰动区，出现新的应力场，一般称为次生应力场。三种效应与矿层开采范围密切相关。

由于受开挖影响而发生应力状态改变的周围岩体，称为围岩[12]。围岩一般处于原岩的包围之中，为便于理解，可以假想把“围岩”从原岩中分开，使其成为原岩的“脱离体”，这时就可以把原岩看成“围岩”的外部，原岩作用在围岩外部单位面积上的应力就可看作外力，作为围岩所受的“压力”。因此，对矿山压力有显著影响的区域仅限于围岩，围岩内部应力的变化决定围岩的受力状态，同时也决定围岩对采场支护是荷载还是结构。

采场矿山压力显现是煤层开采过程中引起的围岩应力重分布引起的。煤层采场的三种结构形式与工作面矿压显现紧密相关。矿压显现的剧烈程度取决于微结构与大小结构之间的适应程度及微结构内部支架与煤壁的耦合关系。矿山压力显现的基本形式包括围岩的明显运动与支架受力等两个方面[13]，而采场矿山压力显现特指微结构范围围岩运动及支架受力表现。岩层控制的目标是使采场的支架受力在其额定工作阻力之内，围岩的明显运动不影响回采的正常推进。根据大小结构演化规律，在其不同发展阶段，微结构整体受力明显不同。

基本顶初次破断前，顶板离层将采场覆岩分为应力增高区和应力降低区，通常分别称为外应力场和内应力场。外应力场内围岩承担原岩应力，构成采空区压力拱，内应力场内围岩在自重作用下向采空区冒落，构成采场小结构。顶板离层前采场只有采空区压力拱一种结构形式，微结构不承受围岩压力，采场矿山压力显现不明显。顶板离层后，小结构岩层自重分别由切眼煤壁和微结构共同承担。随着工作面推进，采空区压力拱不断向上部和推进方向扩展，小结构岩层的范围也同时在竖向和横向增加，导致其自重增加，采场微结构受力逐渐增大。当基本顶离层达到极限跨度后破断，并迅速冒落于采空区，大结构下的破断岩块在自重作用下紧随基本顶向破断处转移，微结构受力下降，并随着基本顶冒落岩层逐渐压实，覆岩大结构转化为“一大两小”三个压力拱形式。采空区压力拱构成围岩外应力场，而切眼压力拱和工作面压力拱除与采空区压力拱共用拱脚外，其余均处于内应力场中。

一般情况下，由于基本顶破断时覆岩破坏高度尚未达到该采矿地质条件下的最大值。在充分采动之前，随工作面推进，内应力场覆岩破坏高度呈跳跃式上升，破坏长度向上，依次呈倒台阶式缩短，在这过程中采空区压力拱和工作面压力拱拱高也随之增加，“一大两小”三个压力拱之间的破断岩层的重力由切眼压力拱、采空区底板和工作面压力拱共同承担，并随着切眼压力拱和工作面压力拱距离增加大部分重力转移到采空区底板。此时，采场矿山压力显现的主要力源是工作面压力拱下岩层运动传递给微结构的力以及工作面压力拱突然失稳传递给微结构的冲击荷载。因此基本顶在初次破断以后，基本顶及工作面压力拱下的上覆岩层受力和支承条件发生了根本变化，采场矿压显现取决于小结构岩层的运动方式。同时，基本顶岩层受采空区压力拱拱脚集中应力破坏，岩层强度有不同程度下降，在非充分采动条件下，随工作面推进长度增加，周期来压步距有缩小的趋势。

值得说明的是，采空区压力拱处于围岩外应力场之中，其稳定性对工作面压力拱及其下小结构和微结构具有天然保护作用。浅埋煤层由于没有采空区压力拱的保护，采场覆岩运动容易造成工作面压力拱的失稳，使工作面周期来压步距变化较大，引起工作面动压灾害。

小结构运动引起的工作面采场矿山压力显现程度集中体现在微结构中煤壁与支架的耦合关系。如前所述，支架与煤壁的刚度应相互匹配。荷载不变情况下，支架刚度小于煤壁刚度，支架上方的岩层下沉量加大，支架支撑力小于煤壁支撑力，煤壁承受的压力加大，如果支架与煤壁的刚度及支护能力不匹配，煤壁与支架之间的顶板将产生剪切力，使煤壁发生塑性破坏，顶板出现断裂，引起片帮、冒顶，恶化支架工况。

3.1.2 矿层开采扰动岩层的破裂结构形式与特性

3.1.2.1 矿层开采扰动岩层破裂结构形式

采场围岩在次生应力场作用下产生向自由空间的弯曲变形。从平面角度研究，可把采场顶板看成是由一个个梁组成的，若上层岩石较下层岩石的刚度大，顶板会出现离层现象。上覆岩层的重力将由采场周围的围岩支撑。此时，顶板上方的压力不再是整个上覆岩层的重力，而是有限区域的岩体自重产生的压力，如同被卸载。卸载区的轮廓线是一拱形[14]，该轮廓线将采场顶板上覆岩层分为应力增高区和降低区两个部分，应力增高区围岩的应力相对原岩应力来说有大幅增加，其轮廓线也可看作拱形，外边界与原岩接壤，下边界与应力降低区共用一轮廓线，其实质即为压力拱假说中的“压力拱”。压力拱指的是采煤工作面上方岩层中近似拱形形状的载荷传递路径[15]，是岩体为抵抗不均匀变形而进行自我调节的一种现象，是围岩内应力发生集中、传递路线发生偏转而形成的一种拱形应力分布区[16]，其主要作用是把煤层或岩层开挖空间上覆岩层的重力转移到周边围岩，相当于采场围岩的承载结构。

当煤层开采后，周边围岩应力重新分布，产生应力集中。当应力集中超过顶板岩层的承载能力，顶板岩层破裂并在自重作用下逐渐冒落充填采空区，岩体内应力达到一种新的平衡而不再移动。随着工作面的推进，又打破新的平衡，顶板岩层破裂继续充填采空区又会出现新的平衡。岩体移动就是这种破裂—平衡—破裂—平衡往复循环过程，直到达到地表。

煤层开采后上覆岩层的破坏范围基本呈拱形。当依次开采煤层时，拱脚随之前移，拱的高度不断增加。这种工作面或采空区覆岩岩块组合而形成的呈拱状的结构物称为结构拱。结构拱是采场覆岩发生明显下沉或破坏的区域边界形状，在此破坏边界线的外侧，围岩虽处于弹性状态，但岩体内的应力值升高，承载能力增强，形成拱形的承载结构。结构拱也称“自然平衡拱”或“裂隙拱”[17-19]，结构拱的最大高度约为工作面长度的一半，一般在工作面推进距离约等于工作面长度时达到结构拱的最大高度。

压力拱是从力场观点推导而来，难以直接观测到，是抽象但又客观存在的。结构拱是压力拱的一种外在表现形式，它具有拱的形态，在一定条件下可以直接观测到。压力拱是结构拱中力作用的实质，它们之间是统一存在的。结构拱中必存在压力拱，压力拱的存在并不以结构拱形式为唯一的表现形式。很多情况下，即使不存在结构拱，采场上方的岩层重力都要向周边围岩转移形成压力拱。煤矿采场压力拱的形式主要有三种：第一种是由岩层处于应力增高区但尚未破坏的围岩组成，压力拱的岩体变形未达到全应力-应变曲线的峰值区域，称为实拱；第二种是由部分处于应力增高区未破坏的围岩和部分由冒落的矸石组成的拱形应力传递区域，称为半实拱；第三种是全部由冒落的矸石组成的拱形平衡结构，简称平衡拱。压力拱在水平面上投影可由采煤工作面前后支承压力进行描述，前后支承压力区即为压力拱拱脚位置。

3.1.2.2　矿层开采扰动岩层破裂高度

1. *岩层破裂高度的确定*

根据采场覆岩移动及破坏规律，煤层冒落带高度 H_{III} 和裂隙带高度 H_{II} 可由下式计算[20]：

$$H_{\mathrm{III}} = \frac{H_{\mathrm{II}} - W_{\mathrm{II}}}{(K_p - 1)\cos\alpha};\ H_{\mathrm{II}} = \frac{100H}{aH + b} \pm c \tag{3-1}$$

式中：H 为采高或采放高；W_{II} 为直接顶垮落后基本顶的下沉量；K_{p} 为垮落岩石碎胀系数；α 为煤层倾角；a，b 和 c 为和顶板岩性有关的系数。

冒落带中自然堆积区的宽度 l_a 约为 1 个周期来压步距 L；载荷影响区的宽度 l_b 约为岩层移动基本稳定线距工作面的距离 L_s 减去 L。l_a 和 l_b 可由以下 2 个公式计算：

$$l_a = L = H_b\sqrt{\frac{\sigma_t}{3q}};\ l_b = L_s - L = L_s - H_b\sqrt{\frac{\sigma_t}{3q}} \tag{3-2}$$

式中：H_b 为基本顶破断厚度，m；σ_t 为岩梁抗拉强度，Pa；q 为基本顶自重加上其载荷，Pa；L_s 为岩层移动基本稳定线距工作面的距离，一般为 50~60 m。

2. *岩层破裂高度的影响因素*

影响岩层破裂高度的因素主要包括煤层采高、覆岩岩性及其组合结构、断层构造、工作面开采尺寸与采空区顶板管理方法等。

煤层采高是影响覆岩导水裂隙发育高度的主要因素。一般情况下，煤层采高越大，覆岩导水裂隙发育高度也越大。但是，相同的煤层采高，覆岩导水裂隙发育高度并不一定相等，这与煤层是一次开采还是重复开采有关，也与覆岩岩性及其组合结构有关。实测结果表明，在开采单一薄煤层、中厚煤层或厚煤层的第一分层时，导水裂隙发育高度与采高近似呈线性关系。在分层开采厚煤层时，导水裂隙发育高度则与累计采高近似呈分式函数关系。放顶煤采煤法开采厚煤层时，导水裂隙发育高度与采高增加的关系与分层开采明显不同，采高等量增加条件下，综放开采导水裂隙发育高度的增加速率明显大于分层开采。

岩层破裂高度与覆岩的岩性及其组合特征有密切的关系。脆性岩层容易产生裂隙，塑性岩层则不易产生裂隙。坚硬岩层断裂后裂隙不易闭合和恢复原有的隔水能力，导水裂隙发育高度相对较大。软弱岩层断裂后裂隙易于闭合和恢复原有隔水能力，导水裂隙发育高度相对较小。根据岩层控制关键层理论的观点，覆岩关键层对覆岩的破断过程起控制作用，因而关键层也必然会对覆岩导水裂隙发育高度产生影响。覆岩岩性及其组合对导水裂隙发育高度的影响本质是覆岩关键层位置的影响。如果开采工作面内存在断层构造，由于断层采动活化对覆岩破断会产生影响，断层构造会影响覆岩导水裂隙发育高度。

工作面开采尺寸对覆岩导水裂隙发育高度的影响主要体现在：当工作面宽度较小时，覆岩破断高度可能没有达到最大值，覆岩导水裂隙发育高度也会因未充分发育而相对较小。采用充填法处理采空区，相当于减小了煤层采高，覆岩导水裂隙发育高度也会明显降低。

3.1.2.3 矿层开采扰动岩层破裂机制与规律

矿石开采后留下大量采空区，应力作用使岩体移动，造成矿山地压显现、采动裂隙、岩层垮落及地表塌陷等灾害。因此，掌握覆岩采动活动规律，尤其是内部岩层活动规律，对采空区稳定性评估及采取有效的控制技术有重要意义。目前针对矿山岩层破坏机理及运动规律的理论研究较成熟，主要有6种比较公认的理论。

1. 拱形冒落论和拱形假说

20世纪初期，德国学者Hack和Gillitzer、苏联工程师许普鲁特都认为在回采空间上方，因岩层自然平衡而形成“压力拱”。他们的研究认为采场在一个“前脚拱在工作面前方矿岩内，后脚拱在采空区垮落的矸石或充填体上”的拱结构的保护下达到平衡。该观点解释了两个矿压现象：一是支架承受上覆岩层的范围是有限的，而不是无限大的；二是前方矿岩壁上和矸石上将形成较大的支撑压力，其来源即为采空区上方的岩体质量。由于“压力拱”假说对回采工作面前后的支承压力及采空区处于减压范围作了粗略但经典的解释，而对此拱的特性、采场周期来压、岩层变形、移动和破坏的发展过程及支架与围岩的相互作用没有给出分析，工程现场也难找到定量描述“压力拱”结构的参数。因此“压力拱”假说只是停留在能对一些矿压现象做出一般解释，无法很好地应用到矿山实际生产中。

2. 悬臂梁假说与冒落岩块碎胀充填理论

该理论假说由德国的施托克和舒尔滋提出，后来又得到英国的弗里德等的支持。该理论将采空区上方的岩层和工作面看作是梁或板，初次冒落后，此梁或板的一端固定在采空区前方的岩体和工作面上；另一端处于悬露状态，或支撑在支架上，或支撑在矸石上，当悬臂梁的悬臂长度达到一定程度时，发生周期性的冒落。由于冒落岩块的碎张性，充填了采空区的部分空间，从而有效限制了覆岩继续冒落的发展。

该理论假说能很好地解释工作面近煤壁处支架载荷和顶板下沉量比工作面远煤壁处小的现象，也能较好地说明工作面前方出现的支承压力和工作面出现的周期来压现象。根据这些观点，研究人员提出了很多计算方法，但由于对开采后覆岩活动规律研究不充分，仅仅靠悬臂梁本身计算所得的支架载荷和顶板下沉量与工程实际所测得的数据出入较大。

3. 岩块铰接理论

该理论是由苏联的库兹涅佐夫在20世纪中期提出的。该理论认为采空区覆岩破坏分为冒落带和其上面的规则移动带，需要控制的采空区覆岩由冒落带和其上的铰接岩梁组成，冒落带施加给支架的是“给定载荷”，支架承担其全部应力。而铰接岩块在水平相互推力的作用下，构成一个梁式的平衡结构，这个结构与支架之间存在“给定变形”的关系，此关系是定量研究矿压现象的一个重大突破。

岩块铰接理论正确地阐明了工作面上覆岩层的分带情况，对岩层内部的力学关系及其可能形成的“结构”进行了初步探讨，但该理论未能对铰接岩块间的力学平衡关系及支架与顶板之间的作用关系作进一步研究。

4. 预成裂隙假说

该假说由比利时学者A拉巴斯在20世纪中期提出，假塑性梁是该假说中的主要部分。该假说从另一方面解释了破断岩块的相互作用关系。该假说的中心思想是因开采的影响，采空区上覆岩层的连续性遭到破坏，进而变成非连续体。在采空区周围存在着应力降低区、应力增高区和采动影响区。

由于开采后上覆岩层中存在各种裂隙，这些裂隙使岩体发生很大的类似塑性体的变形，所以可将其视为假塑性体。当被各种裂隙破坏后的假塑性体处于一种彼此被挤压状态时，可形成类似梁的平衡。在自重和覆岩的作用下将出现假塑性弯曲。

5. “砌体梁”和“传递岩梁”假说

20世纪70年代，我国学者进一步发展和丰富了铰接岩梁假说，提出了有重要意义的“砌体梁”和“传递岩梁”假说。

“砌体梁”假说主要研究了以坚硬岩层为骨架的裂隙带岩层结构形成的可能性及结构的力学平衡条件。此理论假说认为采空区覆岩“砌体梁”结构类型并非简单的岩块堆砌，而是一个有机的、运动着的整体，包括坚硬岩层的弯曲变形和失稳破断，同时也包括岩块之间、岩块与岩石垫层、岩块与连续岩层的接触摩擦与铰合，还包括裂隙、离层、水和瓦斯流动等。

“传递岩梁”理论假说认为，因断裂岩块之间的相互铰合，能向工作面煤前方及采空区矸石上传递作用力，所以岩梁运动时的作用力仅由支架部分承担，支架承担岩梁作用力的大小根据其对运动的控制要求决定。在进行支架与围岩之间的关系研究时，其前提条件考虑了“具有坚硬岩层”，所以该理论假说建立的力学模型都以两个岩块组成的结构出现。该假说还认为，支架可以改变铰接岩梁的位态，并推导出了位态方程，给支护设计定量化提供了依据。该理论基于老顶传递力的概念，并没有对此结构的平衡条件作出推导与评判。

“砌体梁”和“传递岩梁”理论主要是针对煤矿长壁工作面采矿而提出的。

6. 关键层理论

近年来，我国学者钱鸣高院士又提出了岩层控制的关键层理论，该理论认为岩层破断时，上覆局部岩层或全部岩层随之发生协调变形，对部分或全部岩层起控制作用的岩层称为关键层。该研究在层状矿体开采过程中的开采沉陷控制、矿山压力控制、瓦斯抽放及突水治理等方面为煤矿安全生产提供了有力的保障。

3.1.3 矿层开采扰动影响特征

3.1.3.1 矿层开采扰动影响与岩层破裂的概述

采动影响，指的是回采引起的围岩（指顶板直至地表、底板及所采煤层本身)活动现象及其造成的损伤的总称。它是矿山岩体力学的一个主要组成部分。从狭义上讲,采动影响主要指岩层(岩体)和地表的应力变化、岩层(岩体)和地表的整体性移动、岩层(岩体)和地表的开裂或冒落性破坏。从广义上讲,采动影响除上述内容外,还包括回采对井巷及其支护、水体、建筑物和铁路等造成的影响及损害。采场空间的形成,首先会引起其周围岩层(包括所采煤层本身)中的原始应力变化。

这种因回采引起的应力变化叫附加应力。它可能大于或小于原始应力。附加应力大于原始应力时,形成高应力区或集中应力区,不利于井巷的维护及煤层的开采。附加应力小于原始应力时,形成低应力区或卸压区,有利于井巷的维护及煤层的开采。当应力超过其强度极限时,岩层将发生变形,产生位移、开裂直至冒落。岩层呈现出大面积的整体性移动叫岩层移动,岩层呈现出开裂、冒落性破坏叫岩层破坏。整体性移动属于非破坏性影响,对井巷及其支护、煤层、水体、建筑物、铁路有可能不会造成破坏,开裂冒落属于破坏性影响,其破坏性极大。

岩层(岩体)的力学强度,岩层(岩体)的原始应力、附加应力,岩层(岩体)和地表的移动,岩层(岩体)的破坏等方面的规律,是解决采矿科学中开采和建井技术一系列问题的基础理论,尤其是解决下列问题:

(1)水体下、建筑物下、铁路下采煤及井间煤柱开采;

(2)采场与巷道的支护;

(3)井巷合理位置及开拓、回采系统的选择;

(4)石灰岩岩溶含水层上面近距煤层的带(水)压开采;

(5)合理留设各种安全煤柱;

(6)某些特殊条件下的开采:坚硬顶板煤层开采、松软底板煤层开采、多煤层上行开采、深井开采、冲击地压煤层开采、瓦斯突出煤层开采等;

(7)各种工程边坡及天然山体的稳定性;

(8)采空区地面建筑。

覆岩破坏又是采动影响中的一个重要组成部分。它专指采场引起的从所采煤层至地表全部岩层(岩体)的应力变化、移动、开裂直至冒落全部过程的现象和规律,特别是研究采动引起的冒落性和开裂性破坏全部过程的现象和规律。

1. 非破坏性影响和破坏性影响

从水体下采煤的角度出发,可将采场引起的采动影响分为非破坏性影响和破坏性影响。

非破坏性影响,是指岩层受到采动影响后只产生应力变化或整体移动,不产生连通性的导水裂隙带,受非破坏性影响的岩层叫非破坏性影响区,也可以叫作渗透性变化不明显区。冒落带和导水裂隙带范围外的岩层就是非破坏性影响区。非破坏性影响区是在水体下采煤时防止增加矿井涌水量的保护层。

破坏性影响，是指岩层受到采动影响后所产生的移动和变形，会引起连通性的导水、导砂的裂隙带和冒落带。受破坏性影响的岩层叫破坏性影响区，也可叫渗透性增强区。冒落带和导水裂缝带就是破坏性影响区。当破坏性影响区波及水体时，矿井会增加涌水量，甚至会有溃水、溃砂的危险。

2. 冒落性破坏与开裂性破坏

根据覆岩受到采动影响后引起的破坏形式和程度的不同，破坏性影响又可分为冒落性破坏和开裂性破坏。

冒落性破坏是指煤层顶板在采动影响下发生应力变化、变形、离层、断裂后而脱离原生岩体下落到采空区的现象，一般称为冒落或垮落。它对水体及井巷的破坏是十分严重的。开裂性破坏是指煤层顶板在采动影响下只发生应力变化、变形、离层、断裂，但没有脱离原生岩体，称之为顶板开裂。开裂性破坏损坏了岩层的连续性，岩层产生了程度不同的裂隙和裂缝，但仍能使岩层保持原有的层状。它对水体及井巷的破坏是中等的。

3. 碎块小面积冒落与巨块大面积冒落

从发生冒落的面积大小来看，冒落性破坏又可以分为碎块小面积冒落和巨块大面积冒落。当岩层的强度低和层厚小时，一般发生碎块小面积冒落。碎块小面积冒落是随采煤工序的循环周期性发生的。如采用长壁式采煤方法时，回柱一次，冒落一次，具有明显的规律性。它对覆岩破坏的规律起了重要的控制作用。

当岩层的力学强度高和层厚又很大时，如煤层顶板为极坚硬的厚层状石英砂岩、砾岩、辉绿岩等，会发生巨块大面积冒落。巨块大面积冒落的发生与采煤工序无一定关系，往往是当采空区面积达到几万或十几万平方米时才发生冒落。这种冒落，具有突然和一次发生的特征，有时可能造成灾害性的破坏事故。

4. 连通性裂缝与非连通性裂缝

从水体渗漏观点来看，采场覆岩内部产生的裂缝可以分为导水的连通性裂缝与不导水的非连通性裂缝。

当岩层内部出现连通性裂缝时，导水能力大大增强。开裂性破坏区内的裂缝就是导水的连通性裂缝。当岩层内部裂缝不能彼此连通时，导水能力没有明显的变化，非破坏性影响区内的裂缝就是非连通性的。

3.1.3.2 矿层开采扰动影响的空间–时间关系

在正常的采煤地质条件下，采用长壁式全部垮落采煤法时，采场顶、底板岩层、所采煤层及采空区内已经破坏了的岩层本身的应力变化、整体性移动和开裂冒落性破坏现象的发生过程及最终状态，即采场内部与外部、煤层上面与下面、动态与静态采动影响的空间时间关系，可以分为三个阶段进行分析：开切眼至初次放顶、正常回采及采场全部采完。

(1)开切眼至初次放顶阶段。

长壁式采煤法的采场在初次放顶时，由于其面积较小，顶板、底板和所采煤层中的应力变化、岩层移动和开裂冒落范围也比较小，采动影响尚不能到达地表，而仅影响一定的范围，且主要表现为应力变化及开裂冒落。其范围大致呈拱形。

由于在冒落发生过程中，上覆岩层基本上处于稳定状态，所以冒落岩块处于自由堆积状况，没有承受上覆岩层的压力。

(2)正常回采阶段。

长壁工作面初次放顶以后，工作面进入正常推进阶段。此时，采空区周围所采煤层处于压缩状态。随着工作面向前推进及回柱放顶，顶板不断向下冒落，采空区内的冒落岩石由自由堆积状态转入承压状态，并逐渐被压实而稳定下来。此时，所采煤层内大致可分为工作面前方超前应力区、工作面控顶区、冒落发展区或冒落岩块无压区、冒落岩块受压缩区、冒落岩块稳定区。

(3)采场全部采完阶段。

采场全部采完后，针对采场顶、底板岩层及周围岩层，在采空区周界附近为拉伸应力区，在采空区中部和采空区两侧未开采区域为压缩应力区。在地表弯曲移动带，采空区中部附近对应区域为压缩应力区，在采空区中部两侧对应的区域为拉伸应力区。

3.1.3.3 矿层开采扰动影响的主要规律

根据我国煤矿现场的实测结果，采场内部和外部，煤层的顶、底板岩层及所采煤层和采空区内已被破坏的岩层本身的动态和静态应力变化，整体性移动及开裂、冒落的分布特征，有以下规律。

(1)在垂直面内，采场周围所采煤层本身和顶板岩层均为压应力区或增压区。在采空区上方，岩层在铅垂方向上受拉伸，在水平方向上受压缩。因此，自下而上产生冒落带、裂缝带和弯曲带或整体移动带，冒落带和裂缝带为卸压区。裂缝带以上岩层在垂直面上受拉伸，在水平面上受压缩，产生整体移动。煤层底板岩层在采空区边缘部分正下方为拉应力区或卸压区，岩层沿垂直方向膨胀，水平方向压缩，在采空区中央和煤柱下方为压应力区或增压区，岩层受垂直压缩，水平拉伸。

(2)在采用长壁采煤法的情况下，采空区顶、底板岩层及所采煤层本身的采动影响，按其性质及程度可分为三个区带，各区带的范围受许多因素的制约，其中主要有采厚、岩(煤)层倾角、岩(煤)性、地层结构等。

(3)采场围岩的附加应力、整体移动和开裂冒落特征与围岩的力学结构特征有明显的关系。据地层结构分析方法，采场围岩按力学强度大致可以概括为四种力学结构类型。

①软弱型。顶板开裂，冒落范围较小，底板开裂范围却较大(与坚硬底板比较而言)，顶板无周期性动压，底板底鼓较明显，采场四周所采煤层中应力集中现象明显。

②坚硬型。顶板开裂、冒落范围较大，底板开裂范围较小，顶板有周期性动压，有厚层状岩层时动压更加明显，底鼓不明显，出现应力变化的范围较大，采场四周所采煤层应力集中现象不明显。

③软弱-坚硬型。顶、底板开裂冒落(或鼓胀)范围取决于软弱岩层的厚度，顶板有周期性动压，有厚层状岩层时，动压更明显，底鼓明显。出现应力变化的范围较小，所采煤层采场四周应力集中现象明显。

④坚硬-软弱型。顶底板开裂冒落(或鼓胀)范围取决于坚硬岩层的厚度，顶板无周期性动压，有厚层状岩层时，动压不明显，底鼓不明显，所采煤层采场四周应力集中现象不明显。当存在厚层状坚硬岩层时，放顶后呈台阶状冒落。

此外，煤层本身的力学强度对围岩的附加应力、移动和破坏有一定影响，特别是开采倾角较大的煤层时尤为明显。例如煤层松软时，煤层压缩值大，煤层本身应力变化范围较大，其顶板岩层的变形和移动也较大。煤层坚硬时，煤层压缩值较小，其上方顶板岩层变形、移动及破坏值也较小。

(4)采动围岩的附加应力、整体移动及开裂冒落是随时间而发展的。在推进的回采工作面前方的应力和变形，叫动态应力和变形；在停止后的工作面前方最终稳定的应力和变形，叫静态应力和变形。初步实测资料表明，动态应力和变形总是小于静态应力和变形。

3.2 地下开采扰动岩层空隙分类

煤层开采后将引起岩层移动与变形破断，并在岩层中形成采动裂隙。如图3-2所示岩层采动裂隙演化规律的研究就是要掌握随煤层开采岩层采动裂隙出现的位置、发育程度及动态变化规律，掌握采动裂隙演化的主要影响因素，建立岩层采动裂隙发育程度的定量预计方法。岩层采动裂隙演化规律的研究与水体下和承压水上采煤、卸压瓦斯抽采、离层区充填与开采沉陷控制等工程问题紧密相关。岩层采动裂隙演化规律的研究是岩层移动与控制研究领域的重要方面，是煤矿绿色开采的重要理论基础之一。

岩体不是一种理想的连续介质，岩体内存在大量的微裂隙和宏观的原生裂隙，如节理、层理和断层等。岩层采动裂隙的产生与分布，事实上是岩体内部各种微裂隙或原生裂隙在应力改变与变形作用下的宏观发展。一旦出现采动，岩层

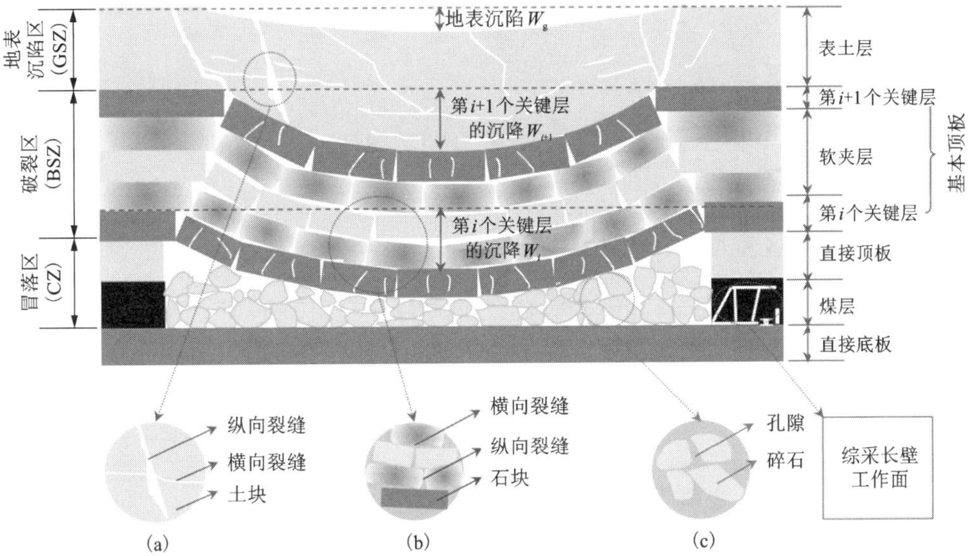

[煤系地层包括底板、煤层、直接顶、基本顶和表土层（两关键层在图中有标注）。煤区开采扰动覆岩由(a)地表沉陷区由表土和裂缝组成；(b)破裂区：由破断岩块和裂缝组成；(c)冒落区：由碎石和裂缝组成；等构成。W_i、W_{i+1} 和 W_g 分别是第 i 关键层、第 i+1 个关键层和地表的沉降量。]

图 3–2　长壁采煤作业中的上覆岩层和地面沉降示意图

采动裂隙将成为水、瓦斯流动的主导裂隙。

根据岩层采动裂隙出现的位置，可将其分为顶板岩层采动裂隙、煤层采动裂隙、底板岩层采动裂隙、地表采动裂缝。煤层采动裂隙和煤体的渗透性与放顶煤开采时顶煤的冒放性有关，地表采动裂缝的分布将影响地表农田与建筑物。

根据采动裂隙的性质，可将其分为竖向破断裂隙、岩层层间的离层裂隙和断层面的活化。贯通的竖向破断裂隙是地下水和瓦斯穿层流向采煤工作面与采空区的通道；离层裂隙是覆岩软硬岩层间不同步下沉引起的，可以向离层区充填材料以减缓地表下沉；采动断层活化会加剧地表沉陷的危害，引发煤矿井下水与瓦斯突出事故。

岩层采动裂隙的重新压实与闭合程度将影响地表下沉，尤其是冒落带与裂隙带岩层采动裂隙与碎胀压实特性将直接影响地表下沉系数。例如坚硬岩层和浅埋煤层条件下，由于岩层内部大量未被压实采动裂隙的存在，地表下沉系数相对偏小。

岩层采动裂隙是地下水与卸压瓦斯流动的通道，显然，岩层采动裂隙演化规律的研究不仅与煤矿地下水资源的破坏和保护及井下突水事故有关，也与煤层采动瓦斯卸压流动和煤矿瓦斯事故及煤层气资源的高效抽采有关。采动覆岩离层动态分布规律的研究将为离层区充填减沉提供理论指导。

3.2.1 冒落区空隙

在冒落区中，由于裂隙岩体的破碎程度相对较高，岩体与粒状体的随机非完全接触积累可视为形成各向同性空隙。

3.2.2 破裂区空隙

各岩层的差异沉降导致相邻两岩层之间的层间分层，进而产生的水平裂缝称为离层裂隙。与此同时，破裂岩体在沉降过程中会发生旋转，并且不一致地相互移动，产生垂直裂缝称为破断裂隙。因此，破裂区裂隙岩体可视为非均质、各向异性的多孔介质。

3.2.2.1 离层裂隙

煤系地层为典型的层状岩层，在煤层开采引起的岩层移动过程中，相邻岩层的岩性与厚度差异等因素，会导致相邻的上、下岩层移动的不协调和不同步下沉，从而使上、下岩层间形成离层裂隙。

离层是在工作面开采过程中，随着岩层移动不断向上影响，在相邻岩层有不协调变形趋势时，岩层层面产生拉、剪破坏后出现的力学现象。因此，从这一机理来看，离层产生的位置必然是相邻岩性与厚度差异较大的岩层面，这正是关键层底界面的典型特征。因此，可以预见，离层的产生位置应受控于覆岩关键层结构。

关键层理论研究证明，岩层移动由下向上成组运动，其动态过程受控于关键层的破断运动。当亚关键层 1 破断时，它所控制的上覆岩层组与之同步破断运动，并在亚关键层 2 下出现离层，如此向上发展直至覆岩主关键层下出现离层。由岩层移动的动态发育过程研究结论可知，岩层移动过程中的离层主要出现在各关键层下；主关键层的破断导致上覆直至地表的所有岩层同步下沉，故覆岩离层最大发育高度止于主关键层。

然而，需要指出的是，尽管离层位置受控于关键层，但并非所有关键层均能产生离层，如复合破断关键层下方则可能不产生离层。关键层复合破断是指一定条件下相邻两层关键层出现同步破断的现象。当相邻两层关键层复合破断时，尽管上部关键层的厚度与硬度比下部关键层大，其底界面也不会出现离层。

3.2.2.2 破断裂隙

岩层在弯曲的过程中，横向截面会发生转移，从而会在岩层走向上产生破断裂隙。贯通的竖向破断裂隙是地下水和瓦斯穿层流向采煤工作面与采空区的通道。

3.2.3　地表沉陷区空隙

地下矿层开采引起的岩层破断和移动由下向上发展至地表时，会引起地表下沉和变形。当地表变形较剧烈时，便会出现地表采动裂缝。地表采动裂缝会破坏地面建筑物和土地，引起水土流失和山体滑坡等地质灾害。由于控制表土层沉降的关键层不同位置的沉降变异性引起表土层的不连续变形，在垂直方向互异位移的不连续土介质会产生许多水平裂隙。沉降表土在水平方向上膨胀，体积增大，形成垂直裂隙。

3.2.3.1　地表沉陷区裂隙的类型与特征

根据地下开采扰动地表的裂隙的分布性质，将地表采动裂隙分为地表水平裂隙和垂直裂隙两种类型。

根据地表采动裂缝的形成特点以及对地表建筑物的危害程度，可将地表采动裂缝划分为以下四种类型[21]。

(1)拉伸型地表采动裂缝。地表移动盆地的外边缘区处于拉伸区域，在该区域内，地表下沉不均匀，地表移动向盆地中心方向倾斜，产生拉伸变形，当拉伸变形超过一定数值时，地表就会产生张裂缝，这是采动引起的最常见地表裂缝形式。

(2)滑动型地表采动裂缝。在开采煤层的上覆岩层中存在断层构造时，由于断层破断带处岩层的力学强度大大低于周围岩层的力学强度，采动引起上覆岩层发生移动和变形的同时，还可引起断层的上、下盘沿断层面产生滑移，从而使断层露头处地表变形破坏集中，产生台阶状裂缝。

(3)抽冒型地表采动裂缝。在某些采矿地质条件下，如煤层深厚比较小或煤系地层有如流沙层等厚松散层，或重复采动地表下沉时，可能形成两条裂缝中间土层下陷，造成中间低、两侧高的地堑式裂缝。

(4)塌陷坑。开采急倾斜煤层或浅部缓倾斜、倾斜煤层，地表有剧烈的非连续破坏或因采煤方法不同、开采厚度不均匀等因素造成上覆岩层破坏高度不一致时，地表可能会出现台阶状塌陷坑。

根据地表采动裂缝是否与井下采空区连通(即与顶板导水裂隙沟通)，将其分为贯通型地表采动裂缝和非贯通型地表采动裂缝两大类。

非贯通型采动裂缝出现在地表移动盆地的外边缘区，此区为地表拉伸区域，易产生拉伸变形，拉伸变形超过地表所能承受的变形值时，地表产生张裂缝，裂缝的发展是由上向下的，并且发展到一定深度之后不再发展。

煤层开采以后，裂隙带由下向上发展。覆岩主关键层破断后，主关键层上覆岩层随之同步破断，当主关键层破断引起的地表采动裂缝与由下向上发展的导水裂隙贯通后，形成的便是贯通型地表采动裂缝。这种类型的裂缝多发生在没有弯曲下沉带的矿区和一些特殊地质条件下开采区域。地表采动裂缝在盆地的边缘和中间部位均有分布，盆地边缘出现的为非贯通型地表采动裂缝，而贯通型地表采动裂缝出现在工作面后方地表，并且伴随工作面的推进周期出现。

非贯通型地表采动裂缝分布在采空区的外围。一般情况下，工作面从开切眼开始到采空区达到一定面积后，在切眼外侧、工作面两顺槽外侧及工作面前方地表便会出现这种采动裂缝。伴随着工作面的推进，两顺槽外侧的地表采动裂缝也随之向工作面方向发展，工作面前方的超前地表采动裂缝随工作面推进而逐渐变宽，工作面推进一定距离后裂缝达到最大，之后随工作面远离逐渐变小闭合。

对于浅埋煤层，当松散层较薄或基岩直接出露地表时，地表采动裂缝为典型的拉裂缝。在松散层为较厚风积沙覆盖的区域，当工作面推过以后，有时会出现地堑式地表采动裂缝，进而导致贯通型裂缝。这种裂缝中间塌陷，呈槽状嵌入地下，形如地堑结构，故称之为地堑式地表采动裂缝。这种裂缝整体走向平行于工作面，断面为凹形，两翼之间并无落差，中间部分陷落，与两翼存在落差。裂缝的宽度为 0.7~6.5 m，台阶下沉量为 0.1~1.0 m。

由于地堑式地表采动裂缝只出现在风积沙较厚的地表区域，而在松散层较薄或基岩裸露的地表不会出现，所以认为这种地表采动裂缝的产生与地表风积沙的厚度和特性有密切关系。风积沙的物理特性与一般土具有较大差异，主要表现在颗粒细、土质松散、缺乏黏性，其物理力学指标偏低，突出的是风积沙的抗剪强度较差，很小的拉伸或剪切变形就能导致其破坏。当煤层采过以后，采空区上方的关键层在裂隙带内断裂成排列整齐的岩块，岩块间虽然受水平推力作用而形成铰接关系，但是关键层块体之间还是有一定的张开度。伴随着关键层的破断，上覆岩层发生破断，地表的风积沙覆盖层也承受着很大变形。当裂隙发展到风积沙层以后，由于风积沙的抗剪强度小，裂隙在向上发育的同时会沿两侧弱面迅速向上发展而发生分叉。在分叉裂隙边的风积沙会沿裂隙落入，当裂隙发展到地表时，分叉裂隙之间的三角体由于重力向下运动，补偿下落风积沙的空间并嵌入裂缝中，成为陷落槽。

裂隙分叉处的深度和裂隙在风积沙中的发展角决定了这种地表采动裂缝的宽度，岩层破断时裂隙的大小决定了裂缝的落差。在基岩厚度一定的情况下，风积沙的厚度越大裂缝两翼的宽度越大，但由于这时裂隙发展空间补偿及时，裂缝的落差不会太大。关键层破裂时产生的裂隙越大，上方风积沙向下发展的空间越大，落差就会越大。

在浅埋深薄基岩厚煤层开采情况下，上覆岩层无弯曲下沉带，裂隙由下向上发展直接导通到地表，裂隙上下贯通，需要及时填补，防止因采空区漏风而影响矿井的通风系统及安全生产。地堑式地表采动裂缝是地表非连续变形中比较严重的一种，造成地表的严重破坏，使地表含水层水位下降，地表植被根系遭到破坏。

在一些复杂的地质条件下开采，比如断层下或急倾斜煤层开采时，也可能导致贯通型地表采动裂缝的产生。断层破碎带处岩层的力学强度大大低于周围岩层的力学强度，无论断层面的倾角与岩层移动角倾向一致还是相反，采动引起上覆岩层发生移动和变形的同时，还会引起断层的上、下盘沿断层面产生滑移，断层露头处地表变形破坏集中，产生台阶状裂缝。

断层影响最初反映到地表的表现是产生裂缝，裂缝逐渐增大到槽沟，随着开采强度的增大，在断层露头处靠近采空区一侧的地表下沉和水平移动加剧，逐渐形成向采空区方向发展的台阶，在整个过程中贯通井上、下的弱面为断层面。

急倾斜煤层开采时，在煤层的露头处附近会出现严重的非连续变形破坏，往往出现漏斗状的塌陷坑。塌陷坑大体位于煤层露头的正上方或略微偏离露头的位置，裂隙贯通井上、下，在有厚松散层覆盖的情况下，多呈圆形或井形，有时会呈“口小肚子大”的坛式塌陷漏斗。

3.2.3.2　地表沉陷区裂隙的动态分布特征

众所周知，地表下沉是煤层开采后覆岩移动由下向上逐步发展到地表的结果，而地表沉陷的动态过程和沉陷盆地特征受控于内部岩体的移动。实测与模拟研究结果证明，覆岩主关键层对地表移动的动态过程起控制作用，覆岩主关键层的破断将引起地表下沉速度和地表下沉影响边界的明显增大和周期性变化。因而，地表采动裂缝的分布也将受覆岩主关键层周期破断的影响而呈周期性动态变化。

随着工作面的不断推进，一般在开切眼外侧首先形成地表采动裂缝；继之，地表在平行于工作面顺槽处将产生采动裂缝；同时，在工作面推进方向，超前工作面一定距离也有地表裂缝产生。当工作面推至一定范围时，地表裂缝达到最大，随着工作面继续推进，地表裂缝逐渐变小甚至闭合。当工作面回采结束时，在采空区外围地表将形成椭圆形采动裂缝带。

3.2.3.3　地表沉陷区裂隙特征的影响因素

地表采动裂缝的形成是受多因素影响的复杂过程，主要影响因素可归结为：煤层赋存状态，煤层开采深度、采高；黄土覆盖层及基岩覆盖层的厚度；覆岩岩石物理力学性质；开采工艺方式、采动充分程度等。

(1)覆岩性质与层位的影响。

①如果覆岩中大部分为极坚硬岩层，煤层顶板大面积暴露，覆岩产生切冒型

变形，地表则产生突然塌陷的非连续变形。切冒发生后，地面多半出现纵横交错的张口裂隙，但均分布在采空区正上方。

②如果覆岩中均为极软弱岩层或第四纪土层，煤层顶板即使是小面积暴露，覆岩也会在局部地方沿直线向上发生冒落，并可直达地表。这时，覆岩产生抽冒型变形，地表出现漏斗型塌陷坑。

③如果厚硬岩层在地层中赋存的层位越接近地表，它对地表变形的控制作用就越大，从而导致地表采动裂缝越发育，如华丰煤矿巨厚砾岩层引起的地表斑裂现象。如果有很厚的软岩层覆盖于硬岩层之上，则硬岩层所产生的断裂及破坏将被软岩层所掩盖和缓冲，软岩层像缓冲垫一样使基岩的不均匀移动得到缓和。此时，地表采动裂缝相对不发育。如果基岩直接出露地表，地表的破坏和变形则比较剧烈且不均匀，地表采动裂缝相对发育。

④如果第四纪松散层为塑性大的黏性土，一般当地表拉伸变形值超过 6 mm/m 时，地表才发生裂缝。而塑性小的砂质黏土、黏土质砂等，地表拉伸变形值达到 2 mm/m 时，地表即可发生裂隙。

(2)开采深度和采高的影响。

随着采深的增加，地表各项变形值减小。这是由于采深增加，地表移动范围增大，而地表下沉值变化不大，因此地表下沉盆地变得平缓，各项变形值减小。可见，在其他条件相同的情况下，地表采动裂缝发育程度与采深成反比。

开采高度对上覆岩层及地表的沉陷过程有重要的影响。采高越大，地表移动变形值也越大，移动过程表现得越剧烈，因此地表采动裂缝发育程度与采高成正比。随着采高的增加，地表采动裂缝的张开度越大。

地表移动和变形值既与采深成反比又与采高成正比，所以常用深厚比作为粗略估计开采条件对地表沉陷影响的指标。深厚比越大，地表移动和变形就越平缓；深厚比越小，地表移动和变形就越剧烈。在深厚比很小的情况下，地表将出现大裂缝、台阶状断裂，甚至出现塌陷坑。

(3)重复采动的影响。

在重复采动时，经受初次开采破坏的岩体可能进一步破碎，使岩层和地表的破坏程度加剧，破坏范围加大，采深不大时地表仍会出现台阶裂缝，使地表不连续，甚至出现大断裂或大台阶。厚煤层分层开采时，随着分层开采数的增加，裂缝越来越大，台阶越来越明显。

重复采动引起的地表下沉系数、水平移动系数、最大拉伸变形和最大下沉速度均大于初次采动，并且重复采动引起的地表采动裂缝区域变大。因为覆岩主关键层在上煤层开采过程中已经破断，在下煤层开采过程中，岩层结构为上分层已采单一关键层结构，两煤层间的亚关键层成为下煤层开采时的主关键层，对上覆岩层及地表起控制作用。在下矿层开采过程中，已破断的关键层块体再次活化，地表采动裂缝在原有的基础上继续发展，裂缝的深度和宽度都将增加，并且地表采动裂缝的范围进一步扩大。

(4)地形、地貌的影响。

如果裂缝带有陡坡、沟谷，对地表裂缝的分布、大小的影响是很大的，它可以引起地表的滑移，甚至引起山体滑坡，这在开采沉陷中必须引起高度重视。

工作面推进方向相对于坡体倾向的不同(向坡开采还是背坡开采)，地表采动裂缝的发育程度差异很大，一般向坡开采地表采动裂缝更发育。另外，地表裂缝不仅与采矿地质条件有关，而且受到地表植被分布的影响。如果地表植被根茎在土中相交盘结，使表土的抗拉强度大大增加，当地表水平拉应力达不到植被根茎胶结的土的抗拉强度时，将不会产生裂缝。

3.3　地下开采扰动岩层空隙识别与表征

许多学者已通过理论分析、试验模拟和现场实测对矿山开采所形成的采空区及上覆岩层空隙率的分布及变化规律做了大量的研究[22-27]，但由于地下采空区的隐蔽性、覆岩冒落过程的随机性以及煤岩层地质的复杂性，这些对空隙率的描述还处于定性或者简化定量分析的阶段，目前针对地下采空区及其扰动区内空隙率分布及变化规律的研究实属少见，仅在地下采动空间气体流场和温度场的理论分析和数值模拟中略有论及[28, 29]。在前面研究基础上，系统地对地下开采扰动引起的岩层空隙进行识别，进而研究覆岩空隙率的分布规律，对掌握矿山压力显现、瓦斯突出、煤自燃等灾害发展规律以及防治方法尤为重要。

本节内容利用数值模拟、试验研究等方法模拟受开采扰动作用地层的下沉过程，对采空区上覆岩层受扰动作用影响产生的离层、空隙等进行研究，并使用数字图像技术、分形维数等数学处理方法实现对岩层破断、运移过程中产生的空隙进行识别并进行表征。

3.3.1　数字图像技术应用简述

数字图像处理(digital image processing)是指将图像信号转换成数字信号并利用计算机对其进行处理的过程，起源于20世纪20年代，目前已广泛应用于科学研究、工农业生产、生物医学工程、航空航天、军事、工业检测、机器人视觉、公安司法、军事制导、文化艺术等，已成为一门引人注目、前景远大的新型学科，并发挥着越来越大的作用。早期图像处理目的是改善图像的质量，以人为对象，改善人的视觉效果[30]。图像中有大量信息，包含有用的信息，也有许多干扰信息，因此如何提取出有用的信息就显得十分重要，图像处理技术也由此而来。随着电子计算机的普及，图像的数字化方法日趋完善[31]。

数字图像处理概括地说主要包括如下几项内容：图像增强（image enhancement）、图像复原（image restoration）、图像变换（image transformation）、图像分割（image segmentation）、图像压缩与编码（image compression and encoding）等。图像处理技术的发展涉及越来越多的基础理论知识，丰厚的数理基础及相关的边缘学科知识对图像处理科学的发展有越来越大的影响。总之，图像处理科学是一项涉及多学科的综合性科学[32]。

图像增强与复原：图像修复的目的是根据退化原则从退化的图像中恢复理想的图像，而图像增强的目标是根据特定的要求通过促进有用的特征和抑制无趣的信息来增强原始图像。前者是一个从图像退化模型中恢复理想图像的客观过程，而后者则是一个参照人类视觉感知来改善图像质量的主观过程。然而，它们的共同目的是根据各自的原则来改善图像的视觉质量[33]。目前图像增强的方式多种多样，如灰度变换、滤波、小波变换等。图像复原技术是通过一定的方法在去除噪声的同时保证图像信息不丢失，但这两者本身是一对矛盾体，因此到目前为止还没有一个很好的解决方法[34]，图 3-3 展示了图像增强在月球图像中的作用效果。

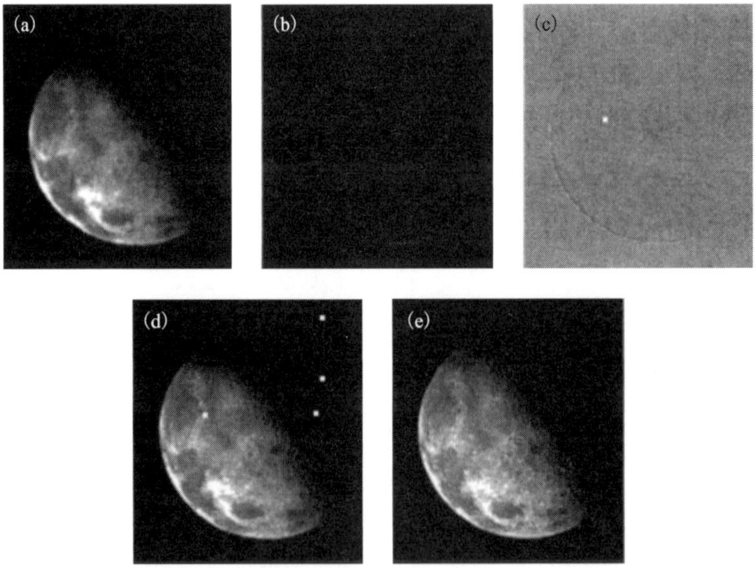

图 3-3[35]　(a)月球北极的模糊图像；(b)未标定的拉普拉斯滤波后的图像；(c)标定的拉普拉斯滤波后的图像；(d)用(a)中的模板锐化后的图像；(e)用(b)中的模板锐化后的图像

图像分割：图像分割是图像处理和计算机视觉中的一个热点。它也是图像识别的一个重要基础。它是根据一定的标准将输入的图像分成若干相同性质的类别，以便提取人们感兴趣的区域。而且它是图像分析和理解图像特征提取和识别的基础[36]。有许多常用的图像分割算法，主要介绍以下五种算法的基本原理。第一种是阈值分割法。阈值分割法是基于区域的分割算法中最常用的分割技术之一。其本质是根据一定的标准自动确定最优的阈值，并利用这些像素按照灰度等级来实现聚类。第二种是区域生长算法。区域生长算法的基本思想是将具有相似性质的像素组合成区域，即对每个要划分的区域先找一个种子像素作为生长点，然后将周围具有相似性质的像素合并到其区域内。第三种是边缘检测分割法。边缘检测分割法是指利用不同区域的像素灰度或颜色不连续检测区域的边缘，以达到图像分割的目的[37]。第四种是基于聚类的分割。基于聚类的分割是以事物之间的相似性作为分类的标准，即根据样本集的内部结构将其分为若干个子类，使同类的样本尽量相似，不同的样本尽量不相似[38]。第五种是基于卷积神经网络(CNN)弱监督学习的分割法。它指的是为图像中的每一个像素分配一个语义标签，从而通过监督学习的方法识别物体边界并标记物体区域的数字图像处理主法。由三部分组成：①给出一个图像包含哪些物体；②给出一个物体的边界；③图像中的物体区域用部分像素标记[39]。图 3-4 所示为世界地图海岸线分割和陆地区域的数字图像处理过程。

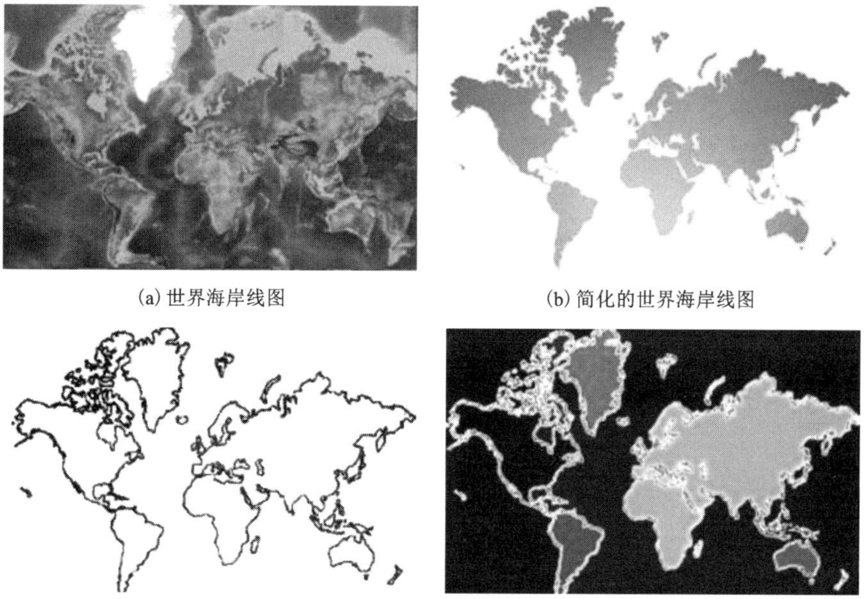

(a) 世界海岸线图　(b) 简化的世界海岸线图

(c) 海岸线识别结果　(d) 陆地联通区域

图 3-4[40]　世界地图海岸线分割和陆地区域的数字图像处理过程

图像变换：在数字图像处理中，图像的变换技术有着重要的作用，同时是图像处理的重要手段，通过图像变换，可以改变图像的表示域及表示数据。所谓图像变换就是指把图像转换为另一种数学表示方法的操作[41]。图像变换是利用具有深度信息的采样参考图像来生成新视点下目的图像的过程。它是基于图像绘制 BR(image-based rendering)领域的研究热点。完整的图像变换包含图像映射和图像重构两个阶段，前者是指根据几何约束建立参考和目的像素的对应关系并传递像素值，而后者是指通过对已有目的像素值的插值等操作构建出完整的目的图像[42]。一幅数字图像蕴含的数据量十分巨大，因此想要直接对其计算不太现实，即使能够计算也会十分耗时，而图像变换能很好地克服这一难点。对图像采用多种变换方法，将在空域内的图像变换到变换域，这不仅可以减少计算量，还能获取一些在空域内很难获取的图像性质，以帮助人们更全面地获取图像信息[43]。图 3-5 所示为航拍原图经多种图像变换方法处理的结果。

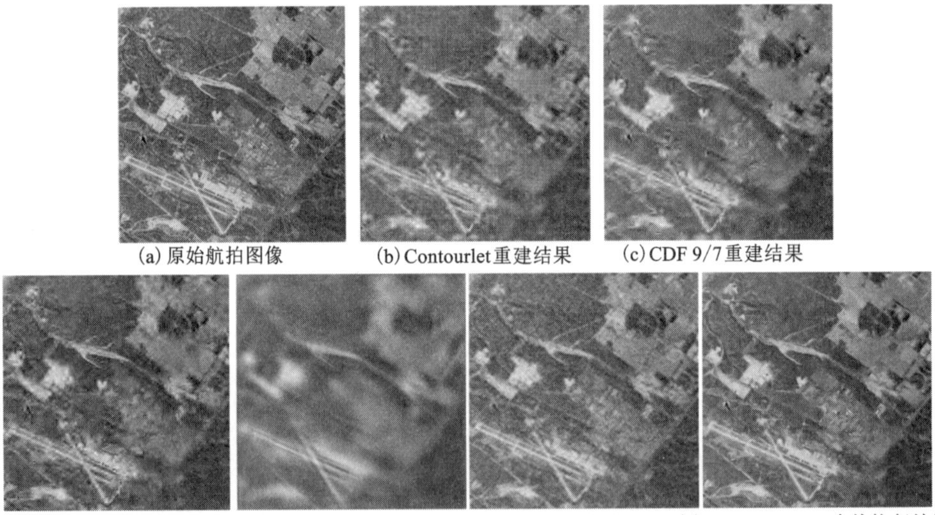
(a) 原始航拍图像　(b) Contourlet 重建结果　(c) CDF 9/7 重建结果
(d) Bandelet 重建结果　(e) Curvelet 恢复结果　(f) DCT 恢复结果　(g) Wedgelet 2000 个块恢复结果

图 3-5　航拍原图及通过多种图像变换方法重建图对比[43]

图像的压缩与编码：由于目前图像技术的不断发展，图像的应用越来越广泛，因此降低图像储存容量，提高传输速度成为当前研究的热门。图像编码压缩也由此而来，其目的是在保证图像质量的基础上对图像进行压缩[44]。一幅图像之所以能够被压缩，究其根本原因，是由于其本身存在内在信息的冗余。而压缩的过程，实际上就是一个合理运用信息，减少其冗余的过程。图像的压缩编码起源于 20 世纪 50 年代，经过多年发展，目前已有很多方法。总的来说可以分为两类：无损和有损。经前者处理后的图像信息可以与原图像保持完全一致，但整体的压缩比不高，如 Huffman 编码和行程长度编码都是经典的无损编码。而对于后者，由于人的视觉特殊性，使得人眼所能接受的图像信息是有限的，利用人眼对这些图像信息不敏感的特性，允许压缩过程中损失一定的信息，损失的部分对理解原始图像影响较小，却换来了大得多的压缩比[45]。图 3-6 所示为一种数字视频压缩的混合编码框架。

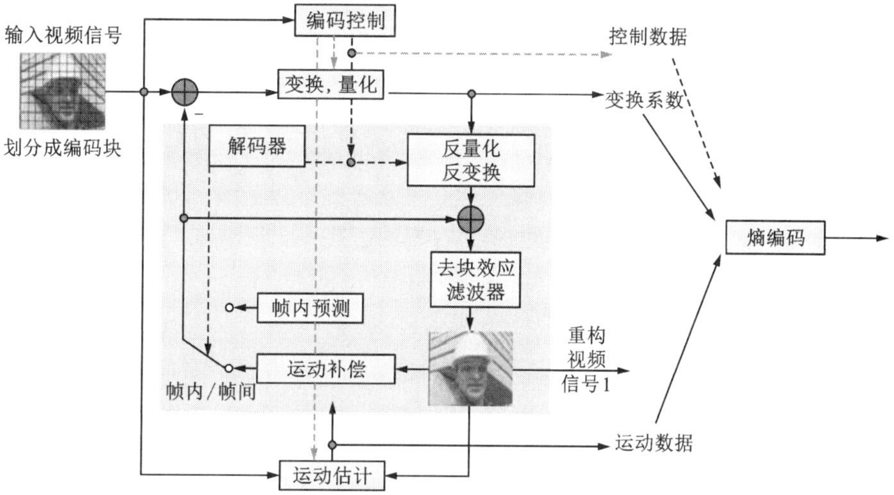

图 3-6　数字视频压缩的混合编码框架[46]

3.3.2　基于数字图像技术的地下开采扰动岩层空隙识别及表征方法

传统地下开采扰动岩层分离和破裂的评估方法一般是通过数值模拟软件或相似材料模拟建立模型，从而对地层下沉过程中的位移运动、垮落等进行模拟。这些方法在一定程度上再现了受扰动作用下岩层的运移过程。但这些方法在裂隙的多维分布、空隙率的计算及分布规律等方面缺少进一步研究。本小节将重点介绍应用数字图像技术分别对数值模拟软件和相似物理试验中所模拟的受开采扰动影响地层的运移情况及其过程中产生的裂隙进行识别以及表征分析。

3.3.2.1　基于数值模拟软件的地下开采扰动岩层空隙识别及表征方法

具有多参数评价的数值建模是评价长壁开采过程中岩层逐渐分离和破裂的一种经济有效的方法。基于连续介质(FEM 和 FDM)和不连续介质(DEM)力学的数值模拟方法已经在一些研究项目中被用来解决这个问题[47-52]。在地下采矿过程中的地层移动行为涉及地层下沉过程中从连续变形到不连续断裂的复杂变化，基于 FEM 和 FDM 的方法已不适用于处理此类问题[53, 54]。基于 DEM 的方法，特别是利用通用离散单元法程序(UDEC)和三维离散元程序(3DEC)的方法，能够模拟节理和岩体的不连续和大规模位移运动[51]。Gao 等人[55]使用定义的 UDEC Trigon 方法将顶板模拟为通过接触黏合的三角块的组合，以观察长壁开采上覆岩层的逐渐沉降情况。这项工作提出了一个新的破坏指数，即裂缝总长度与接触总长度之比，用以描述长壁开采顶板中裂隙的产生及随后的传播。Xu 等人[51]利用 3DEC 软件建立了一个等效的节理岩体模型来模拟开采引起的地层和地表的塌陷和大位移运动。然而，上述数值研究大多只是强调了地层的渐进式断裂过程，没有研究分离和断裂特征的量化指标的多维分布。在 UDEC 数值模拟的支持下，Wang 等人[56]提出了一组基于地层下沉表达式的长壁开采扰动覆岩空隙(冒落区孔隙、破裂区和地表裂隙)分布的分析模型，并发现了一种裂隙分布类型，称为“裂隙拱”。此外，由数值模拟得到的地层运动的原始图像只包含了裂缝的定性表现，如裂隙分布中的粗略位置和密度。很少有研究试图进一步地处理数值模拟结果，特别是从所获得的数字图像中识别并量化表征裂隙及其分布规律。

为了解决数值模拟研究中面临的空隙识别与表征问题，量化关键层之间断裂岩体中赋存裂隙的空隙率，提出了地下开采扰动空隙的数字图像处理程序来提取裂隙并计算裂隙率分布。所提出方法的技术实现路线和详细步骤如图 3-7 所示。

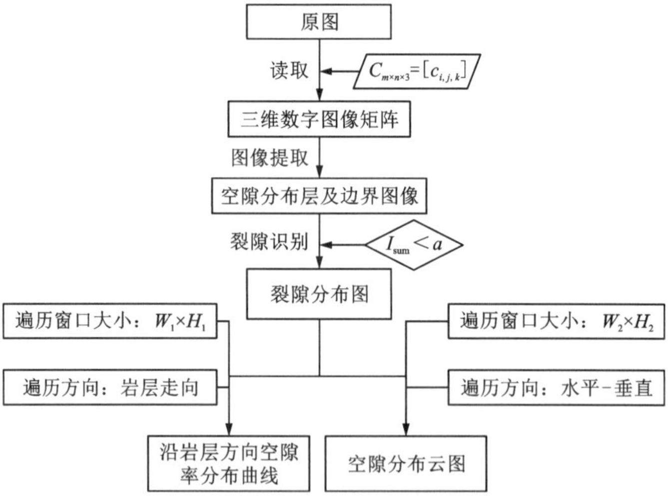

图 3-7　基于数字图像处理的岩层空隙识别及空隙率分布计算方法技术实现路线和详细步骤

(1)计算机程序读取从数值模拟软件中获得的岩层原始图像，并生成一个三维图像矩阵，该数字矩阵所储存的信息包括各像素位置和对应红、绿、蓝三原色值。

(2)通过颜色条件、位置信息等筛选准则提取关键目标地层之间的图像和关键层的边界位置。

(3)计算图像像素颜色值，当某像素 RGB 颜色值之和满足 $I_{sum}<a$ 的条件时，判断识别出断裂部分像素，从而产生断裂分布的图像。此时，代表断裂部分的像素呈现黑色，代表其他部分如地层则显示为白色。

(4)用式(3-3)计算大小为 $W_1 \times H_1$ 或 $W_2 \times H_2$ 像素点的遍历窗口中的空隙率，并分别沿岩层走向或走向和垂直方向逐像素移动该窗口，得到空隙率沿岩层走向分布曲线或在整个破裂区内的分布云图。

$$FR_{ij} = \frac{FN_{ij}}{N_{ij}} \tag{3-3}$$

式中：FR_{ij} 是岩层走向第 i 个和垂直方向第 j 个遍历窗口的空隙率；FN_{ij} 是 RGB 颜色值总和小于 a 的像素数；N_{ij} 是遍历窗口的总像素数。

3.3.2.2　基于相似模拟试验的地下开采扰动岩层空隙识别及表征方法

近几十年来，人们利用现场检测和分析方法研究了开采扰动引起的覆岩层裂隙的发展特征[57-61]。一些研究利用垂直钻孔气体逸出的测量方法，测量了与巷道相连的断裂带的高度以及覆岩层水平裂隙的位置。同时，也有研究利用多锚杆钻孔诱导器在一个大型矿区对覆岩沉降进行了实时原位的监测。虽然这种直接监测和测试技术都可以提供关于覆岩运动的直观第一手资料，但在现场，由于测试耗时长、工作强度大、成本高，采动岩层空隙的现场有效监测还较为困难。此外，这些研究对影响渗透率的空隙率研究较少，也没有对空隙率的非均质随机分布特征进行研究。

因此，为进一步丰富覆岩沉降产生空隙的分析技术和手段，以相似模拟试验为基础，开发了一种结合数字图像处理技术，通过对试验图片进行识别处理，最终得到一种表征地层沉降后的覆岩空隙率的方法。获得空隙率及其分布云图的图像处理方法如图 3-8 所示。

(1)计算机软件读取从相似模拟试验中获得的原始图像，并生成一个三维图像数字矩阵，该数字矩阵内容包括像素位置和三原色像素值。

(2)将采集到的三彩图转换成灰度图，在图像灰度化后，进行图像二值化处理，通过设置阈值 Z_t，当灰度图像中像素值 $Z_{xy}>Z_t$ 时，原像素值赋为 0，否则赋为 255，将实验图像中的空隙和岩块背景分别赋予黑、白两种颜色，由此得到裂隙分布图像。

(3)设置遍历窗大小为 $W_3 \times H_3$ 像素，遍历方向分别为横向、纵向，对裂隙分布图像进行遍历，根据式(3-4)进行空隙率分布云图的计算并进行可视化。

(4)计算二值图像中像素值为 0 的像素数量，像素总和表示为空隙像素数量，符号为 b；同时图像中像素值为 255 像素数量总和为代表地层岩块的像素部分，

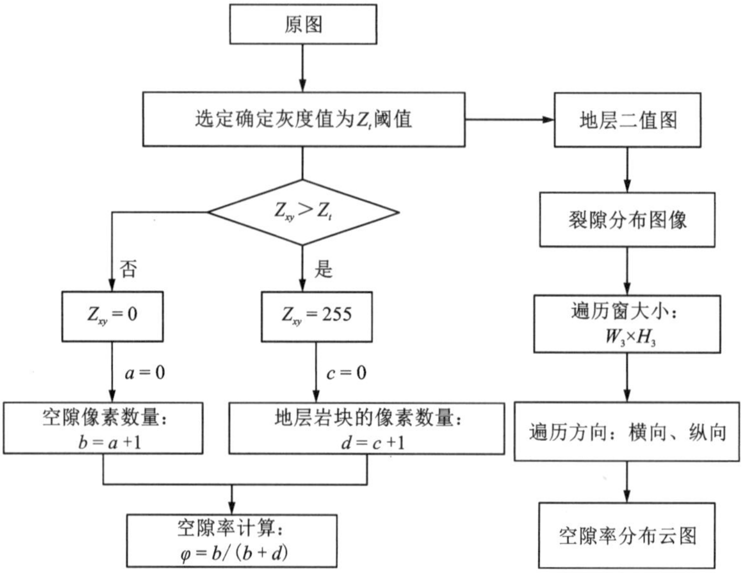

图 3-8　基于数字图像技术的相似模拟试验下岩层垮落空隙的识别处理方法

符号为 d。空隙率的计算公式为：

$$\varphi = b/(b + d) \tag{3-4}$$

3.3.3　基于数字图像技术的地下开采扰动岩层空隙识别及表征应用

3.3.3.1　基于 UDEC 模型的长壁开采扰动覆岩的空隙识别及表征

从图 3-9 所示的岩层移动图像可以看出，岩层的开挖造成了不同程度的上覆岩层沉降和分离，然后产生了大量的裂隙。裂隙的分布从图中看显然是不连续的和不均匀的。在早期阶段，当第 2 关键层没有发生断裂时，断裂主要发生在被扰动岩层的周边和中心。然而，在中后期，在第 2 关键层断裂后，断裂集中在两个关键地层之间受长壁开采扰动岩层的两个边界附近。这些富含裂隙的区域倾斜地分布在被开采扰动区域的边界之上。很明显，富裂隙区呈现出一种“拱形”结构。因此，提出了“富含裂隙拱”的断裂分布模式，以描述长壁开采引起的上覆岩层破裂的分布和发展。随着长壁开采长度的增加，“富含断裂拱”在垂直方向和岩层走向延伸。具体来讲，在主关键层发生断裂之前，拱脚和拱顶周围出现了大量的断裂，“富含裂隙拱”在垂直方向上沿着岩层走向向两周进行延伸。然而，此后的断裂主要集中在拱脚周围，“富含裂隙拱”只沿着地层的走向延伸。

通过图 3-9 所示的 UDEC 数值模拟结果数字图像后处理方法得到开采长度

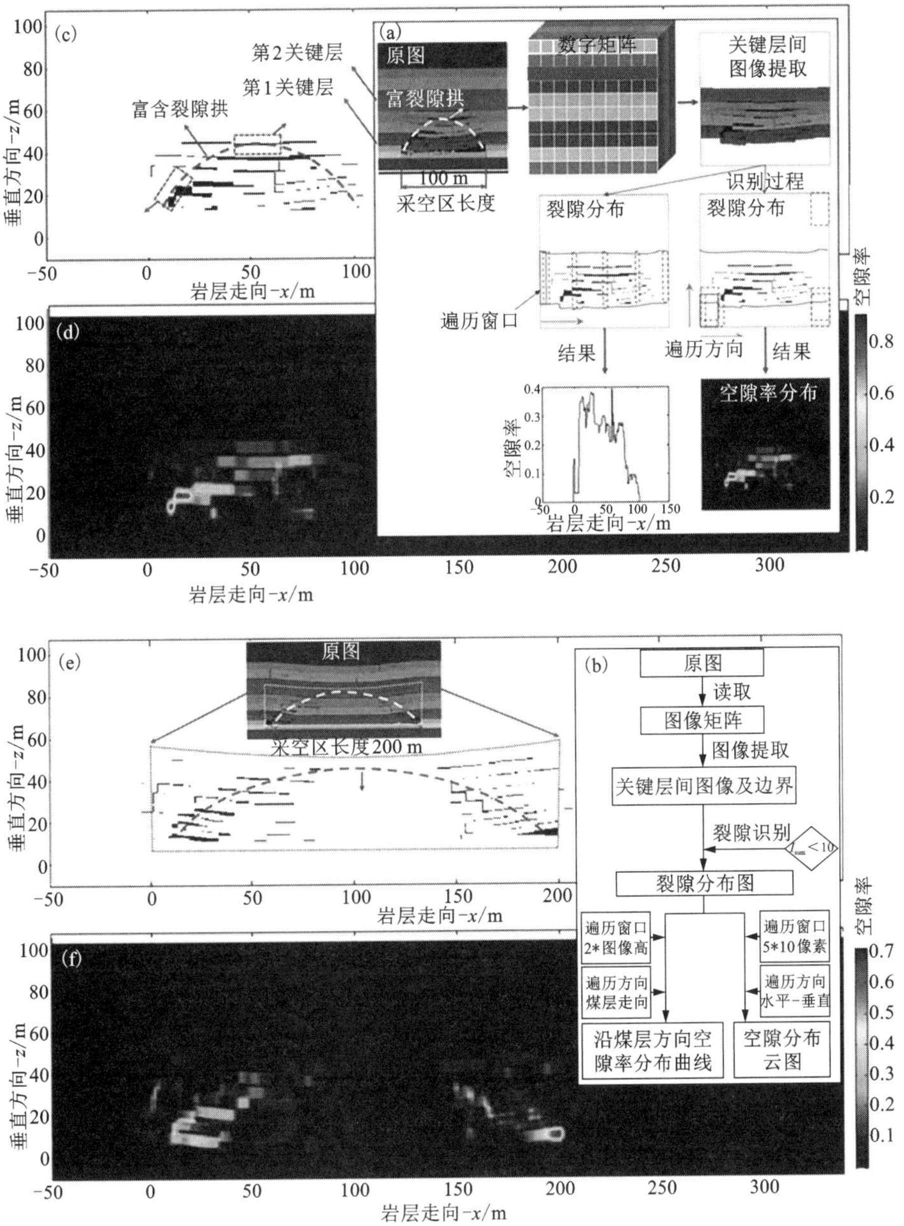
(c)
第2关键层
第1关键层
富含裂隙拱
垂直方向-z/m
岩层走向-x/m
(a)
原图
富裂隙拱
100 m
采空区长度
数字矩阵
关键层间
图像提取
识别过程
裂隙分布
裂隙分布
遍历窗口
结果
遍历方向
结果
空隙率
空隙率分布
(d)
(e)
原图
采空区长度200 m
(b)
原图
读取
图像矩阵
图像提取
关键层间图像及边界
裂隙识别
裂隙分布图
遍历窗口
2*图像高
遍历窗口
5*10像素
遍历方向
煤层走向
遍历方向
水平-垂直
沿煤层方向空
隙率分布曲线
空隙分布
云图
(f)

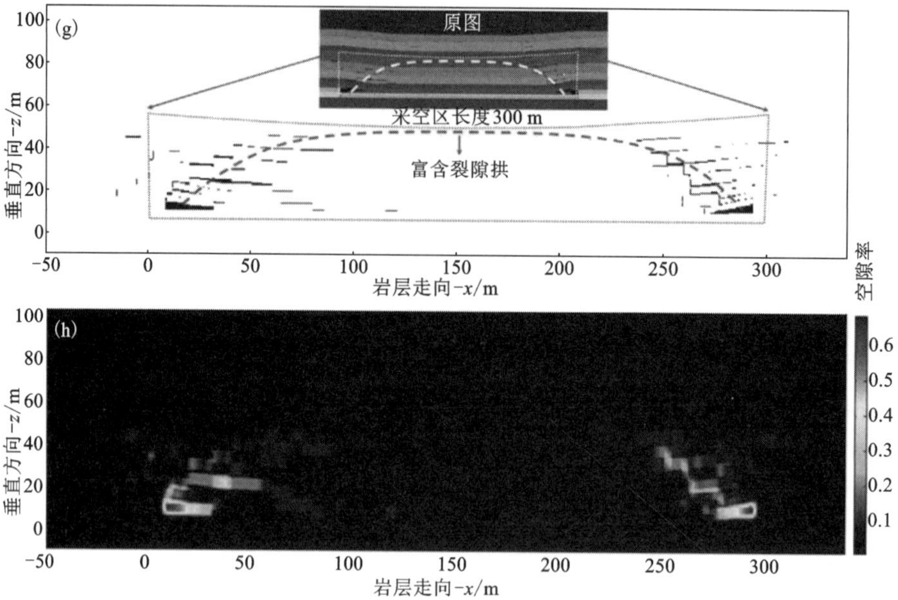

图 3-9 UDEC 数值模拟结果数字图像后处理方法和计算结果，包括(a)后处理程序和(b)流程图，(c)100 m、(e)200 m 和(g)300 m 开采长度时采动覆岩内裂隙分布图像，以及(d)100 m、(f)200 m 和(h)300 m 开采长度的空隙率分布图像

扫一扫，看彩图

为 100 m、200 m 和 300 m 时的裂隙分布图像和相应的空隙率分布。当开采长度为 100 m 时，空隙率在扰动岩层的周边和中心较大。当开采长度为 200 m 和 300 m 时，空隙率在扰动岩层的两侧较大。由于空隙率分布可以反映裂隙的数量和大小，其结果适合于量化岩层分离和断裂的发展，并进一步评估开挖破坏区。岩层破坏程度随着空隙率的增加而增加。总的来说，UDEC 数值模拟和理论模型中的空隙率分布具有一致的形状。然而，前者得到的空隙率分布云图中的空隙值显然是分散的和不连续的，这与实际情况比较一致。

研究采矿扰动覆岩的全局特性有助于评价采动裂隙的整体发展水平，用以量化由地下开采引起的顶板破坏程度。分形维度可用于表征岩石和土壤中裂缝的发育程度，并能反映整个裂缝网络的分形特性。本部分采用易于编程的盒式计数法，以确定岩层分离和破断裂隙的分形特性。如图 3-10 所示，从岩层移动图像中识别出的裂隙分布图被一连串依次具有不同尺寸的方形网格所覆盖。对于每个网格，记录被裂隙网络相交的盒子的数量 $N(\delta)$，以及盒子的边长长度 δ。通过绘制对数 $\lg[N(\delta)]$ 与对数 $\lg(1/\delta)$ 的散点图，并依据式(3-5)进行拟合，直线拟合的斜率表示分形维度 D_F。

$$\lg[N(\delta)] = D_F \lg(1/\delta) + C \tag{3-5}$$

由图 3-10(b)所示的回归直线可知，100 m、200 m 和 300 m 开采长度时，采动裂隙网络的分形维数分别为 1.314、1.203 和 1.099。UDEC 数值模拟的平均空隙率也可以作为全局参数用来量化岩层整体断裂程度。在开采长度为 100 m、200 m 和 300 m 的采空区上覆岩层内采动裂隙的平均空隙率分别为 0.1496、0.1072 和 0.1014。从分形维数和平均空隙率数值来看，当开采长度从 100 m 增加到 300 m 时，采动覆岩整体断裂程度有所下降，这是由于上覆岩层充分采动后随开采进行，采动覆岩内的裂隙被逐渐压实所致的。

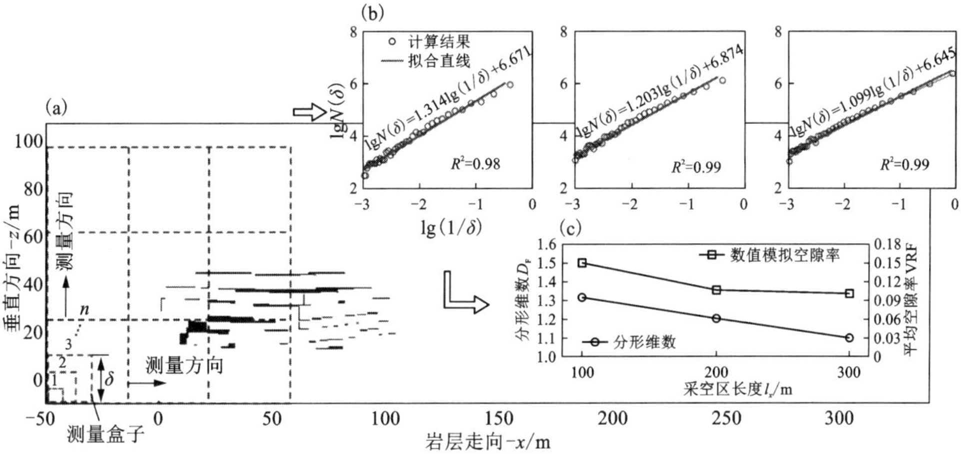

图 3-10　采动覆岩破裂区裂隙网络的分形维数，包括：(a)裂隙网络盒维数计算过程，(b)盒维数计算结果和(c)盒维数和平均空隙率随开采长度增加的变化曲线

3.3.3.2　基于相似试验的长壁开采扰动覆岩中空隙识别及表征

采用物理相似模型试验模拟了长壁开采覆岩移动过程，其中相似的几何比例为 1∶1000。在模拟试验中，根据上覆岩层的实际情况，从下到上逐层紧密排列各岩层岩块。设定挖掘步长为 5 cm，模拟开采长度为 50 m 的煤层开采，设定进行 6 次开采，最终进行 300 mm 的开采长度。在模拟开挖过程中，由于平衡状态被打破，上覆岩层发生下沉和塌陷。当上覆岩层完成移动并稳定下来后，用高清数码相机记录岩层垮落照片。图 3-11 显示了模拟挖掘长度为 50 m、100 m、150 m、200 m、250 m 和 300 m 时采动覆岩的垮落图像。

对于拍摄的试验照片，采用数字图像处理技术将覆岩垮落图像转变为二值化图像，并从中提取岩块和空隙的像素。然后，根据空隙率的计算方法，即用空隙

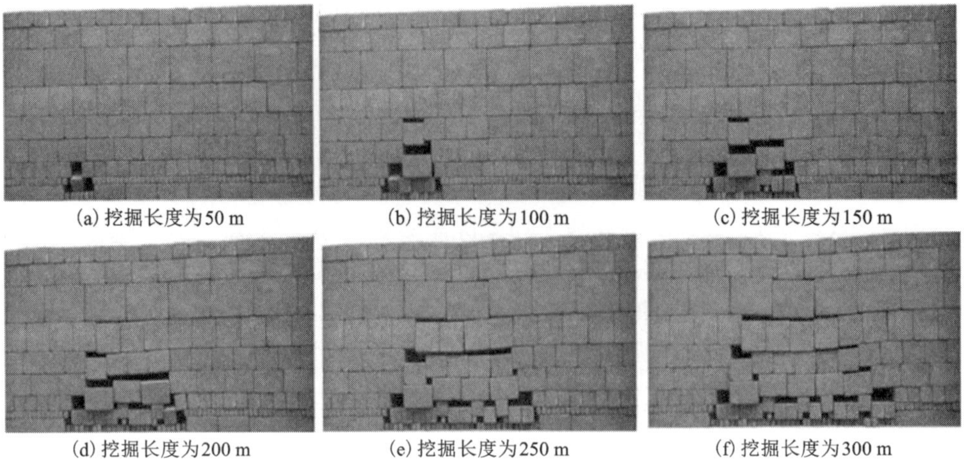

(a) 挖掘长度为50 m (b) 挖掘长度为100 m (c) 挖掘长度为150 m

(d) 挖掘长度为200 m (e) 挖掘长度为250 m (f) 挖掘长度为300 m

图 3-11 模拟煤层开挖后的上覆岩层图像

的总像素数除以岩块和空隙的总像素数，得出空隙率。此外，构建了一个尺寸为300×150 像素点的遍历窗口，在整个图像中逐个像素地运行遍历，获得空隙率分布云图，结果如图 3-12 所示。

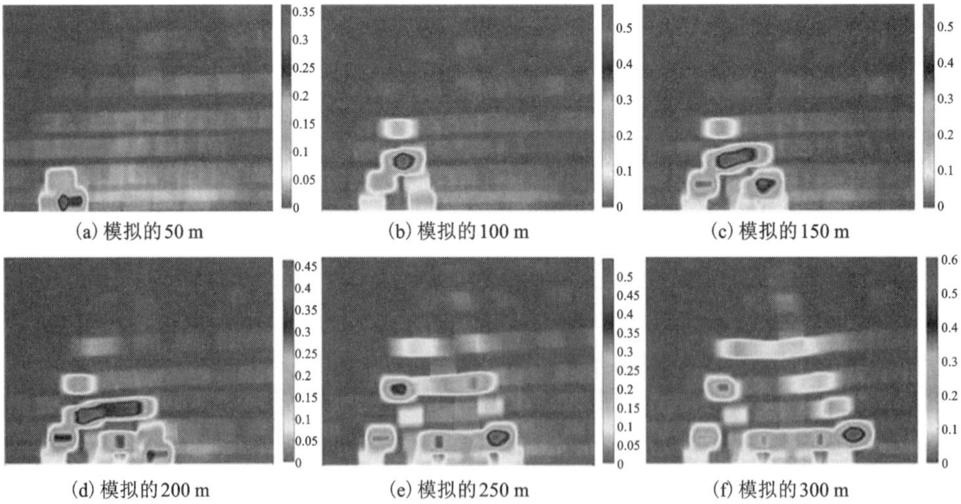

(a) 模拟的50 m (b) 模拟的100 m (c) 模拟的150 m

(d) 模拟的200 m (e) 模拟的250 m (f) 模拟的300 m

图 3-12 覆岩图像中空隙率分布云图

扫一扫，看彩图

本节内容主要通过数值模拟软件、物理相似模拟试验对采动覆岩移动和破裂进行模拟，并结合数字图像技术和分形维数理论对模拟过程中产生的裂隙进行识别及表征。由空隙率计算结果、空隙率分布云图、分形维数结果，以及相应的可视化图片可知，提出的基于数字图像处理技术的裂隙识别及表征方法可为从数值模拟和物理模拟试验输出图像中提取信息提供新方法。此外，该方法还可以用于进一步研究采矿引起的覆岩层裂隙的动态发展及其影响因素，包括采矿速度、采矿高度、开采规模、覆岩层的地质力学和几何特性以及地质条件对采动覆岩破裂特性的影响规律。

参考文献

[1] 钱鸣高. 岩层控制与煤炭科学开采文集[M]. 徐州：中国矿业大学出版社，2011.

[2] 钱鸣高，石平五，许家林. 矿山压力与岩层控制[M]. 徐州：中国矿业大学出版社，2010.

[3] 钱鸣高，缪协兴，许家林，等. 岩层控制的关键层理论[M]. 徐州：中国矿业大学出版社，2000.

[4] 钱鸣高，许家林，缪协兴. 煤矿绿色开采技术[J]. 中国矿业大学学报，2003，32(4)：343-348.

[5] Xu J L, Zhu W B, Lai W, et al. Green mining techniques in the coal mines of China[J]. Journal of Mines, Metals and Fuels, 2004, 52(12): 395-398.

[6] 许家林. 煤矿绿色开采[M]. 徐州：中国矿业大学出版社，2011.

[7] 钱鸣高. 采场上覆岩层的平衡条件[J]. 中国矿业学院学报，1981，10(2)：31-40.

[8] 钱鸣高，李鸿昌. 采场上覆岩层活动规律及其对矿山压力的影响[J]. 煤炭学报，1982 7(2)：1-8.

[9] Qian M G. A study of the behavior of overlying strata in longwall mining and its application to strata control [C]. Proceedings of the Symposium on Strata Mechanics. Elsevier Scientific Publishing Company, 1982: 13-17.

[10] 钱鸣高. 采场上覆岩层岩体结构模型及其应用[J]. 中国矿业学院学报，1982，11(2)：1-11.

[11] Hudson J A, Harrison J P.，冯夏庭，李小春，焦玉勇，等，译. 工程岩石力学：上卷・原理导论篇[M]. 北京：科学出版社，2000.

[12] 蔡美峰，何满潮，刘东燕. 岩石力学与工程[M]. 北京：科学出版社，2002.

[13] 宋振琪. 实用矿山压力控制[M]. 徐州：中国矿业大学出版社，1988.

[14] 高磊. 矿山岩体力学[M]. 北京：冶金工业出版社，1978.

[15] 金洪伟，许家林，朱卫兵. 覆岩移动的拱-梁组合结构模型的初步研究[C]. 自主创新与持续增长第十一届中国科协年会论文集，2009：608-613.

[16] 杜晓丽. 采矿岩石压力拱演化规律及其应用的研究[D]. 徐州：中国矿业大学，2011.

[17] 王崇革，宋振骐，石永奎，等. 近水平煤层开采上覆若层运动与沉陷规律相关研究[J]，岩土力学，2004，25(8)：1343-1346.

[18] 百水奎. 采场动态结构力学模型的伤真及其应用[D]. 泰安：山东科技大学，2001.

[19] 汤建泉. 开采覆岩运动和破坏规律的实验研究[D]. 徐州：中国矿业大学，1995.
[20] 徐永圻. 采矿学[M]. 徐州：中国矿业大学出版社，2003：531-533.
[21] 许家林. 岩层采动裂隙演化规律与应用[M]. 徐州：中国矿业大学出版社，2016.
[22] Yuan L, Smith A C. Numerical study on effects of coal properties on spontaneous heating in longwall gobareas[J]. Fuel, 2008, 87(15): 3409-3419.
[23] 宋颜金，程国强，郭惟嘉. 采动覆岩裂隙分布及其空隙率特征[J]. 岩土力学，2011，32(2)：533-536.
[24] 李宗翔，衣刚，武建国，等. 基于“O”型冒落及耗氧非均匀采空区自燃分布特征[J]. 煤炭学报，2012，37(3)：484-489.
[25] 梁运涛，张腾飞，王树刚，等. 采空区孔隙率非均质模型及流场分布模拟[J]. 煤炭学报，2009，34(9)：1203-1207.
[26] 张玉军，张华兴，陈佩佩. 覆岩及采动岩体裂隙场分布特征的可视化探测[J]. 煤炭学报，2008，31(11)：1216-1219.
[27] 林海飞，李树刚，成连华. 覆岩采动裂隙带动态演化模型的实验分析[J]. 采矿与安全工程学报，2011，28(2)：298-303.
[28] Huang J, Bruining J, Wolf K H A A. Modeling of gas flow and temperature fields in underground coalfires[J]. Fire Safety Journal, 2001, 36(5): 477-489.
[29] Wolf K H, Bruining H. Modelling the interaction between underground coal fires and their roofrocks[J]. Fuel, 2007, 86(17): 2761-2777.
[30] 陈炳权，刘宏立，孟凡斌. 数字图像处理技术的现状及其发展方向[J]. 吉首大学学报：自然科学版，2009 (1)：63-70.
[31] Pitas I. Digital image processing algorithms andapplications[M]. John Wiley & Sons, 2000.
[32] 李红俊，韩冀皖. 数字图像处理技术及其应用[J]. 计算机测量与控制，2002，10(9)：620-622.
[33] Zhuang P, Ding X. Divide-and-conquer framework for image restoration and enhancement [J]. Engineering Applications of Artificial Intelligence, 2019, 85: 830-844.
[34] Kara F, Vural C. Blind restoration and resolution enhancement of images based on complex filtering[J]. Signal, Image and Video Processing, 2016, 10(6): 1159-1167.
[35] Gonzalez R C. Digital imageprocessing[M]. Pearson education india, 2009.
[36] Haralick R M, Shapiro L G. Image segmentationtechniques[J]. Computer vision, graphics, and image processing, 1985, 29(1): 100-132.
[37] Marr D, Hildreth E. Theory of edgedetection [J]. Proceedings of the Royal Society of London. Series B. Biological Sciences, 1980, 207(1167): 187-217.
[38] Wu Z, Leahy R. An optimal graph theoretic approach to data clustering: Theory and its application to imagesegmentation [J]. IEEE transactions on pattern analysis and machine intelligence, 1993, 15(11): 1101-1113.
[39] Lin D, Dai J, Jia J, et al. Scribblesup: Scribble-supervised convolutional networks for semantic segmentation [C]//Proceedings of the IEEE Conference on Computer Vision and Pattern

Recognition. 2016：3159-3167.

[40] Pi Z, Zhou Z, Li X, et al. Digital image processing method for characterization of fractures, fragments, and particles of soil/rock-likematerials[J]. Mathematics, 2021, 9(8)：815.

[41] 董健，邓国辉，李金武. 基于二维傅里叶变换实现图像变换的研究[J]. 福建电脑，2015，31(9)：102-103.

[42] 汤杨，吴慧中，肖甫，等. 基于等密度映射和纹理重构的分层图像变换[J]. 中国图象图形学报，2006，11(4)：555-562.

[43] 田润澜，肖卫华，齐兴龙. 几种图像变换算法性能比较[J]. 吉林大学学报：信息科学版，2010 (5)：439-444.

[44] Jamil-ur-Rehman. 基于新一代标准(H. 264)的实时视频压缩技术与算法研究[D]. 哈尔滨：哈尔滨工业大学，2007.

[45] 唐晓亮. 基于新特征与压缩感知的分形图像压缩编码[D]. 南京：南京邮电大学，2020.

[46] 高敏. 视频图像压缩中熵编码技术研究[D]. 哈尔滨：哈尔滨工业大学，2016.

[47] Singh G S P, Singh U K. Prediction of caving behavior of strata and optimum rating of hydraulic powered support for longwallworkings[J]. International Journal of Rock Mechanics and Mining Sciences, 2010, 47(1)：1-16.

[48] Yasitli N E, Unver B. 3D numerical modeling of longwall mining with top-coalcaving[J]. International Journal of Rock Mechanics and Mining Sciences, 2005, 42(2)：219-235.

[49] Ghabraie B, Ghabraie K, Ren G, et al. Numerical modelling of multistage caving processes：insights from multi-seam longwall mining-induced subsidence[J]. International Journal for Numerical and Analytical Methods in Geomechanics, 2017, 41(7)：959-975.

[50] Gao F, Stead D, Coggan J. Evaluation of coal longwall caving characteristics using an innovative UDEC Trigonapproach[J]. Computers and Geotechnics, 2014, 55：448-460.

[51] Xu N, Zhang J, Tian H, et al. Discrete element modeling of strata and surface movement induced by mining under open-pit final slope[J]. International Journal of Rock Mechanics and Mining Sciences, 2016, 88：61-76.

[52] Salmi E F, Nazem M, Karakus M. Numerical analysis of a large landslide induced by coal mining subsidence[J]. Engineering Geology, 2017, 217：141-152.

[53] Shabanimashcool M, Li C C. Numerical modelling of longwall mining and stability analysis of the gates in a coalmine[J]. International Journal of Rock Mechanics and Mining Sciences, 2012, 51：24-34.

[54] Vyazmensky A, Stead D, Elmo D, et al. Numerical analysis of block caving-induced instability in large open pit slopes：a finite element/discrete elementapproach[J]. Rock mechanics and rock engineering, 2010, 43(1)：21-39.

[55] Gao F, Stead D, Coggan J. Evaluation of coal longwall caving characteristics using an innovative UDEC Trigonapproach[J]. Computers and Geotechnics, 2014, 55：448-460.

[56] Wang S, Li X, Wang D. Void fraction distribution in overburden disturbed by longwall mining of coal[J]. Environmental Earth Sciences, 2016, 75(2)：1-17.

[57] Lai X P, Cai M F, Xie M W. In situ monitoring and analysis of rock mass behavior prior to collapse of the main transport roadway in Linglong Gold Mine, China[J]. International Journal of Rock Mechanics and Mining Sciences, 2006, 43(4): 640-646.

[58] Palchik V. Formation of fractured zones in overburden due to longwallmining[J]. Environmental Geology, 2003, 44(1): 28-38.

[59] Palchik V. Localization of mining-induced horizontal fractures along rock layer interfaces in overburden: field measurements andprediction[J]. Environmental Geology, 2005, 48(1): 68-80.

[60] Palchik V. Experimental investigation of apertures of mining-induced horizontalfractures[J]. International Journal of Rock Mechanics and Mining Sciences, 2010, 47(3): 502-508.

[61] Zhang S, Liu Y. A simple and efficient way to detect the mining induced water-conducting fractured zone in overlyingstrata[J]. Energy Procedia, 2012, 16: 70-75.

第 4 章　地下开采扰动岩层空隙率分布规律

长壁开采是一种广泛应用于地下煤矿机械化大规模开采的方法。在采煤过程中，采空区上覆岩层卸压以及平衡状态被打破，导致直接顶垮落。然后，基本顶将以破断岩块型结构的形式周期性下沉，该结构由断裂的块体组成。此外，长壁开采扰动覆岩逐渐向上延伸至地表，导致地表塌陷下沉。煤矿开采扰动的覆岩一般发生在从直接顶垂直向地表延伸的三个区域：冒落区、破裂区和地表沉陷区。随着煤层采空区面积的增加，裂隙带逐渐向上延伸，从冒落区延伸到破裂区，最终延伸至地表弯曲区。采空区上方岩层的冒落、破裂、塌陷，产生了大量的空隙，包括碎石颗粒间的空隙、上覆岩层的裂隙和地表的裂隙。

长壁开采会引起地层的剪切破坏，同时也会引起覆岩之间的分离。这大大改变了上覆岩层的流体流动特性，如空隙率和相关渗透率。开采扰动覆岩中既有未充填空隙，也有碎石和岩块，构成了多种形态的空隙场。氧气进入这些空隙通道，氧化破碎的煤岩，可能会引发煤矿地下火灾，从而浪费煤炭资源，污染地下和地上环境，剥蚀地貌，威胁人类健康。应对地下火灾的措施(如水、灌浆、惰性气体、泡沫或凝胶)的扩散范围取决于空隙分布特征。另外，采矿引起的裂缝以及断层的重新滑移，可以穿透含水层，可能将地表、含水层和采空区连接起来，从而引发大量的水涌入，对采矿作业产生负面影响，并造成地下工人伤亡风险。此外，煤矿开采作业会诱发围岩体产生裂缝，从而促进煤层气运移。虽然甲烷排出可降低地下巷道的甲烷浓度，从而减少瓦斯燃烧和爆炸风险，并可收集作为一种清洁能源；但是，瓦斯通过采动空隙向工作面运移可能导致瓦斯爆炸和工作条件恶化。因此，研究煤层开采扰动覆岩中空隙率的分布规律对保证煤矿的安全、清洁、高效开采具有重要意义。本章主要介绍地下开采扰动岩层的空隙率分布规律，包括三维分布模型、动态模型和随机模型。

4.1 地下开采扰动岩层空隙率三维分布模型

4.1.1 冒落区空隙率分布模型

4.1.1.1 水平矿层开采冒落区空隙率分布模型

1. 静态分布理论模型

冒落区充填了大量直接顶板垮落的碎石。根据空隙率的定义，即空隙率等于空隙的总体积与岩体和空隙总体积之比，冒落区中非均质各向同性空隙介质的空隙率均可描述为：

$$\varphi_{c}=\begin{cases}\varphi_{c}^{m}+\varphi_{c}^{0}=1-\dfrac{h_{d}}{h_{d}+M-S_{1}}+\varphi_{c}^{0};\ x\in[0,\ l_{x}],\ y\in\left[-\dfrac{l_{y}}{2},\ \dfrac{l_{y}}{2}\right]\\ \varphi_{c}^{0};\ 其他\end{cases}\tag{4-1}$$

式中：φ_{c} 为冒落区中的空隙率；φ_{c}^{m} 为采动引起裂隙的空隙率；S_{1} 为最接近煤层的第 1 关键层的下沉量，m；h_{d} 为直接顶厚度，m；φ_{c}^{0} 为直接顶初始空隙率。

2. 时空分布理论模型

随着开采的进行，如果 $x\in(0,\ l_{x})$，$y\in\left[-\dfrac{l_{y}}{2},\ \dfrac{l_{y}}{2}\right]$，则冒落区空隙率随时间和空间的变化可由下式表示：

$$\varphi_{c}(x,\ y,\ t)=\frac{V_{V}}{V_{r}+V_{V}}=\frac{(M-W_{1})\mathrm{d}x\mathrm{d}y}{h_{d}\mathrm{d}x\mathrm{d}y+(M-W_{1})\mathrm{d}x\mathrm{d}y}=1-\frac{h_{d}}{h_{d}+M-W_{1}(x,\ y,\ t)}\tag{4-2}$$

其他，　　$\varphi_{c}(x,\ y)=0$

式中：φ_{c} 是冒落区的空隙率；V_{V} 是空隙体积；V_{r} 是岩体体积；$W_{1}(x,\ y,\ t)$是第 1 关键层(最接近煤层)的沉降量；h_{d} 是直接顶板的厚度。

4.1.1.2 倾斜矿层开采冒落区空隙率分布模型

破碎岩体的空隙率可以由破碎状态下岩块间的空隙体积与岩块和空隙的总体积之比来表示，而其碎胀系数为岩体破碎后的体积与破碎前的体积之比。根据破碎岩体空隙率和碎胀系数的定义可知，两者之间存在如下关系：

$$\varphi=1-\frac{1}{K_{p}}\tag{4-3}$$

式中：K_p 为破碎岩石的碎胀系数；φ 为破碎岩石的空隙率。由岩石碎胀系数定义可得采空区松散岩石的碎胀系数沿底板走向中线的分布为：

$$K_p = \frac{h_d + H - w_b(y=0)}{h_d} \tag{4-4}$$

所以，采空区底板走向中轴线（$y=0$）上的空隙率变化曲线可由下式表示：

$$\varphi_G(y=0) = 1 - \frac{h_d}{h_d + H - w_b(y=0)} \tag{4-5}$$

式中：$\varphi_G(y=0)$ 为采空区底板走向中轴线上的空隙率变化曲线；h_d 为直接顶厚度；H 为采高或采放高；$w_b(y=0)$ 为基本顶沿采空区底板走向中轴线分布的下沉量，$w_b(y=0)=[H-h_d(K_{p_b}-1)](1-e^{-\frac{x}{2l}})$；$K_{p_b}$ 为直接顶破碎岩体残余碎胀系数；l 为基本顶破断岩块长度。

根据“O”形圈理论和现场测定情况，在工作面倾向上，上、下巷端头附近采空区的空隙率较采空区中部的大，如图 4-1 所示。工作面倾向（y 轴方向）上偏离 y 轴原点的空隙率变化系数符合如下关系[1]：

$$\varphi_{G,y} = 1 + e^{-0.15\left(\frac{l_y}{2}-|y|\right)} \tag{4-6}$$

如果工作面存在倾角，采空区松散岩石的空隙率会受到岩石重力的挤压影响，采空区下侧受重力载荷大，压实程度高，空隙率相对上侧较小，而采空区上侧正好相反。根据破碎岩体空隙率随轴向应力变化规律的多项式回归方程[2]：

$$\varphi_\gamma = \beta_3\sigma^3 + \beta_2\sigma^2 + \beta_1\sigma + \beta_0 \tag{4-7}$$

式中：φ_γ 为松散破碎岩石受轴向应力作用后的空隙率；σ 为相对轴向应力，MPa；$\beta_1 \sim \beta_3$ 为回归系数；β_0 为破碎岩石未受轴向应力前的空隙率。

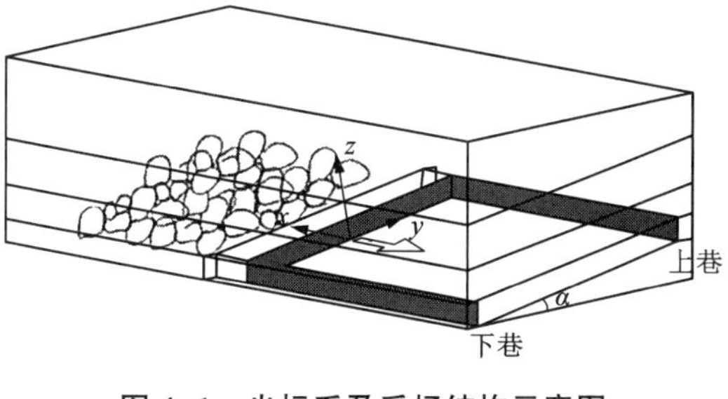

图 4-1　坐标系及采场结构示意图

图 4-2 可知，因采空区松散岩石自身重力作用，任意界面 A-A 在倾向上的压应力为：

$$\sigma = \frac{(1-\varphi_G)\gamma\left(\frac{l_y}{2}-y\right)\sin\alpha}{\sigma_0} \tag{4-8}$$

式中：σ 为任一截面 $A-A$ 上的相对压应力，MPa；γ 为冒落岩石容重，N/m^3；$\sigma_0=$ 1 MPa。由于煤矿实际条件下，冒落煤矸石的容重一般为 $2\times10^4 \sim 3\times10^4$ N/m^3，煤层或工作面倾角 α 一般较小，再加上松散岩石空隙的影响，一般情况下由岩石自重引起的 $A-A$ 截面上的压应力往往很小，因此式(4-7)中的二次项和三次项均可忽略。

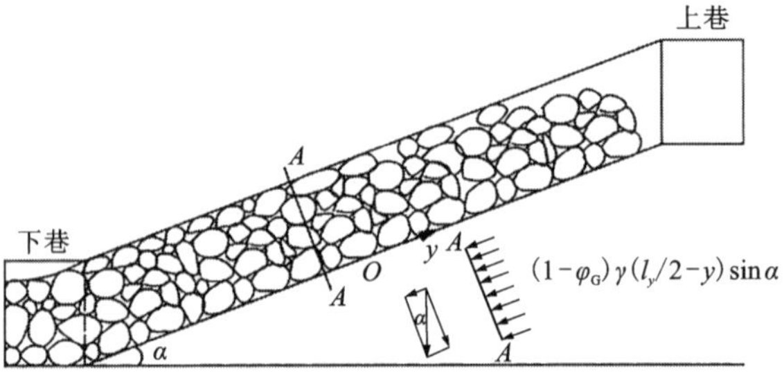

图 4-2　采空区破碎岩石重力作用示意图

综上，考虑重力影响的采空区冒落岩石的空隙率满足如下方程：

$$\begin{aligned}\varphi_G &= \beta_1\sigma + \varphi_{G,y}\varphi_G(y=0)\\ &= \beta_1\frac{(1-\varphi_G)\gamma\left(\frac{l_y}{2}-y\right)\sin\alpha}{\sigma_0} + \\ &\quad \left[1+e^{-0.15\left(\frac{l_2}{2}-|y|\right)}\right]\left\{1-\frac{h_d}{h_d+H-[H-h_d(K_{p_b}-1)](1-e^{-\frac{x}{2l}})}\right\}\end{aligned}$$

解上式得：

$$\varphi_G(x,y) = 1+\frac{\left[1+e^{-0.15\left(\frac{l_2}{2}-|y|\right)}\right]\cdot\left\{1-\frac{h_d}{h_d+H-[H-h_d(K_{p_b}-1)](1-e^{-\frac{x}{2l}})}\right\}-1}{1+\sigma_0^{-1}\beta_1\gamma\left(\frac{l_y}{2}-y\right)\sin\alpha} \tag{4-9}$$

式中：冒落岩石为页岩时，$\beta_1=-0.0488$；冒落岩石为泥岩时，$\beta_1=-0.028$；冒落岩石为砂岩时，$\beta_1=-0.0254$。

4.1.1.4　模型的应用

在冒落区中，理论计算结果（图 4-3）表明，采空区周边附近的空隙率较大（最大值为 54.62%），而采空区中心附近的空隙率最小值为 5.66%。沿煤层走向和倾向，冒落区空隙率呈 U 型分布。空隙率从采空区两边到中间段逐渐减小，最终稳定在最小值[3]。

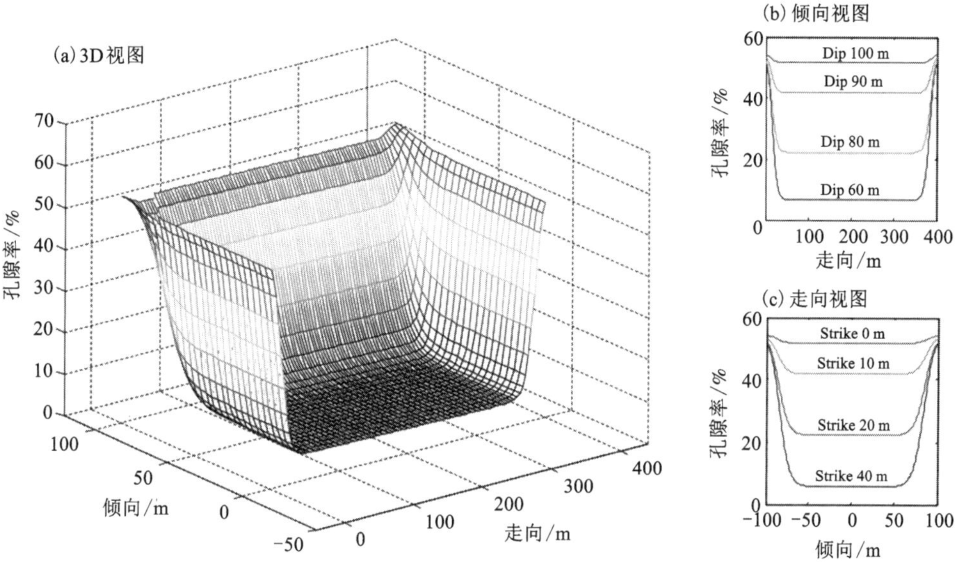

图 4-3　冒落区的空隙率分布

扫一扫，看彩图

由图 4-4 可以看出，空隙率在冒落区 xy 面呈盆地状分布。采空区周边的空隙率最大（最大值为 0.5462），靠近中心的空隙率小（最小值为 0.0566）。空隙率从周边到中心逐渐减小。说明冒落区空隙主要集中在采空区周边，此处地下水、甲烷和氧气容易富集[4]。

由图 4-5 可以看出，冒落区空隙率分布在 xy 平面上，呈“盆地”状。空隙率在采空区周边最大，最大值为 0.6265，在采空区中心附近较小，最小值为 0.0909。空隙率由采空区外围向中心先急剧下降，然后缓慢下降。

根据表 4-1 覆岩各岩层特性参数，由式（4-9）计算出的冒落带破碎岩体的空隙率变化曲面如图 4-6 所示。从图 4-6 可以看出：考虑重力影响的采空区冒落岩石的空隙率在 xy 平面上的分布基本呈“铲”状，采空区浅部及两巷侧空隙率大，而中部及内部空隙率小[5]。

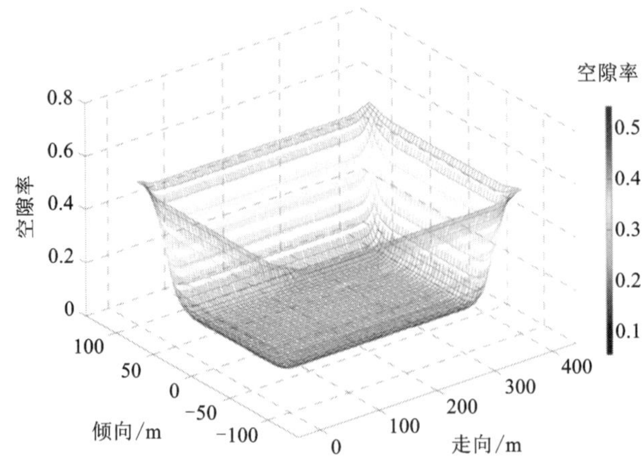

扫一扫，看彩图

图 4-4　冒落区的空隙率

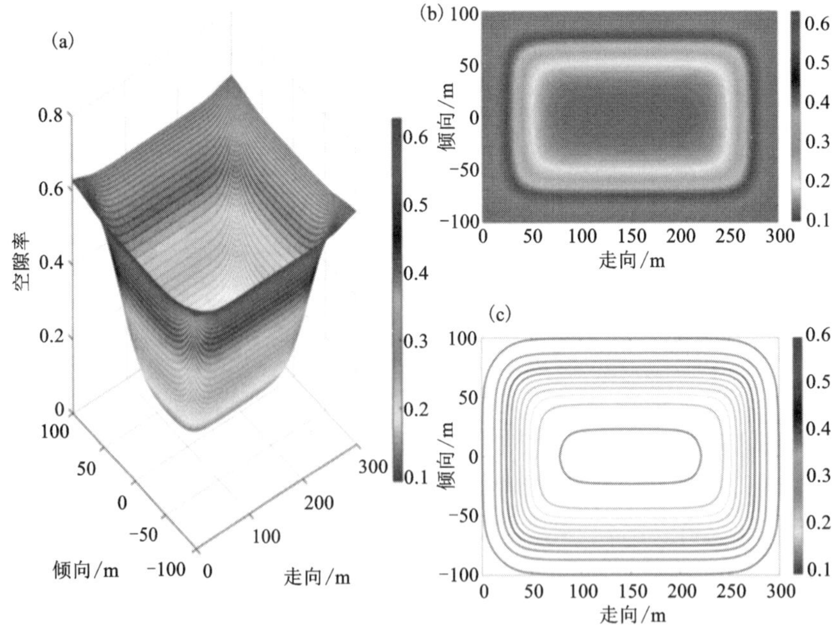

图 4-5　冒落区空隙率分布包括(a)曲面图，(b)走向和倾向分布云图，(c)等值线图

扫一扫，看彩图

表 4-1　覆岩各岩层特性参数

岩层编号	埋深/m	岩层厚度/m	岩层到煤层的距离/m	残余碎胀系数	破断岩块长度/m
1	464	4	10	1.005	8
2	455	9	19	1.007	11
3	434	21	40	1.012	12
4	411	23	63	1.024	15
5	396	15	78	1.049	18

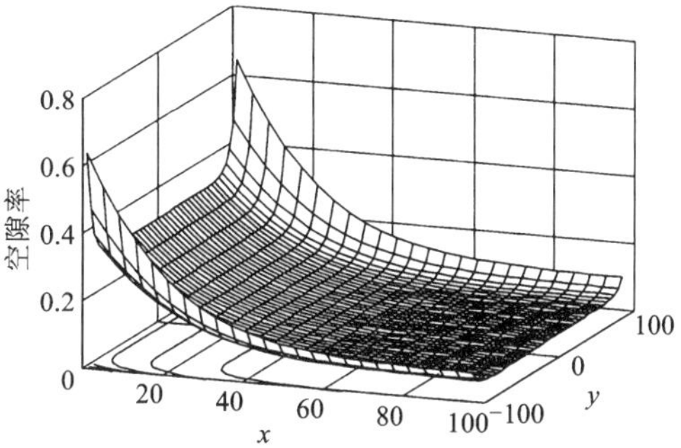

图 4-6　冒落区破碎岩体空隙率变化曲面

由图 4-7 可以看出，在 xy 平面上，冒落区的空隙率呈“箕状”分布。空隙率在倾向方向上，采空区上端附近最大，最大值为 0.5002，而在中心区域附近较小，最小值为 0.00081。在倾斜方向上，空隙率由上至下趋于减小；空隙率从采空区周边到采空区中心先急剧下降，然后缓慢下降。这说明空隙主要集中在采空区周边，且在倾斜方向上，上外围比下外围大[6]。

由图 4-8 可以看出，计算得到的冒落区空隙率沿中心走向($y=0$)的分布曲线与数值模拟得到的 U 型分布曲线是一致的。空隙率从采空区两边缘到采空区中间段逐渐减小，最终稳定在最小值。

4.1.2　破裂区空隙率三维分布模型

4.1.2.1　水平矿层开采破裂区空隙率分布模型

1. 静态分布理论模型

(1)模型表现形式一。

每一岩层的不同沉降导致相邻两层岩层之间的层间脱离，进而产生水平裂缝。同时，破裂岩体在沉降过程中发生旋转，相互不协调移动，产生垂直裂缝。因此，离层裂隙岩体可视为非均质、各向异性的多孔介质。根据空隙率的定义，水平裂缝的空隙率可以表示为岩层沉降差与相邻岩层间距的比值，如式(4-10)所示。垂直裂缝的空隙率可以表示为地层沉降后面积增量与总面积的比值，如式(4-11)所示。

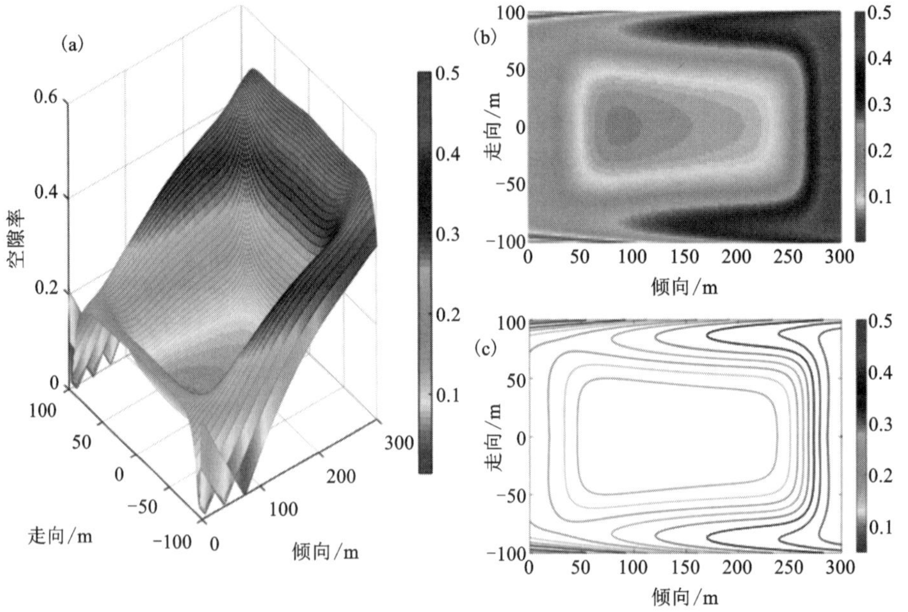

图 4-7　冒落区空隙率分布包括(a)曲面图，(b)走向和倾向分布云图，(c)等值线图

扫一扫，看彩图

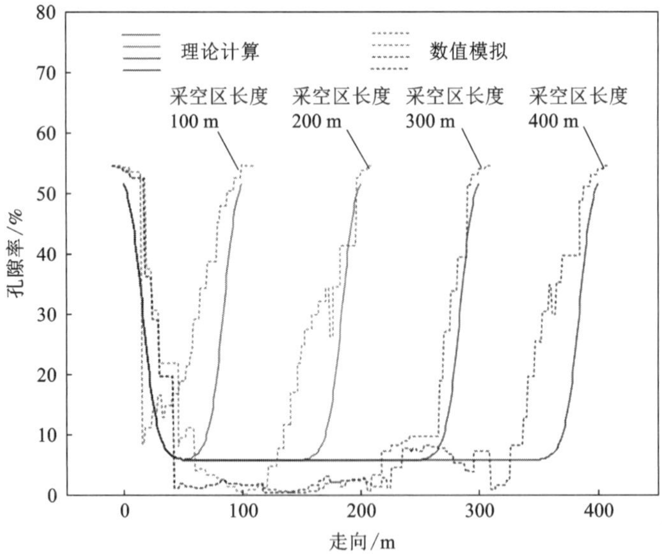

扫一扫，看彩图

图 4-8　冒落区中分别通过理论和数值方法确定的空隙率之间的比较

$$\varphi_{\mathrm{b}(i,\ i+1)}^{\mathrm{H}} = \varphi_{\mathrm{b}(i,\ i+1)}^{\mathrm{HM}} + \varphi_{\mathrm{b}}^{0} = \frac{S_i - S_{i+1}}{\sum h_{i+1} - \sum h_i + S_i - S_{i+1}} + \varphi_{\mathrm{b}}^{0} \tag{4-10}$$

$$\varphi_{\mathrm{b}(i)}^{\mathrm{V}} = \varphi_{\mathrm{b}(i)}^{\mathrm{VM}} + \varphi_{\mathrm{b}}^{0} = 1 - \frac{1}{\sqrt{1 + \left(\dfrac{\partial S_i}{\partial x}\right)^2 + \left(\dfrac{\partial S_i}{\partial y}\right)^2}} + \varphi_{\mathrm{b}}^{0} \tag{4-11}$$

将破断岩层各点水平裂缝和垂直裂缝空隙率相加，可得到空隙率总分布，如式(4-12)所示。

$$\varphi_{\mathrm{b}}^{\mathrm{T}} = \varphi_{\mathrm{b}(i)}^{\mathrm{V}} + \varphi_{\mathrm{b}(i,\ i+1)}^{\mathrm{H}} \tag{4-12}$$

(2)模型表现形式二。

地下煤层覆岩随着煤层的开采而破断下沉，在下沉过程中因各岩层变形的不协调性而产生离层，形成离层裂隙，同时受拉应力的作用产生大量破断裂隙。只考虑宏观上能够进行持续快速物质传递的裂隙空间，不考虑岩体本身的空隙(相比于覆岩连通裂隙，其物质传递能力比较缓慢)，根据空隙率的定义，相邻两个岩层间的离层裂隙率可以由两岩层下沉量之差与两岩层下沉稳定后的厚度的比值来表示；破断裂隙率可由岩层平面(或者曲面)破断下沉后的面积增加量与其总面积的比值来表示。用式(4-13)~式(4-15)分别计算相邻两个岩层范围内的离层裂隙率、破断裂隙率和总裂隙率。

$$\varphi_{i,\ i+1}^{\mathrm{D}} = \frac{\Delta w_{ki}\mathrm{d}x\mathrm{d}y}{(\Delta \sum h_i + \Delta w_{ki})\mathrm{d}x\mathrm{d}y} = \frac{w_{ki} - w_{ki-1}}{\sum h_i - \sum h_{i+1} + w_{ki} - w_{ki+1}} \tag{4-13}$$

$$\begin{aligned}\varphi_{i,\ i+1}^{\mathrm{B}} &= \frac{\sqrt{1 + \left[\dfrac{\partial w_{ki}(x,\ y)}{\partial x}\right]^2 + \left[\dfrac{\partial w_{ki}(x,\ y)}{\partial y}\right]^2}\,\mathrm{d}x\mathrm{d}y\Delta \sum h_i - \mathrm{d}x\mathrm{d}y\Delta \sum h_i}{\sqrt{1 + \left[\dfrac{\partial w_{ki}(x,\ y)}{\partial x}\right]^2 + \left[\dfrac{\partial w_{ki}(x,\ y)}{\partial y}\right]^2}\,\mathrm{d}x\mathrm{d}y\Delta \sum h_i} \\ &= \frac{\sqrt{1 + \left[\dfrac{\partial w_{ki}(x,\ y)}{\partial x}\right]^2 + \left[\dfrac{\partial w_{ki}(x,\ y)}{\partial y}\right]^2} - 1}{\sqrt{1 + \left[\dfrac{\partial w_{ki}(x,\ y)}{\partial x}\right]^2 + \left[\dfrac{\partial w_{ki}(x,\ y)}{\partial y}\right]^2}}\end{aligned} \tag{4-14}$$

$$\varphi_{i,\ i+1}^{\mathrm{T}} = \varphi_{i,\ i+1}^{\mathrm{D}} + \varphi_{i,\ i+1}^{\mathrm{B}} \tag{4-15}$$

式中：$\varphi_{i,\ i+1}^{\mathrm{D}}$ 为第 i 层和第 i+1 层两岩层范围内的离层裂隙率；$\varphi_{i,\ i+1}^{\mathrm{B}}$ 为第 i 层和第 i+1 层两岩层范围内的破断裂隙率；$\varphi_{i,\ i+1}^{\mathrm{T}}$ 为第 i 和 i+1 两岩层范围内的总裂隙率。

(3)模型表现形式三。

采场上覆岩层在下沉过程中因各岩层变形的不连续性而产生离层，形成离层裂隙，同时受拉应力的作用产生大量破断裂隙。根据空隙率的定义可以给出式

(4-16)和式(4-17)分别来计算相邻 2 个岩层范围内的空隙率 $\varphi_{i,\ i+1}$ 和平均空隙率 $\Phi_{i,\ i+1}$。

$$\varphi_{i,\ i+1} = \frac{\Delta w_{ki}\mathrm{d}x\mathrm{d}y}{\Delta \sum_{h_i} \mathrm{d}x\mathrm{d}y} = \frac{w_{ki} - w_{ki+1}}{\sum_{h_i} - \sum_{i+1}} \tag{4-16}$$

$$\Phi_{i,\ i+1} = \frac{V_{空隙}}{V_{区域}} = \frac{\int_0^{L_s}\int_{-l_y/2}^{l_y/2} \Delta w_{ki}\mathrm{d}x\mathrm{d}y + u_i \Delta \sum h_i}{L_s l_y \Delta \sum_{h_i}} = \frac{\int_0^{L_s}\int_{-l_y/2}^{l_y/2} (w_{ki} - w_{ki+1})\mathrm{d}x\mathrm{d}y}{L_s l_y (\sum_{h_i} - \sum_{h_i+1})} + \frac{u_i}{L_s l_y} \tag{4-17}$$

整个离层带内的平均空隙率 Φ 可由式(4-18)得出：

$$\Phi = \frac{\sum_{i=1}^{n}\left(\int_0^{L_s}\int_{-l_y/2}^{l_y/2} \Delta w_{ki}\mathrm{d}x\mathrm{d}y + u_i \Delta \sum h_i\right)}{L_s l_y \sum_{h_n}} \tag{4-18}$$

式中：n 为采场上覆岩层的层数；$\sum_{h_n}$ 为第 n 层覆岩(从采空区往地面数)距离煤层顶板的距离。

2. 时空分布理论模型

如图 4-9(a)所示，并基于空隙率的定义，离层空隙率可以通过沉降差与两个相邻关键层之间距离的比值得出，如式(4-19)所示；此外，从图 4-9(b)中可以看出，破断空隙率可以表示为沉降后岩层面积增量与岩层总面积之比，如式(4-20)所示：

$$\begin{aligned}\varphi_{s(i,\ i+1)}^{T} &= \frac{V_V}{V_r + V_V} = \frac{(W_i - W_{i+1})\mathrm{d}x\mathrm{d}y}{(\sum h_{i+1} - \sum h_i)\mathrm{d}x\mathrm{d}y + (W_i - W_{i+1})\mathrm{d}x\mathrm{d}y} \\ &= \frac{W_i - W_{i+1}}{\sum h_{i+1} - \sum h_i + W_i - W_{i+1}}\end{aligned} \tag{4-19}$$

$$\begin{aligned}\varphi_{s(i)}^{L} &= \frac{V_v}{V_r + V_v} = \frac{\Delta S\mathrm{d}z}{S\mathrm{d}z + \Delta S\mathrm{d}z} = \frac{\left[1 + \left(\frac{\partial W_i}{\partial x}\right)^2 + \left(\frac{\partial W_i}{\partial y}\right)^2\right]^{0.5} - 1}{\left[1 + \left(\frac{\partial W_i}{\partial x}\right)^2 + \left(\frac{\partial W_i}{\partial y}\right)^2\right]^{0.5}} \\ &= 1 - \left\{1 + \left[\frac{\partial W_i(x,\ y,\ t)}{\partial x}\right]^2 + \left[\frac{\partial W_i(x,\ y,\ t)}{\partial y}\right]^2\right\}^{-0.5}\end{aligned} \tag{4-20}$$

式中：$\varphi_{s(i,\ i+1)}^{T}$ 是第 i 个和第 $i+1$ 个关键层之间的离层空隙率，$\varphi_{s(i)}^{L}$ 是第 i 个关键层的破断空隙率；ΔS 是沉降后岩层的面积增量；S 是岩层的原始面积。

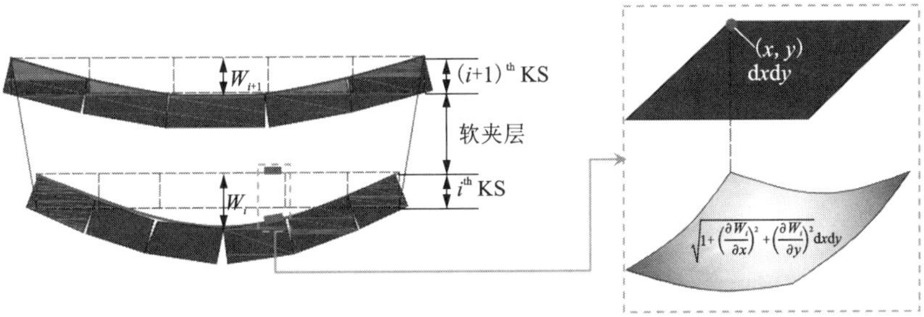

(a) 关键层沉降　　(b) 关键层面积增量

图 4-9　上覆岩层(关键层)的(a)沉降和(b)面积增量，其中 W_i 和 W_{i+1} 分别表示第 i 个和第 $(i+1)$ 个关键层的沉降量。表达式 $\sqrt{1+\left(\frac{\partial W_{i+1}}{\partial x}\right)^2+\left(\frac{\partial W_i}{\partial y}\right)^2}\mathrm{d}x\mathrm{d}y$ 是微单元 $\mathrm{d}x\mathrm{d}y$ 在点(x, y)处变形后的面积

4.1.2.2　倾斜矿层开采破裂区空隙率分布模型

大量的现场调查表明，煤层倾角对上覆岩层的移动和空隙率的分布有显著影响。下面考虑上覆岩层倾角和重力的影响，建立了受倾角和重力影响的空隙率影响因子。由此，可由水平煤层开采扰动覆岩的空隙率计算倾斜煤层开采扰动上覆岩层的空隙率。

根据考虑煤层倾角影响前后的冒落区空隙率，建立空隙率分布的岩层倾角影响因子为：

$$\frac{\varphi_G(x, y)}{\varphi_c(x, y)}=G(x, y) \tag{4-21}$$

式中：φ_G 为考虑煤层倾角后的冒落区空隙率；φ_c 为未考虑煤层倾角(即水平煤层开采)时的冒落区空隙率。

受倾斜煤层开采倾角和煤层重力的影响，倾斜煤层开采空隙率分布可由下式计算：

$$\varphi_{qc}(x, y)=G\cdot\varphi_{hc}(x, y) \tag{4-22}$$

式中：$\varphi_{qc}(x, y)$为倾斜煤层开采时的空隙率；G 为影响因子；$\varphi_{hc}(x, y)$为水平煤层开采时的空隙率。

1. 静态分布理论模型

(1)模型表现形式一。

根据空隙率的定义，水平裂缝的空隙率可以表示为沉降差与相邻岩层间距的比值，如式(4-23)所示。垂直裂缝的空隙率可以表示为地层沉降后面积增量与总面积的比值，如式(4-24)所示。

$$\varphi_{qb(i,\ i+1)}^{H} = G \cdot \left[\varphi_{b(i,\ i+1)}^{HM} + \varphi_{b}^{0}\right] = G \cdot \left(\frac{S_i - S_{i+1}}{\sum h_{i+1} - \sum h_i + S_i - S_{i+1}} + \varphi_{b}^{0}\right) \tag{4-23}$$

$$\varphi_{qb(i)}^{V} = G \cdot \left[\varphi_{b(i)}^{VM} + \varphi_{b}^{0}\right] = G \cdot \left(1 - \frac{1}{\sqrt{1 + \left(\frac{\partial S_i}{\partial x}\right)^2 + \left(\frac{\partial S_i}{\partial y}\right)^2}} + \varphi_{b}^{0}\right) \tag{4-24}$$

将破裂岩层各点水平裂缝和垂直裂缝空隙率相加，可得到空隙率总分布，如式(4-25)所示。

$$\varphi_{b}^{T} = \varphi_{qb(i)}^{V} + \varphi_{qb(i,\ i+1)}^{H} \tag{4-25}$$

(2)模型表现形式二。

根据空隙率的定义，用式(4-26)～式(4-28)分别计算相邻两个岩层范围内的离层裂隙率、破断裂隙率和总裂隙率。

$$\varphi_{i,\ i+1}^{qD} = G \cdot \left[\frac{\Delta w_{ki}\mathrm{d}x\mathrm{d}y}{\left(\Delta \sum h_i + \Delta w_{ki}\right)\mathrm{d}x\mathrm{d}y}\right] = G \cdot \left(\frac{w_{ki} - w_{ki+1}}{\sum h_i - \sum h_{i+1} + w_{ki} - w_{ki+1}}\right) \tag{4-26}$$

$$\begin{aligned}\varphi_{i,\ i+1}^{qB} &= G \cdot \left\{\frac{\sqrt{1 + \left[\frac{\partial w_{ki}(x,\ y)}{\partial x}\right]^2 + \left[\frac{\partial w_{ki}(x,\ y)}{\partial y}\right]^2}\,\mathrm{d}x\mathrm{d}y\Delta \sum h_i - \mathrm{d}x\mathrm{d}y\Delta \sum h_i}{\sqrt{1 + \left[\frac{\partial w_{ki}(x,\ y)}{\partial x}\right]^2 + \left[\frac{\partial w_{ki}(x,\ y)}{\partial y}\right]^2}\,\mathrm{d}x\mathrm{d}y\Delta \sum h_i}\right\} \\ &= G \cdot \left\{\frac{\sqrt{1 + \left[\frac{\partial w_{ki}(x,\ y)}{\partial x}\right]^2 + \left[\frac{\partial w_{ki}(x,\ y)}{\partial y}\right]^2} - 1}{\sqrt{1 + \left[\frac{\partial w_{ki}(x,\ y)}{\partial x}\right]^2 + \left[\frac{\partial w_{ki}(x,\ y)}{\partial y}\right]^2}}\right\}\end{aligned} \tag{4-27}$$

$$\varphi_{i,\ i+1}^{qT} = \varphi_{i,\ i+1}^{qD} + \varphi_{i,\ i+1}^{qB} \tag{4-28}$$

式中：$\varphi_{i,\ i+1}^{qD}$ 为第 i 层和第 i+1 层两岩层范围内的离层裂隙率；$\varphi_{i,\ i+1}^{qB}$ 为第 i 层和第 i+1 层两岩层范围内的破断裂隙率；$\varphi_{i,\ i+1}^{qT}$ 为第 i 层和第 i+1 层两岩层范围内的总裂隙率。

(3)模型表现形式三。

根据空隙率的定义可以给出式(4-29)和式(4-30)分别来计算相邻 2 个岩层范围内的空隙率 $\varphi_{i,\ i+1}$ 和平均空隙率 $\Phi_{i,\ i+1}$。

$$\varphi_{i,\ i+1}^{q} = G \cdot \left(\frac{\Delta w_{ki}\mathrm{d}x\mathrm{d}y}{\Delta \sum_{h_i}\mathrm{d}x\mathrm{d}y}\right) = G \cdot \left(\frac{w_{ki} - w_{ki+1}}{\sum_{h_i} - \sum_{h_{i+1}}}\right) \tag{4-29}$$

$$\Phi_{i,\ i+1}^{q} = \frac{V_{\text{空隙}}}{V_{\text{区域}}} = G \cdot \left(\frac{\int_0^{L_s}\int_{-l_y/2}^{l_y/2} \Delta w_{ki} \mathrm{d}x\mathrm{d}y + u_i \Delta \sum_{h_i}}{L_s l_y \Delta \sum_{h_i}} \right)$$

$$= G \cdot \left[\frac{\int_0^{L_s}\int_{-l_y/2}^{l_y/2} (w_{ki} - w_{ki+1}) \mathrm{d}x\mathrm{d}y}{L_s l_y \left(\sum_{h_i} - \sum_{h_{i+1}} \right)} + \frac{u_i}{L_s l_y} \right] \tag{4-30}$$

整个离层带内的平均空隙率 Φ 可由式(4-31)得出：

$$\Phi^{q} = G \cdot \frac{\sum_{i=1}^{n} \left(\int_0^{L_s}\int_{-l_y/2}^{l_y/2} \Delta w_{ki} \mathrm{d}x\mathrm{d}y + u_i \Delta \sum_{h_i} \right)}{L_s l_y \sum_{h_n}} \tag{4-31}$$

式中：n 为采场上覆岩层的层数；$\sum_{h_n}$ 为第 n 层覆岩(从采空区往地面数)距离煤层顶板的距离。

4.1.2.3　模型的应用

某露天矿采用露天和地下两种开采方式。该矿区共有 6 个经济煤层，其中 4 号煤层是最接近地表的首要可采煤层。4 号煤层及其上覆岩层构造简单、水平，平均厚度 6.5 m，其直接顶板的平均厚度为 5.4 m。采空区倾角宽度为 200 m，走向长度为 400 m。煤层性质如表 4-2 所示。现场采集与室内外试验获得的煤层及其上覆岩层的几何、物理、力学参数如表 4-3 所示。

表 4-2　4 号煤层的性质

煤样	水分 /%	挥发分 /%	灰分 /%	固定碳 /%	氢 /%	热值 /(MJ · kg^{-1})	密度 (10^3 kg/m^3)	耗氧量 /(cm^3 · g^{-1})	含硫量 /%
4 号煤层	3.38	35.71	9.46	51.45	5.14	30.99	1.20	0.56	1.74

表 4-3　煤层和上覆岩层的几何、物理和力学参数

编号	类型	厚度/m	密度 (10^3 kg/m^3)	弹性模量 /GPa	泊松比	抗拉强度 /MPa	内摩擦角 /(°)	黏聚力 /MPa
1	土壤	7.2	1.61	0.025	0.44	0	30	0
2	细砂	4.1	1.97	0.045	0.25	0	28	0
3	砂质黏土	12.5	1.91	0.040	0.35	0	15	0.03
4	泥岩 1	8.9	2.07	3.0	0.32	1.7	18	1.94

续表4-3

编号	类型	厚度/m	密度(10^3 kg/m^3)	弹性模量/GPa	泊松比	抗拉强度/MPa	内摩擦角/(°)	黏聚力/MPa
5	砂岩 1	7.9	2.23	16.9	0.23	9.8	35	10.9
6	砂岩 2	4.7	2.27	17.3	0.23	12.6	35	16.3
7	砂岩 3[a]	17.6	2.36	28.6	0.20	27.3	42	36.8
8	泥岩 2	11.0	2.06	3.4	0.32	1.5	16	2.01
9	砂岩 4	9.4	2.21	14.6	0.23	9.5	35	14.5
10	砂岩 5	5.7	2.30	19.3	0.23	14.7	36	17.1
11	砂岩 6[b]	6.0	2.42	24.7	0.20	16.2	41	21.5
12	页岩[c]	5.4	2.11	4.7	0.25	2.0	15	2.94
13	煤层	6.5	1.48	3.2	0.32	2.3	27	1.37

a 第 2 关键层，也是主关键层，其断裂长度为 42.6 m，最大下沉量为 5.375 m。

b 第 1 关键层，其断裂长度为 23.5 m，大下沉量为 6.176 m。

c 煤层的直接顶。

在破裂区中，xy 平面离层裂隙的空隙率分布图，如图 4-10(a)所示，其形状与“倒四脚鼎”相似。离层裂隙从采动边界到中心呈先快速增加后逐渐减少的趋势。在开采扰动的覆岩四个角落附近，对应着矩形采空区的四个顶点附近有四个峰值区域。另外，图 4-10(b)和图 4-10(c)显示 xy 平面中破断裂隙的空隙率分布图，其呈现两个大小不同、开口方向不同的“盆”嵌套在一起。破断裂隙的空隙率先增大，然后从周界到中心递减。采空区四个边缘中段附近的开采扰动岩层的破断裂隙空隙率最大，其值为 0.1812，第 2 关键层破断裂隙的空隙率最大值为 0.0766。对于矩形采空区，在该区域周边的中间附近出现了空隙率最大的四个“脊”，四个端点出现了 4 个“谷”。这是因为矩形采空区上方岩层的断裂类型为“O”型[7]。总体上看，破裂区采动岩层周边的空隙率明显较大，说明该位置附近岩层分离破裂引起的裂隙较为丰富。在这个裂隙发育的位置，地下水、甲烷、氧气和消防材料等流体可以在岩层中以及相邻采空区之间传递，可在垂直和水平方向上沿这些相互连通的裂隙流动。

此外，另一示例中相邻两个关键层离层空隙率在 xy 平面的分布图如图 4-11(a)所示。离层空隙率从采空区边缘向内部迅速上升，然后在矩形采空区的四个端点对应的上覆地层附近出现四个峰，即达到最大值 0.1835。离层空隙率随后开始向采空区内部下降，最终在中间区域达到最低值 0.0393，形成盆地状。破裂区岩层离层空隙率沿采空区走向和倾向呈“M”型分布。

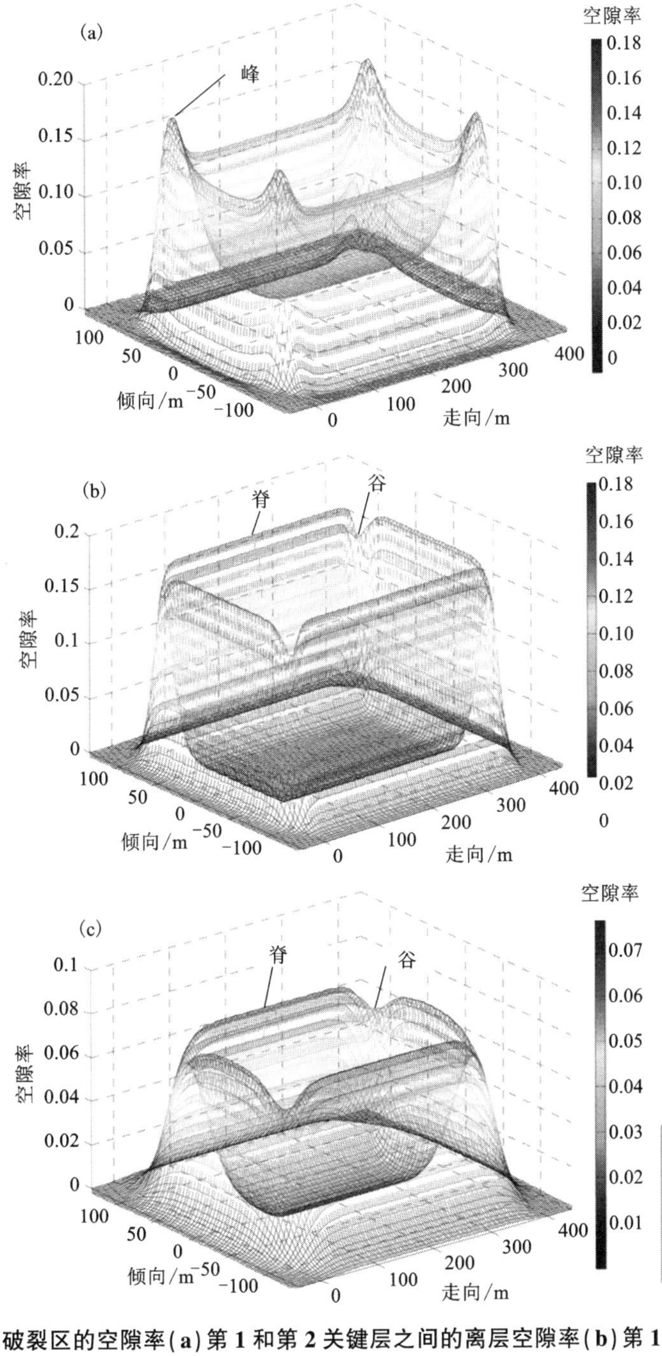

扫一扫，看彩图

图 4-10　破裂区的空隙率(a)第 1 和第 2 关键层之间的离层空隙率(b)第 1 关键层的破断空隙率(c)第 2 关键层的破断空隙率

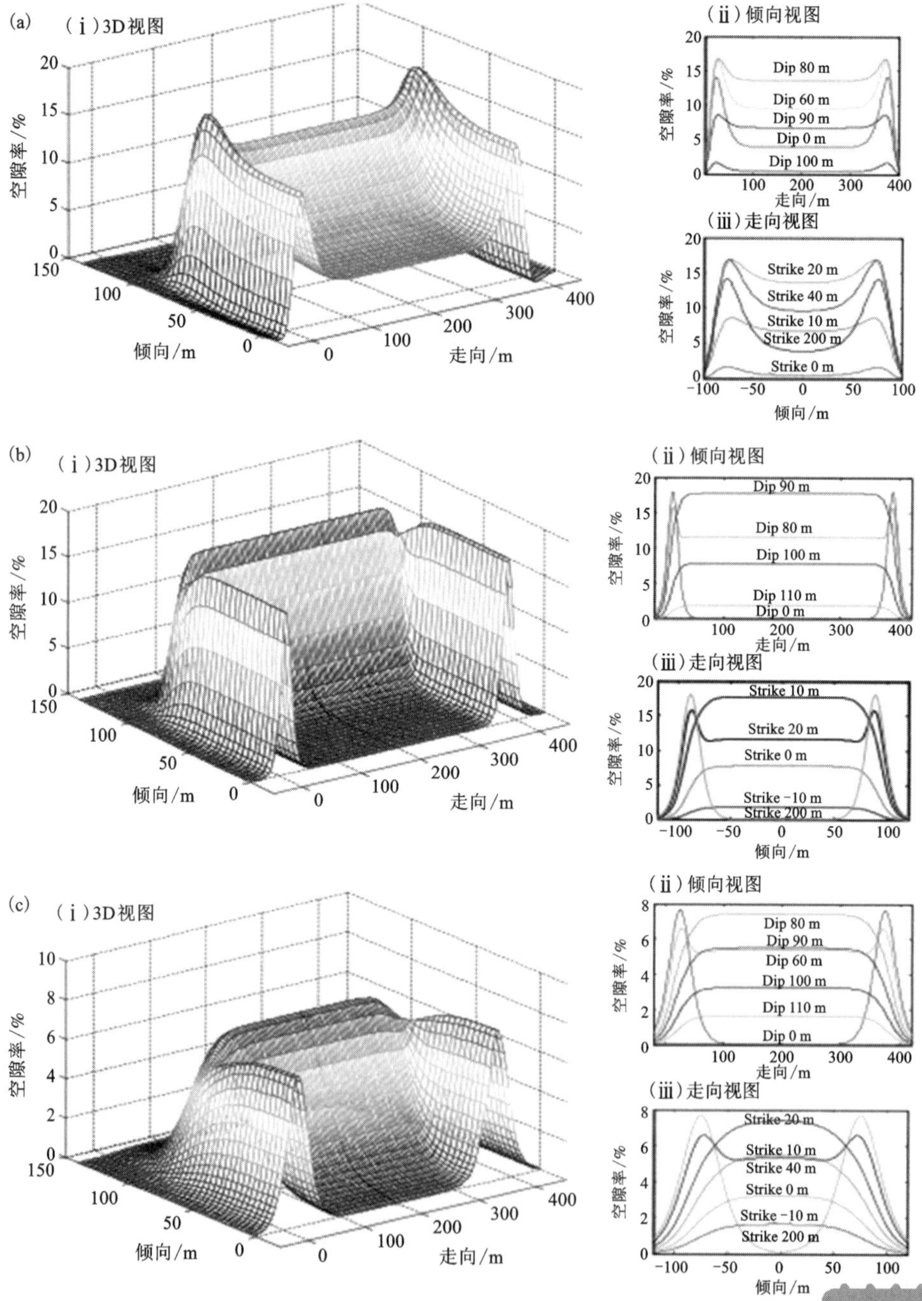

图 4-11　主关键层和次关键层之间覆岩破裂区的空隙率，包括(a)第 1 和第 2 关键层之间离层裂隙的空隙率，(b)第 1 关键层破断裂隙的空隙率，以及(c)第 2 关键层破断裂隙的空隙率

扫一扫，看彩图

第 1 关键层在 *xy* 平面的破断空隙率的分布如图 4-11(b)所示。从采空区周边区域向内部区域破断空隙率迅速上升，达到最大值 0.1812。分布图中出现的四个脊对应四条边的中间段，出现的四个谷值对应矩形采空区的 4 个端点。破断空隙率随后向采空区内部下降，最终在盆状的中间区域达到 0.002 的最小值。同时，破断空隙率沿煤层走向和倾向从采空区外部向采空区内部由倒“U”型向“M”型转变。从图 4-11(c)中可以看出，第 2 关键层的破断空隙率分布图与第 1 关键层相似。另外，第 2 关键层的破断空隙率较第 1 关键层显著降低，其最大值由 0.1812 降低至 0.0766。

在破裂区 *xy* 平面上，离层空隙率分布如图 4-12 所示，其形状近似为“M”，在走向和倾向上均为双峰形。空隙率分布在采空区周边呈双驼峰状，峰值和谷值均大于采空区中部附近的空隙率值，而采空区周边峰值和谷值的差值小于采空区中部附近的差值。离层空隙率在矩形区域的角落处最小，从边界向中心迅速增加，然后逐渐减小。空隙率峰值出现在矩形采空区四个端点对应的采动覆岩位置附近。

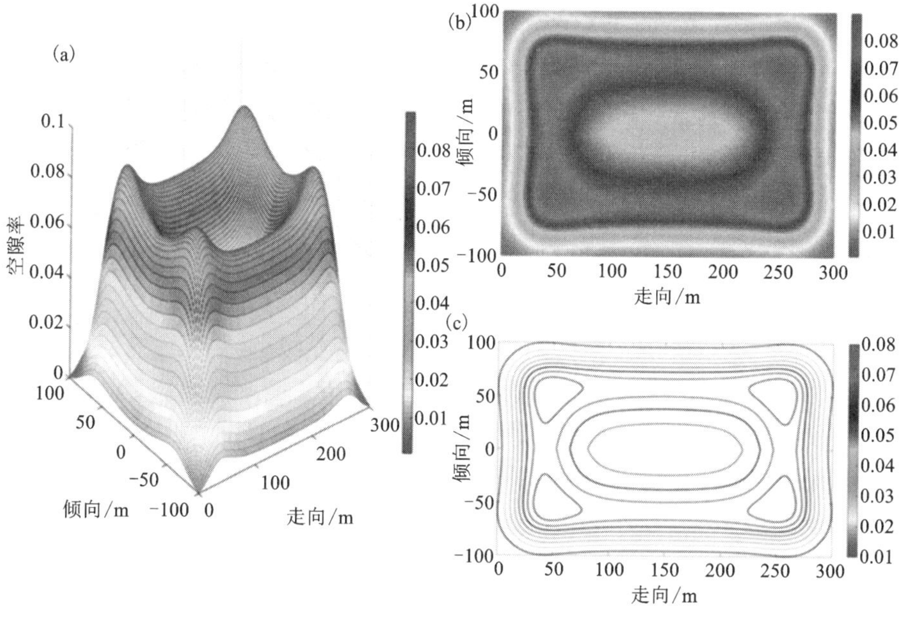

图 4-12　破裂区离层空隙率分布，包括(a)曲面图、(b)走向和倾向分布云图和(c)等值线图

扫一扫，看彩图

由图 4-13 可以看出，*xy* 平面上破断空隙率分布表现为两个大小不同、开口方向不同的“盆”嵌套在一起。空隙率在采空区周边呈倒“U”型分布，在采空区中心附近呈“U”型分布。在采动覆岩中部附近，空隙率分布在整个区域的走向和倾向上呈“M”型分布。破断空隙率从采空区边缘向中心迅速增大，然后迅速减小，最后稳定在最小值，在采空区对应的矩形区四个角呈“槽”形。

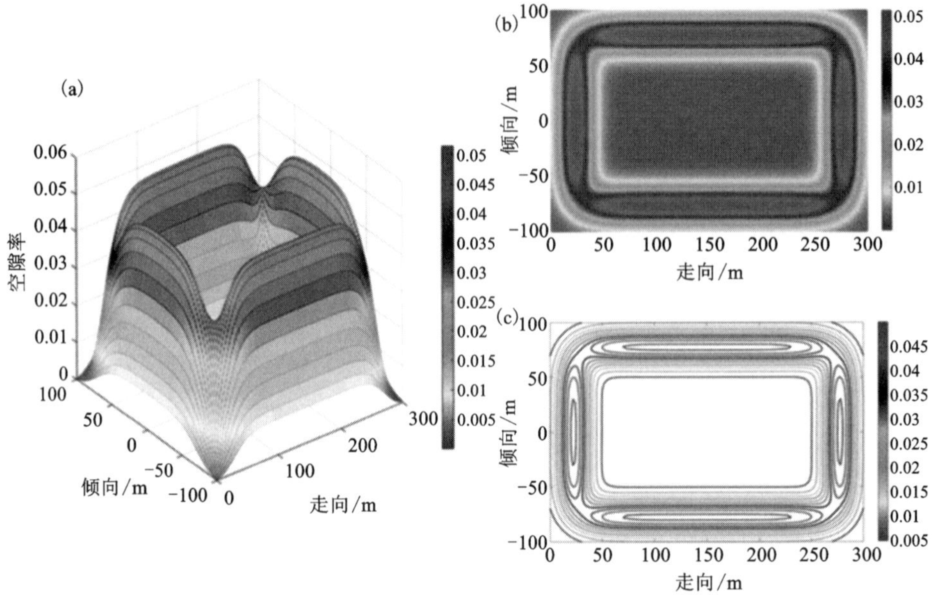

图 4-13 破裂区破断空隙率分布包括(a)曲面图、(b)走向和倾向分布云图和(c)等值线图

扫一扫，看彩图

如图 4-14 所示，xy 平面上水平裂缝和垂直裂缝的总空隙率分布也整体上呈两个大小不同、开口相反的“盆”嵌套在一起。与离层空隙率的分布形状相比，总空隙率的峰谷差值明显减小。

此外，同样地，以采空区长度为 200 m 的煤系地层为例，计算出关键层层间离层引起的离层空隙率分布情况(如图 4-15 所示)，岩层断裂引起的破断裂隙的空隙率分布情况如图 4-16(a)～(d)所示。离层和破断裂隙的总空隙率如图 4-16(e)和(f)所示[8]。

内蒙古某地下煤火属采动影响型地下煤火，煤火在开采空间的基础上继续发展，燃空区近似呈矩形，燃烧煤层厚 6.5 m，煤层倾角极小近似水平，燃空区倾向宽约 120 m，走向长约 176 m，受高温影响燃空区覆岩的破断长度较正常采动情况下小，且残余碎胀系数也较小，燃空区各覆岩层参数如表 4-4[9]所示。

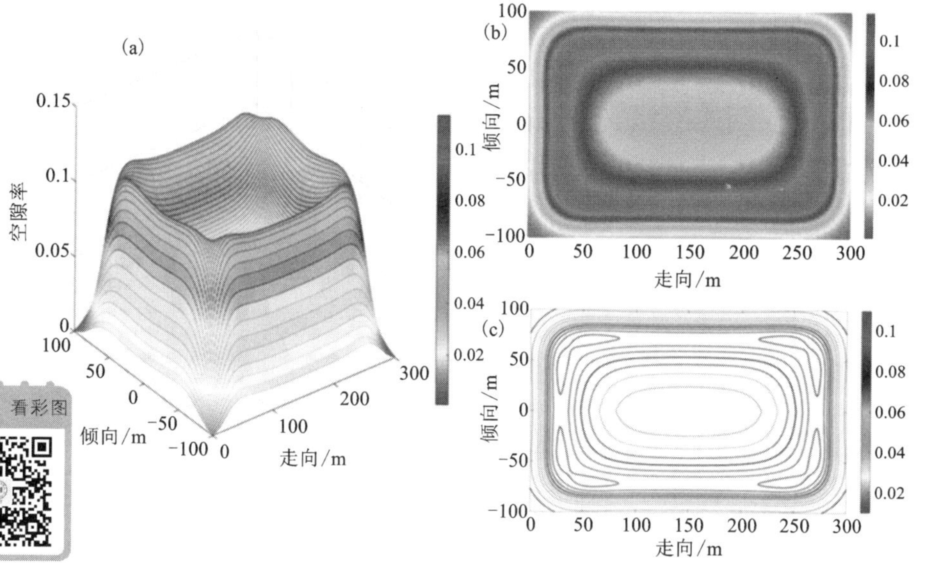

扫一扫，看彩图

图 4-14　破裂区总空隙率分布包括(a)曲面图、(b)走向和倾向分布云图和(c)等值线图

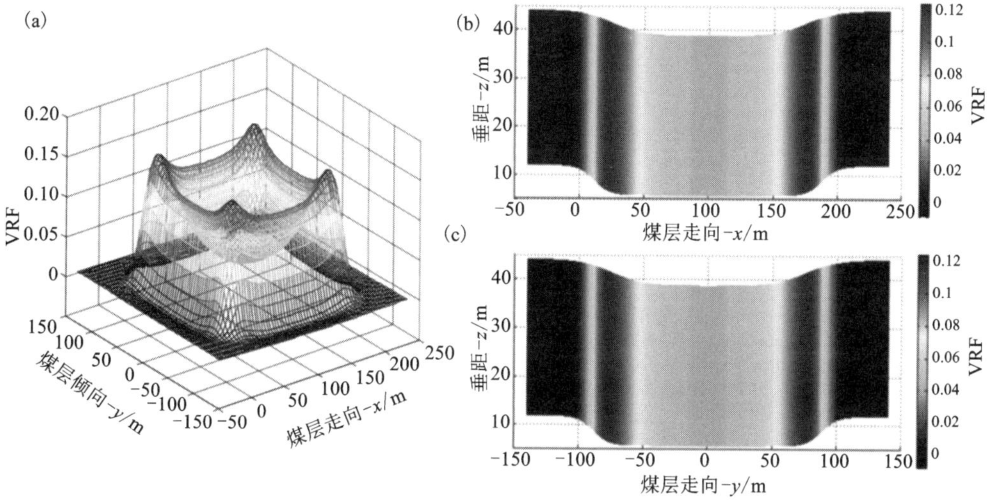

图 4-15　采空区长度为 200 m 时，第 1、2 关键层离层裂隙空隙率在(a) xy 平面上的分布图、(b)在 $y=0$ 剖面和(c) $x=100$ m 剖面上的等值线图

扫一扫，看彩图

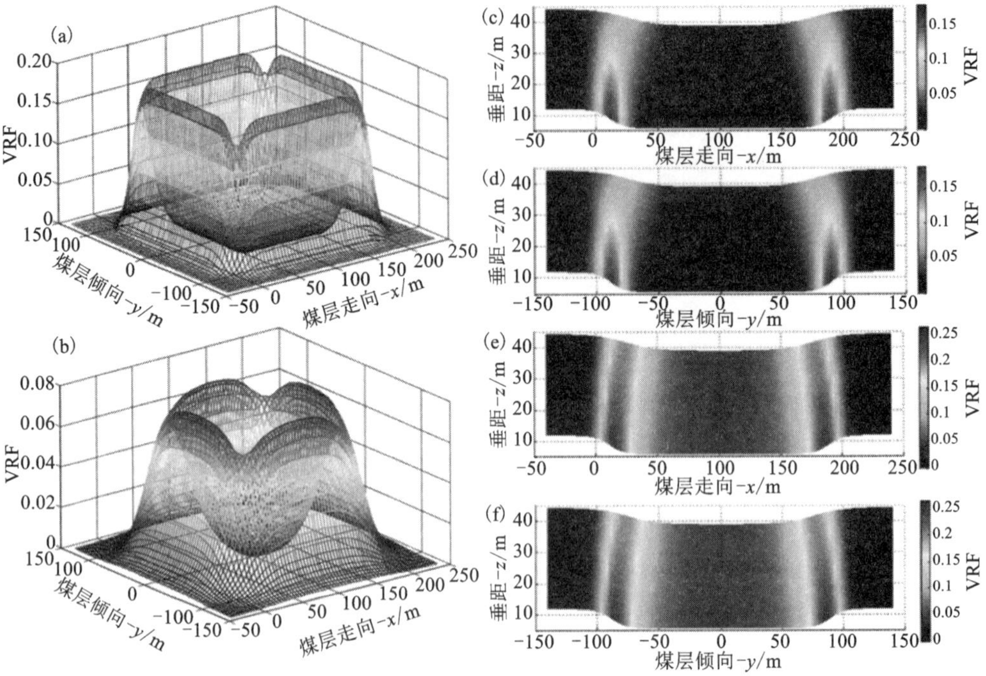

图 4-16　采空区长度为 200 m 时，第 1 和第 2 关键层开采破断裂隙的空隙率分布图(a)第 1 关键层在 xy 平面和(b)第 2 关键层在 xy 平面上的空隙率分布；第 1 关键层破断裂隙空隙率(c)在 y=0 剖面和(d)在 x=100 剖面上的等值线图；第 2 关键层破断裂隙空隙率(e)在 y=0 剖面和(f)在 x=100 剖面上的等值线图

扫一扫，看彩图

表 4-4　各覆岩层特性参数

编号	类型	埋深/m	岩层厚度/m	残余碎胀系数	破断岩块长度/m
1	砂质泥岩	50.4	4.1	1.06	2.3
2	粗砂岩	44.5	5.9	1.08	5.2
3	砂质泥岩	37.5	7.0	1.12	8.1
4	中砂岩	28.7	8.8	1.13	11.4
5	细砂岩	18.4	10.3	1.18	13.9

根据式(4-13)~式(4-15)计算得到覆岩离层裂隙率、破断裂隙率和总裂隙率的分布曲面分别如图 4-17~图 4-19 所示。

从图 4-17(a)中可以看出，随着向燃空区覆岩内部延伸，离层裂隙率先增大后减小，在燃空区覆岩四周出现 4 个裂隙率极大值点(凸峰)，而在覆岩内部区域裂隙率曲面呈“盆底”形凹陷，裂隙率最大达到 0.36，总体上覆岩四周边界附近离层裂隙率大，远离边界的内部区域离层裂隙率小。比较图 4-17(a)~(d)可以看出，随着覆岩远离煤层(即覆岩埋深减小)，覆岩由外向内其离层裂隙率的增大和减小速度都显著降低，凸峰和“盆底”形凹陷都逐渐消失，离层裂隙的发育程度逐渐降低，裂隙率极大值由 0.36、0.20、0.14、0.12 逐次降低。

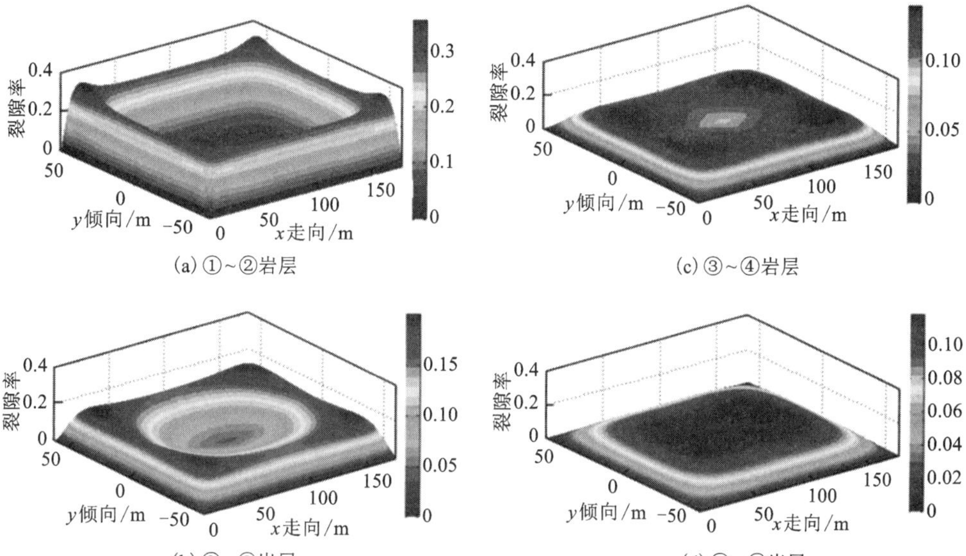

(a) ①~②岩层　(c) ③~④岩层

(b) ②~③岩层　(d) ④~⑤岩层

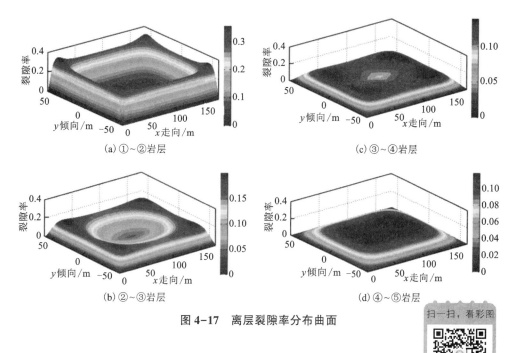

图 4-17　离层裂隙率分布曲面

扫一扫，看彩图

分析图 4-18(a)可知，破断裂隙率在燃空区覆岩四周呈“∩”型分布，裂隙率极大值点出现在覆岩周边，随着向覆岩内部延伸，破断裂隙率由“∩”型分布转变为“∪”型分布，且在矩形燃空区覆岩的 4 个边角处裂隙率急剧下降，这是矩形燃空区覆岩在破断时边界呈“O”型破断导致的结果，总体上覆岩四周破断裂隙率大，远离边界的内部区域破断裂隙率小。比较分析图 4-18(a)~(d)可知，随着覆岩埋深减小，破断裂隙率曲面在覆岩内部由“∪”型逐渐退化为“V”型，在覆岩周边由“∩”型逐渐退化为“∧”型，破断裂隙的发育程度逐渐降低，裂隙率极大值由 0.32、0.11、0.05、0.02 逐次降低。

从图 4-19 中可以看出，随着覆岩埋深减小，总裂隙率极大值由 0.40、0.21、0.14、0.12 逐次降低。对比分析图 4-17~图 4-19 可知，在燃空区覆岩周边区域其裂隙率分布形式由破断裂隙率的分布形式主导，随着向覆岩内部区域延伸，破断裂隙率很快失去其主导作用，裂隙率分布形式很快则由离层裂隙率的分布形式主导。

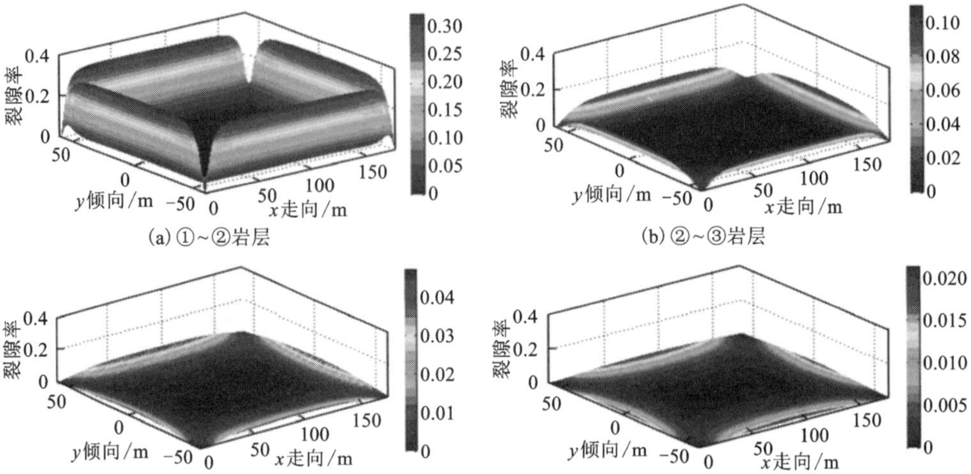

(a) ①~②岩层　(b) ②~③岩层

(c) ③~④岩层　(d) ④~⑤岩层

扫一扫，看彩图

图 4-18　破断裂隙率分布曲面

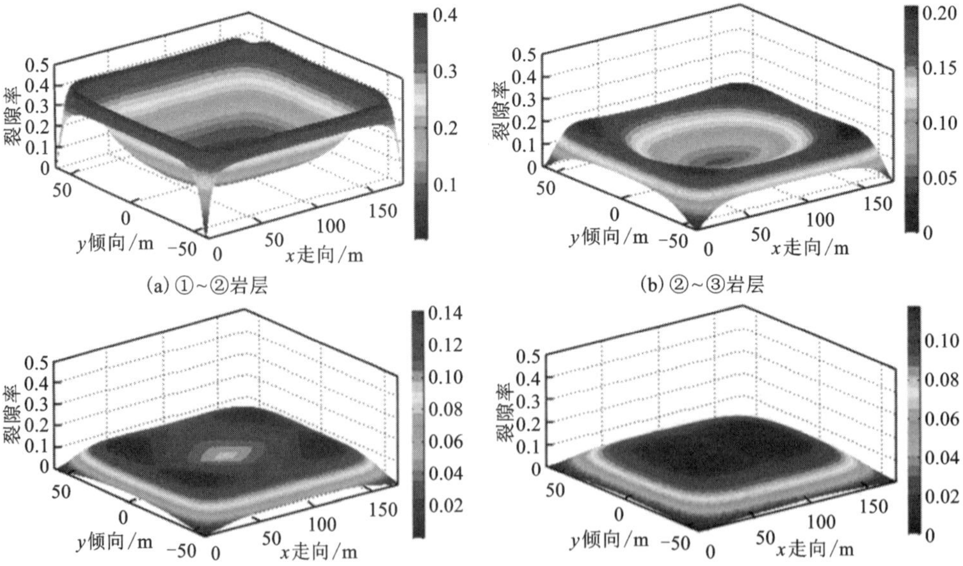

(a) ①~②岩层　(b) ②~③岩层

(c) ③~④岩层　(d) ④~⑤岩层

扫一扫，看彩图

图 4-19　总裂隙率分布曲面

离层裂隙为横向裂隙，用于地下煤火燃烧系统热质的横向传递，而破断裂隙为竖向裂隙，用于热质的竖向传递，总体上燃空区覆岩四周边界附近离层和破断裂隙都分布广泛，地下煤火燃烧系统热质传递的主要通道即分布于此，对火区进行气体及温度探测时探测钻孔宜施工于此。此外，为了便于灭火介质的横向及竖向扩散，灭火钻孔终孔的施工位置也应分布于此。

图 4-20 为覆岩裂隙率在 $y=0$ 截面上的分布曲线。从图中可以看出，随着向燃空区覆岩内部区域延伸，离层裂隙率先增大后减小，破断裂隙率迅速减小，总空隙率先增大后减小，但因受离层裂隙的影响，总裂隙率的减小速度较破断裂隙率减小速度有所减缓；随着覆岩埋深的减小，在燃空区覆岩外部区域，覆岩离层裂隙率、破断裂隙率和总裂隙率都逐渐减小，且离层裂隙率的最大值点逐渐向燃空区覆岩内部转移，而在燃空区覆岩内部区域，随着覆岩埋深的减小，离层裂隙率、破断裂隙率和总裂隙率则都逐渐增大，在燃空区覆岩中部区域出现裂隙率竖向变化突变点。由于浅部区域覆岩破断下沉受到的阻碍力小，下部岩层的下沉量

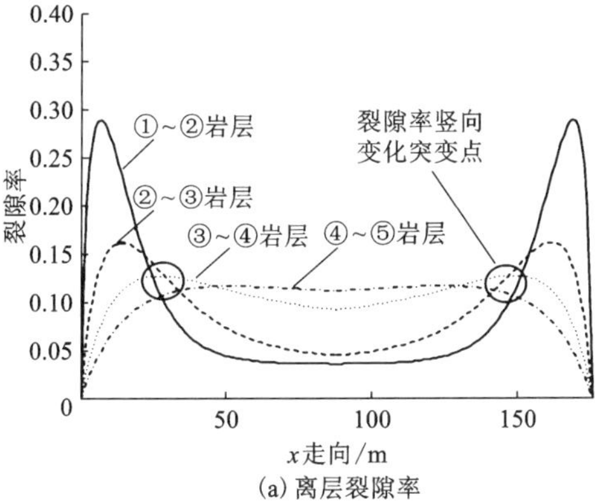

(a) 离层裂隙率

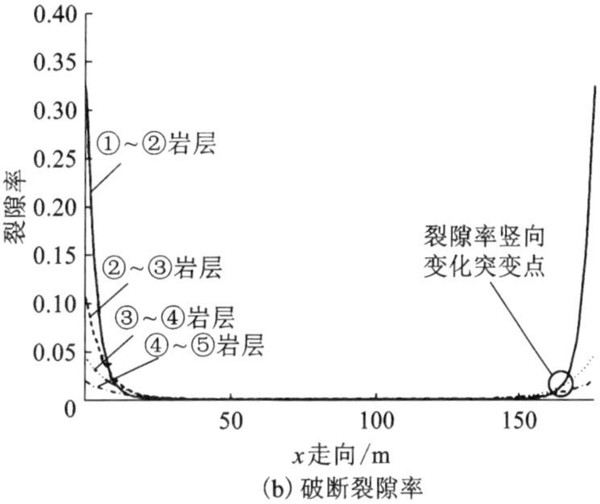

(b) 破断裂隙率

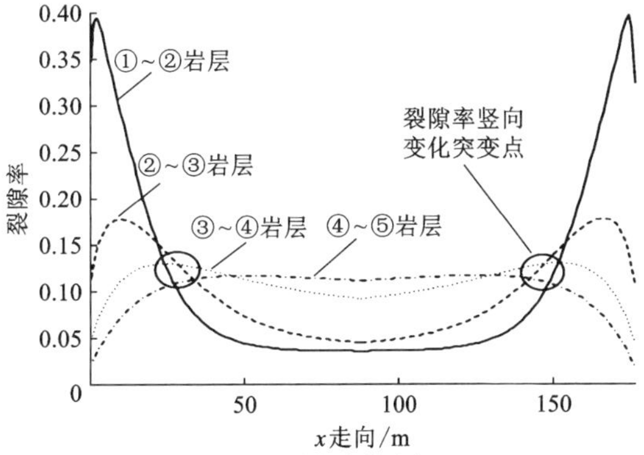

(c) 总裂隙率

图 4-20 覆岩裂隙率在 $y=0$ 截面上的分布曲线

和下沉速度都比上部岩层大，导致下部岩层本身的破断裂隙率和岩层间的离层裂隙率都较上部岩层大。内部区域下部覆岩的破断下沉已接近基本下沉量并受燃空区压实冒落岩体的较大阻碍，而上部覆岩由于离层空隙的存在而继续下沉，下部覆岩的下沉速度小于上部覆岩，离层裂隙逐渐闭合，并且由于内部区域岩层下沉曲面曲率的逐渐减小(即下沉曲面变化平缓)，破断裂隙也逐渐闭合，最终导致上部覆岩的裂隙率大于下部覆岩，正是由于这种覆岩破断下沉的不协调性，最终导致裂隙率竖向变化突变点的出现。

综上，地下煤火覆岩裂隙场是由离层裂隙场和破断裂隙场组成的竖向不连续具有各向异性的非均质多孔介质。

由于覆岩裂隙具有极强的隐蔽性、多样性和复杂性，对裂隙的直接探测极为困难，本次基于钻孔红外热像分析技术提出了一种间接性的覆岩裂隙现场实测方法以验证覆岩裂隙率分布模型的正确性。首先，在燃空区覆岩区域施工竖向钻孔。然后，利用红外热像仪对钻孔壁的温度进行红外热成像，由于裂隙的存在破坏了覆岩的连续性从而导致孔壁热像出现变异环形带。最后，通过图像分析技术，根据宽度为 l_1 的变异环形带面积与宽度为 l_2 的该区域面积 1/2 的比值则可求出该区域的近似平均裂隙率。图 4-21 所示为该火区点(10 m，0)和点(60 m，0)处探温钻孔孔壁的热像照片。分析可知，点(10 m，0)处对应的①~②岩层(A)裂隙率为 0.261，②~③岩层(B)裂隙率为 0.160，③~④岩层(C)裂隙率为 0.093，其经模型计算的值分别为 0.274、0.156、0.097，与实测值的差异率分别为 4.98%、2.5%、4.3%。点(60 m，0)处对应的②~③岩层(A)裂隙率为 0.067，③~④岩层(B)裂隙率为 0.113，其计算值分别为 0.061、0.107，与实测值的差异率分别为 8.96%、5.3%。裂隙率计算值与实测值之间的差异率都较小，因此可认为构建的地下煤火燃空区覆岩裂隙率非均质分布模型具有较高的可靠性，可以满足实际需求。

由式(4-16)求出不同埋深各覆岩离层空隙率在 xy 平面上的变化曲面如图 4-22 所示。从图 4-22 可以看出：覆岩空隙率呈走向和倾向“双驼峰”比例耦合形式变化，外围区域呈“凸峰”，空隙率大，内部区域呈“凹陷”，空隙率小。图 4-23 所示为 $y=0$ 截面上空隙率变化曲线。由此可以得出在工作面后方约 50 m 处的空隙率变化交界点，0~50 m 范围内覆岩空隙率从深至浅逐渐降低，50 m 以后的范围覆岩空隙率从深至浅逐渐增大，这是由于靠近工作面的区域冒落岩体碎胀系数大，下部岩层下沉受到阻碍力小而下沉速度和下沉量都大于上部岩层，然而在远离工作面的区域，碎胀岩体被逐渐压实，下部岩层的下沉受到较大的阻碍，下沉量和下沉速度都大幅降低，而上部岩体由于离层空隙的存在而保持下沉惯性。这样由于各岩层下沉速度和下沉量的不协调性，覆岩空隙率分布会出现变化突变点。

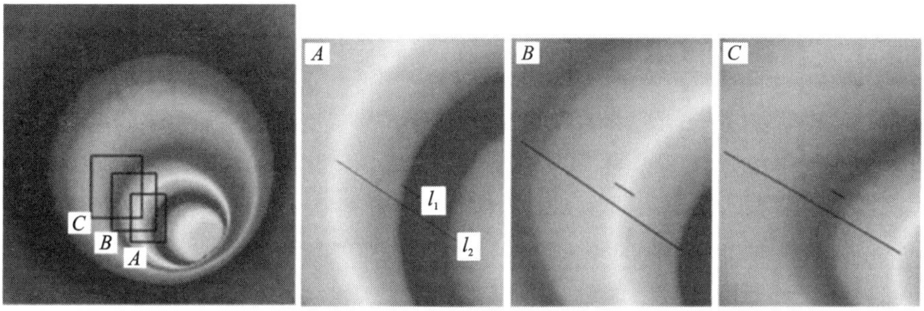

(a) 火区点(10 m，0)处

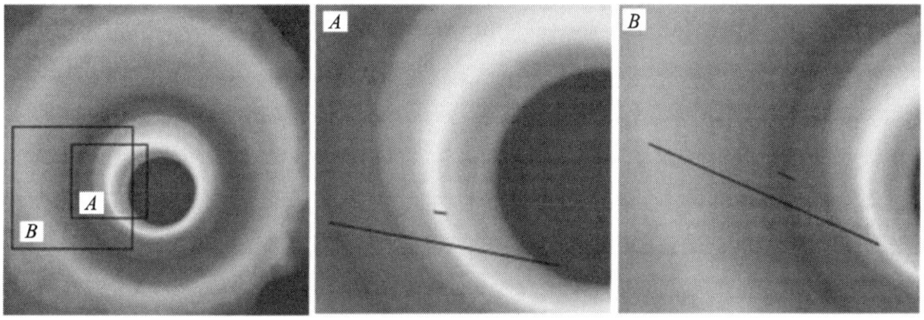

(b) 火区点(60 m，0)处

图 4-21　火区点(10 m，0)和点(60 m，0)处孔壁热成像照片

扫一扫，看彩图

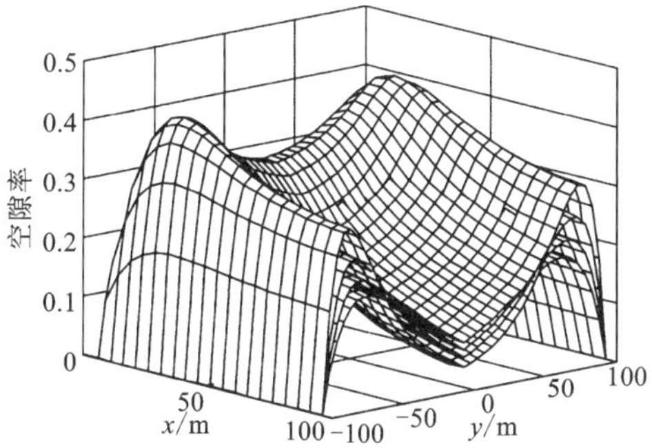

图 4-22　空隙率变化曲面

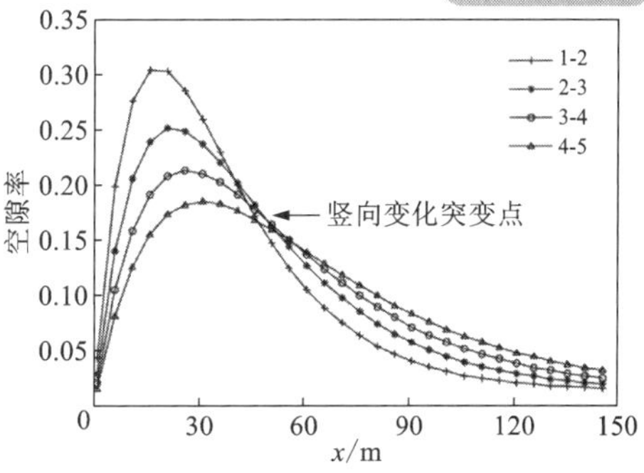

图 4-23　$y=0$ 截面上的空隙率变化曲线

矿层开采的各个上覆岩层与地表的移动因其地质构成、强度、厚度、荷载和惯性等方面的差异而表现出不一致性。伴随岩层移动，介质由连续转变为不连续，岩体结构由原来的层状结构转变为沉降或冒落后的碎裂或散状结构。因此，对于上覆岩层和地表移动的数值模拟，采用有限元法和有限差分法是不准确和不适用的。然而，UDEC 已被证明是可行的[10-12]。基于离散元法的 UDEC 软件在处理非连续力学问题方面具有明显的优势。

根据表 4-5 所示数据，利用 UDEC 软件建立煤系地层二维模型，模拟煤层长壁开采，将采煤分为 4 步，每步采煤 100 m，如图 4-24 所示。从模型中可以看出，煤层上覆岩层裂隙集中在采空区边界对应的位置，裂隙区形状呈拱形。

表 4-5　上覆岩层和表土层的物理力学性质

编号	类型	厚度/m	密度(10^3 kg · m^{-3})	弹性模量/GPa	泊松比	抗拉强度/MPa	摩擦角/(°)	内聚力/MPa
1	泥土	7.2	1.61	0.025	0.44	0	30	0
2	细砂	4.1	1.97	0.045	0.25	0	28	0
3	砂土	12.5	1.91	0.040	0.35	0	15	0.03
4	泥岩 1	8.9	2.07	3.0	0.32	1.7	18	1.94
5	砂岩 1	7.9	2.23	16.9	0.23	9.8	35	10.9
6	砂岩 2	4.7	2.27	17.3	0.23	12.6	35	16.3
7	砂岩 3[a]	17.6	2.36	28.6	0.20	27.3	42	36.8
8	泥岩 2	11.0	2.06	3.4	0.32	1.5	16	2.01
9	砂岩 4	9.4	2.21	14.6	0.23	9.5	35	14.5
10	砂岩 5	5.7	2.30	19.3	0.23	14.7	36	17.1
11	砂岩 6[b]	6.0	2.42	24.7	0.20	16.2	41	21.5
12	页岩	5.4[c]	2.11	4.7	0.25	2.0	15	2.94
13	煤层	6.5[d]	1.48	3.2	0.32	2.3	27	1.37

注：a，第 2 关键层为主关键层，断裂长度 42.6 m，最大沉降 5.375 m。

b，第 1 关键层为次关键层，断裂长度 23.5 m，最大沉降 6.176 m。

c，煤层上方直接顶板的厚度。

d，采煤机截高 3.0 m，放顶煤厚度 3.5 m。

如图 4-25(a)所示，理论计算和数值模拟得到的破裂区离层裂隙空隙率分布曲线沿中心走向($y=0$)均为“M”型分布，除采空区长度为 100 m 外，其余采空区长度下理论计算和数值模拟结果均吻合较好。空隙率从采空区边缘到中间段先增大后减小，最后稳定在最小值。当采空区长度为 100 m 时，计算得到的空隙率分布曲线为“M”型，而数值模拟得到的空隙率分布曲线为倒“V”型。这是由于第 2 关键层尚未断裂，而在理论模型中却将其视为由岩块组成的块体结构。当第

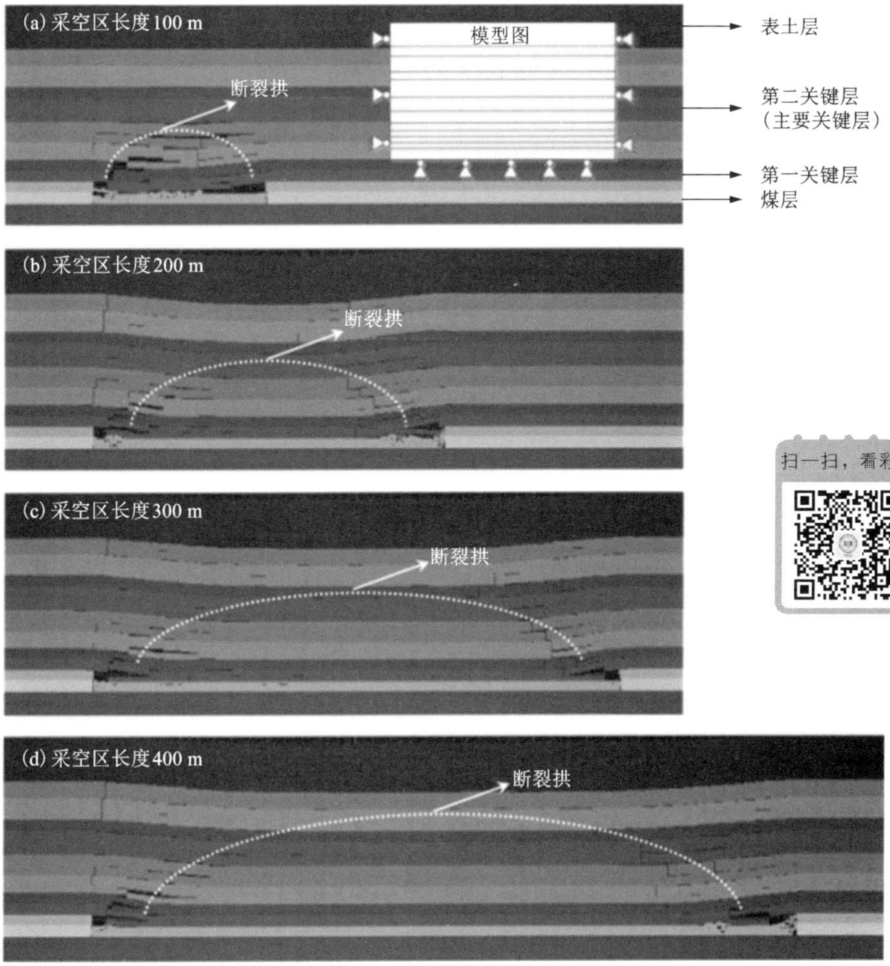

扫一扫，看彩图

图 4-24　UDEC 软件模拟获得的采空区长度(a)100 m、(b)200 m、(c)300 m 和 (d)400 m 时覆岩沉降和破裂图像

2 关键层被认为是弹性梁或薄板时，可以避免这种差异。

如图 4-25(b)所示，由理论计算和数值模拟得到的地表沉陷区水平裂缝空隙率沿中心走向($y=0$)均为“M”型分布。数值模拟结果较理论分布曲线呈现出高度的随机性和离散性，这是因为地表岩土运动的随机性和离散性所致。当采空区长度为 100 m 时，第 2 关键层(主关键层)未发生断裂，因此地面尚未开始下沉，导致采动裂隙较少。

由图 4-26 可以看出，沿煤层走向中轴线，破裂区的理论破断空隙率($y=0$)与数值模拟结果一致，除采空区长度为 100 m 外，理论和数值结果均表明，破

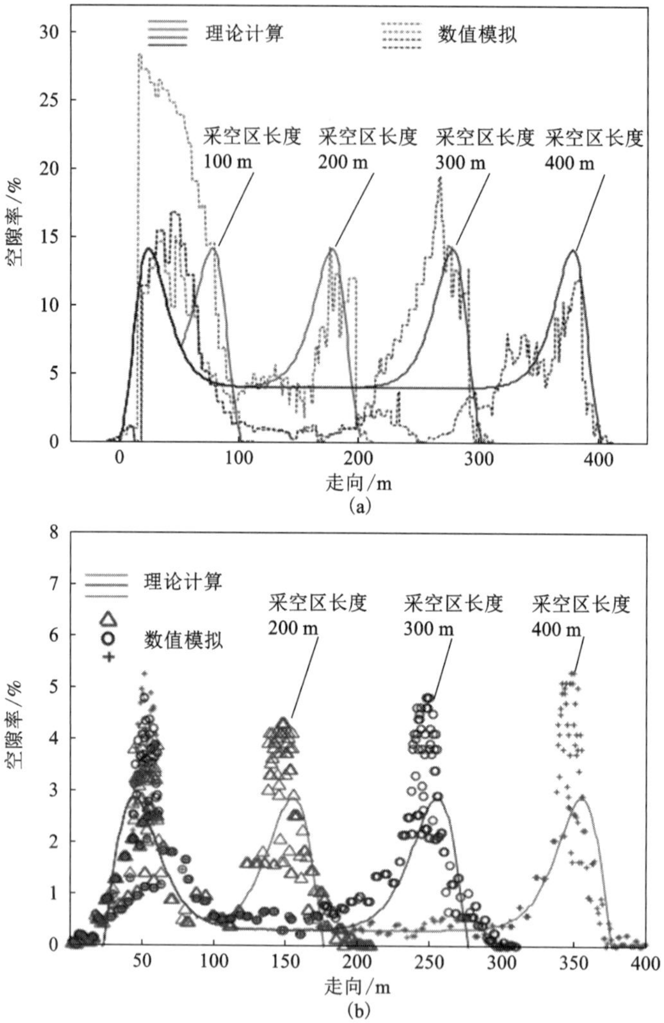

扫一扫，看彩图

图 4-25　通过理论模型和数值方法确定的(a)破裂区和(b)地表沉陷区水平裂隙空隙率变化情况

断裂隙空隙率均表现为具有两个峰值的“M”型分布。空隙率从两边缘到中间部分先增大后减小，最后稳定在最小值。而在采空区长度为 100 m 时，由于关键层尚未发生破裂，第二个关键层和地表的破断空隙率均接近于零。需要注意的是，岩层的破裂是随机和离散的，数值结果的随机性和离散性较为明显，更符合实际情况。

如图 4-27 和图 4-28，通过理论计算和数值分析得到另一算例采空区长度 400 m 时冒落区、破裂区和地表沉陷区的空隙率分布情况对比曲线。结果表明理

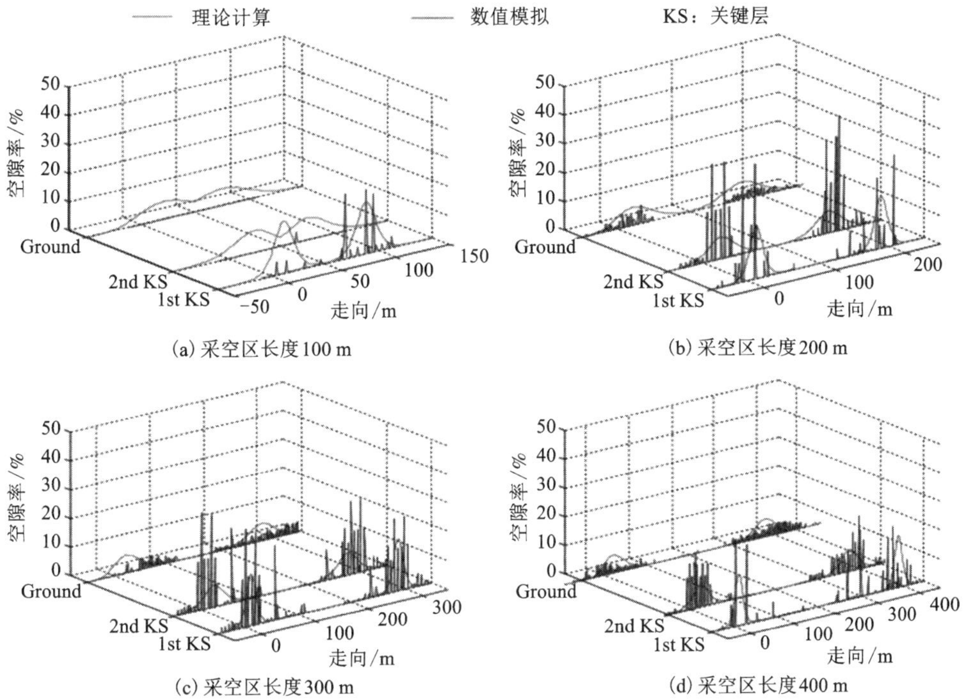

图 4-26　采空区长度为(a) 100 m、(b) 200 m、(c) 300 m 和(d) 400 m 时破裂区和地表沉陷区破断裂隙空隙率的理论分析和数值模拟结果

扫一扫，看彩图

论计算和数值分析具有很好的一致性。冒落区空隙率沿走向($y=0$)呈“U”型分布，从两端向中间逐渐减小，最后趋于稳定的最小值。破裂区和地表沉陷区水平和垂直裂缝空隙率的分布呈“M”型，从两边到中间段呈先增大后减小的趋势，最后趋于稳定，达到最小值。

此外，采用数值模拟方法，得到采空区长度为 100 m、200 m、300 m 时覆盖关键层间空隙率沿煤层走向分布散点图，相应地通过理论模型得到的空隙率分布曲线，如图 4-29 所示。由理论和数值方法得到的空隙率均沿煤层走向呈“M”型双峰分布，从两边界到扰动地层中心先增大后减小，最后稳定在最小值。除采空区长度为 100 m 时理论空隙率明显小于数值模拟结果外，理论结果与数值结果基本一致。事实上，岩层的离层和破裂具有随机性和离散性，这也导致数值结果具有明显的随机性和离散性。理论空隙率可以看作是数值结果的统计值和期望值。

对于倾斜煤层，在覆岩破裂区中，离层空隙率在 xy 平面的分布如图 4-30 所示。在倾向方向上，覆岩水平空隙率呈一高一低的双驼峰分布。从上端到下端，空隙率先增大后减小。在下端附近，空隙率增加到另一个峰值，然后逐渐减少。离层空隙率最大值出现在上端，然后在靠近下端的中心区域稳定。离层空隙率的

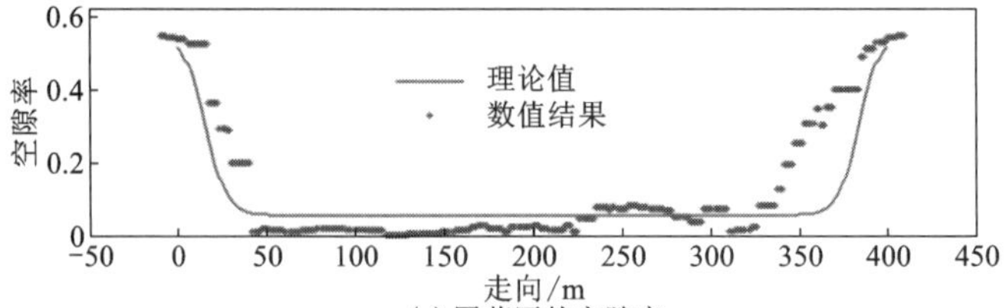

(a) 冒落区的空隙率

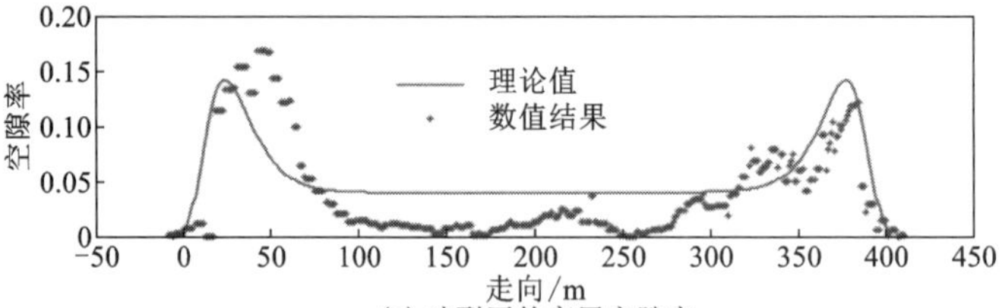

(b) 破裂区的离层空隙率

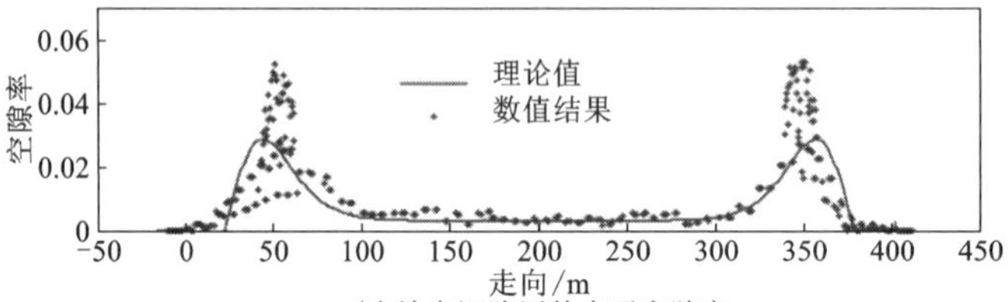

(c) 地表沉陷区的水平空隙率

图 4-27　理论计算和数值模拟获得的采空区长度 400 m 时水平裂隙空隙率分布结果

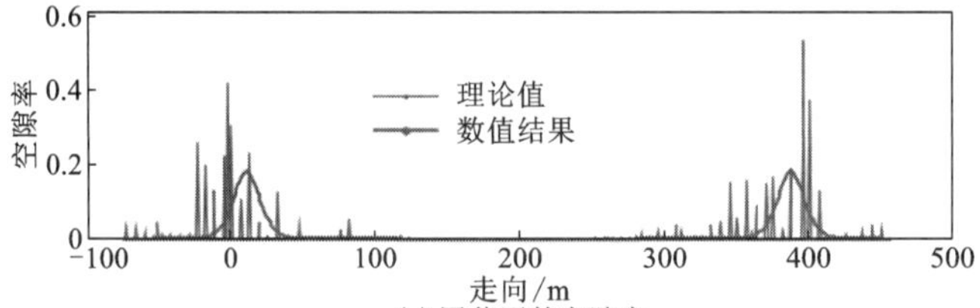

(a) 冒落区的空隙率

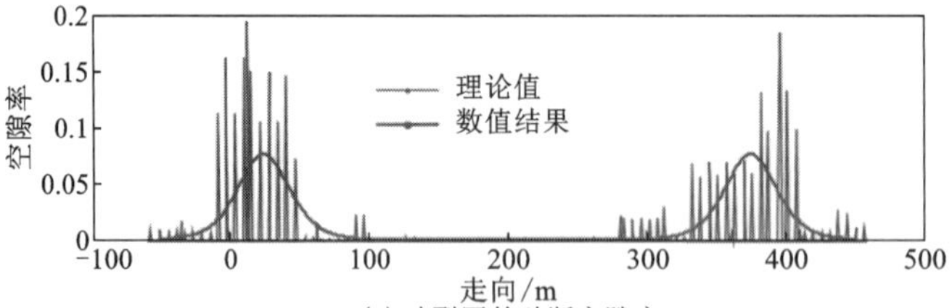

(b) 破裂区的破断空隙率

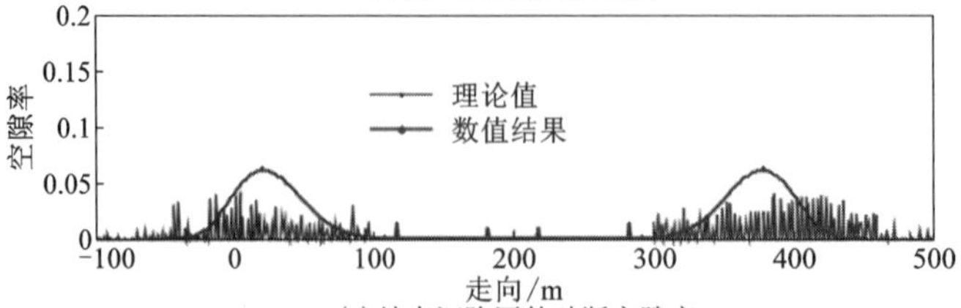

(c) 地表沉陷区的破断空隙率

图 4-28　理论计算和数值模拟获得的采空区长度 400 m 时破断裂隙空隙率分布结果

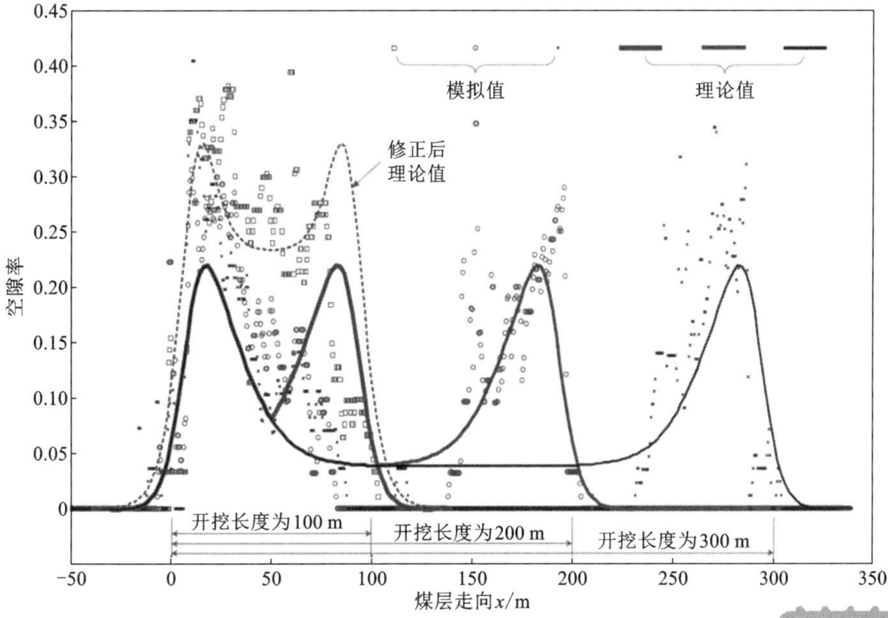

图 4-29　理论和数值方法确定的关键层横向和纵向裂缝总空隙率比较

扫一扫，看彩图

峰值和谷值在上端大于下端。走向上呈对称的“M”型分布，“M”型的波峰和波谷从采空区周边向中心方向逐渐减小。

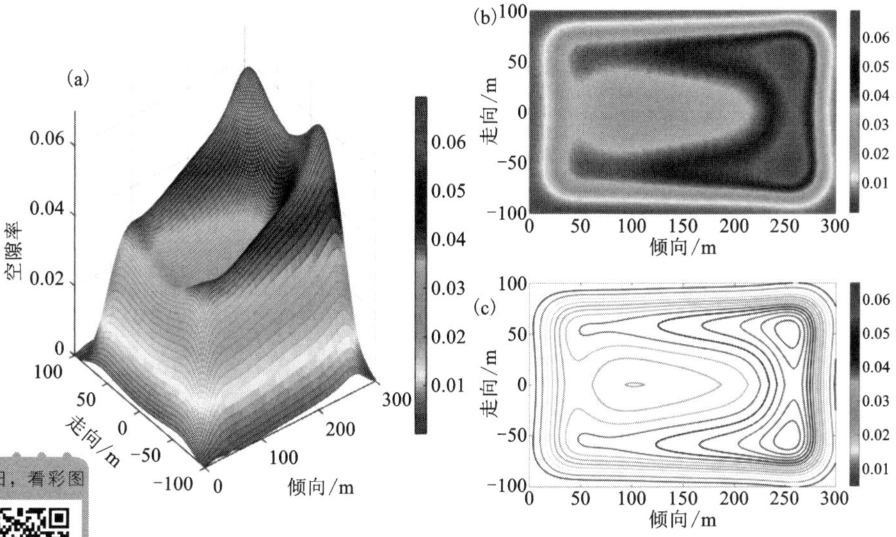

扫一扫，看彩图

图 4-30　倾斜煤层覆岩破裂区离层空隙率分布，包括(a)曲面图、(b)走向和倾向分布云图和(c)等值线图

由图 4-31 可以看出，破断空隙率在 xy 平面上的分布表现为两侧一高一低的两个大小和开口方向不同的“盆”嵌套在一起。在倾向上，垂向空隙率在采空区周边呈倒“U”型分布，在采空区中部呈一高一低的双驼峰分布。从采空区的上端到下端，垂向空隙率在采空区周围迅速增加，然后逐渐减少，在采空区下端附近迅速减少。在采空区中段附近，空隙率先迅速增加到最大值，然后迅速减少到最小值，并在中段一定范围内趋于最小值，再迅速增加到另一个峰值，之后在倾向下端迅速减少。在走向上，垂向空隙率在矿区周围呈倒“U”型分布，在中部呈“M”型分布，两者具有对称性；“M”型分布的峰值和波谷值呈现由上至下递减的趋势。垂向空隙率在与采空区相对应的矩形区域的四个角呈凹形。

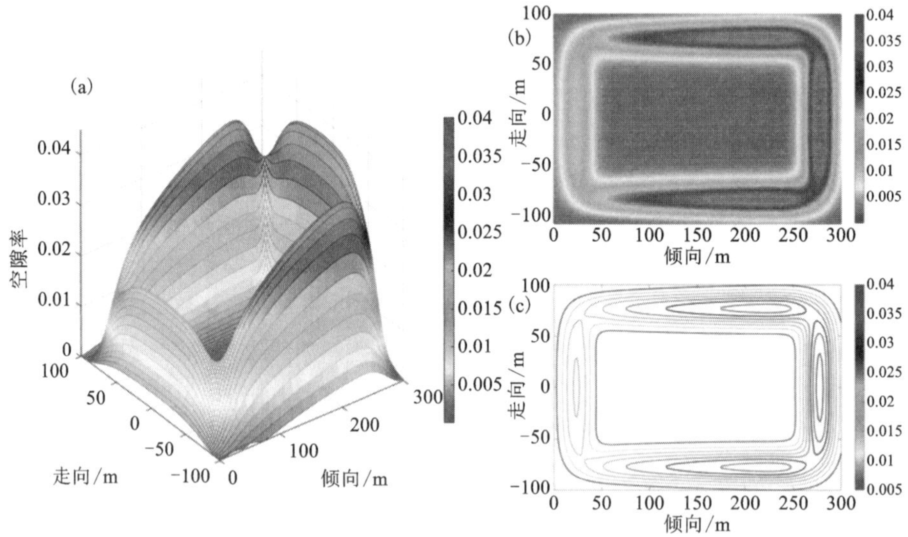

图 4-31　倾斜煤层覆岩破裂区破断空隙率分布，包括(a)曲面图、(b)走向和倾向分布云图和(c)等值线图

扫一扫，看彩图

由图 4-32 可以看出，总空隙率分布在倾向上呈一高一低的双驼峰分布，走向上呈“M”型分布。与离层和破断空隙率分布形状相比，总空隙率分布的波峰和波谷的差值明显减小。

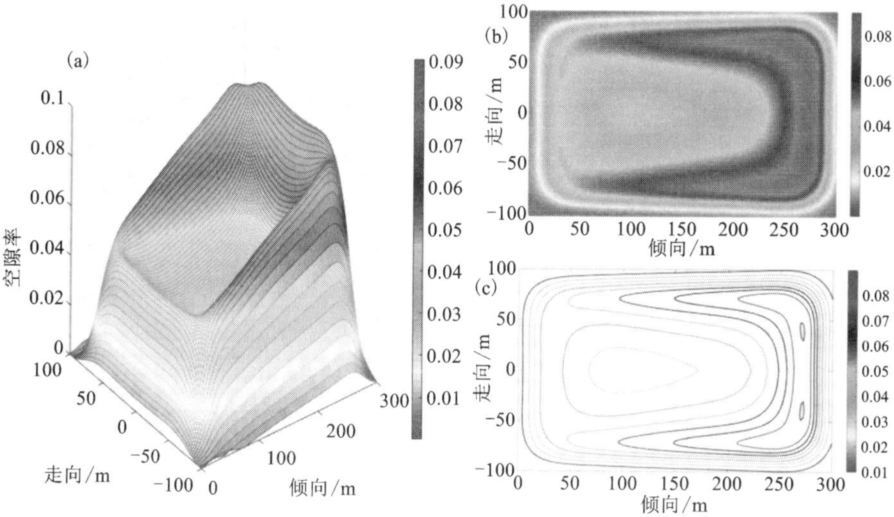

图 4-32　倾斜煤层覆岩破裂区总空隙率分布，包括(a)曲面图、(b)走向和倾向分布云图和(c)等值线图

扫一扫，看彩图

4.1.3　地表沉陷区空隙率分布模型

4.1.3.1　水平矿层开采地表沉陷区空隙率分布模型

1. 静态分布理论模型

由于主关键层沉降引起表土层的不连续变形，土体不连续介质在垂直方向上相互错开，并出现许多水平裂缝。另外，沉降土在水平方向上膨胀，体积增大，会产生垂直裂缝。因此，采动地表可视为非均质、各向异性的多孔介质。与破裂区离层和破断裂缝空隙率的推导公式相似，地表沉陷区水平和垂直裂缝空隙率的表达式为：

$$\varphi_g^H = \varphi_g^{HM} + \varphi_g^0 = \frac{S_{km} - S_g}{H + S_{km} - S_g} + \varphi_g^0 \tag{4-32}$$

$$\varphi_g^V = \varphi_g^{VM} + \varphi_g^0 = 1 - \frac{1}{\sqrt{1 + \left(\frac{\partial S_g}{\partial x}\right)^2 + \left(\frac{\partial S_g}{\partial y}\right)^2}} + \varphi_g^0 \tag{4-33}$$

式中：φ_g^H 和 φ_g^V 分别为地表沉陷区水平裂缝和垂直裂缝的空隙率；φ_g^{HM} 和 φ_g^{VM} 分别为地表沉陷区采动水平裂隙和垂直裂隙的空隙率；φ_g^0 为表土层的初始空隙率。

2. 时空分布理论模型

与破裂区中离层空隙率分布模型类似，水平空隙率由岩层沉降差和主关键层与沉降后地面距离的比值得出：

$$\varphi_{g}^{T}=\frac{W_{m}-W_{g}}{H+W_{m}-W_{g}} \tag{4-34}$$

与破裂区中破断空隙率分布模型类似，垂直空隙率可以用沉降后地表面积增量与其总面积的比值表示：

$$\varphi_{g}^{L}=1-\left\{1+\left[\frac{\partial W_{g}(x, y, t)}{\partial x}\right]^{2}+\left[\frac{\partial W_{g}(x, y, t)}{\partial y}\right]^{2}\right\}^{-0.5} \tag{4-35}$$

式中：φ_{g}^{T} 是表土中的水平空隙率；φ_{g}^{L} 是地表的垂直空隙率。

4.1.3.2 倾斜矿层开采地表沉陷区空隙率分布模型

1. 静态分布理论模型

与破裂区离层和破断裂隙空隙率的推导公式相似，地表沉陷区的水平和垂直裂缝空隙率的表达式为：

$$\varphi_{qg}^{H}=G\cdot(\varphi_{g}^{HM}+\varphi_{g}^{0})=G\cdot\left(\frac{S_{km}-S_{g}}{H+S_{km}-S_{g}}+\varphi_{g}^{0}\right) \tag{4-36}$$

$$\varphi_{qg}^{V}=G\cdot(\varphi_{g}^{VM}+\varphi_{g}^{0})=G\cdot\left[1-\frac{1}{\sqrt{1+\left(\frac{\partial S_{g}}{\partial x}\right)^{2}+\left(\frac{\partial S_{g}}{\partial y}\right)^{2}}}+\varphi_{g}^{0}\right] \tag{4-37}$$

式中：φ_{qg}^{H} 和 φ_{qg}^{V} 分别为地表沉陷区水平裂缝和垂直裂缝的空隙率；φ_{g}^{HM} 和 φ_{g}^{VM} 分别为地表沉陷区采动水平裂隙和垂直裂隙的空隙率；φ_{g}^{0} 为表土层的初始空隙率。

2. 时空分布理论模型

与破裂区中离层空隙率分布模型类似，水平空隙率由沉降差和主关键层与沉降后地面距离的比值得出：

$$\varphi_{qg}^{T}=G\cdot\left(\frac{W_{m}-W_{g}}{H+W_{m}-W_{g}}\right) \tag{4-38}$$

与破裂区中破断空隙率分布模型类似，纵向空隙率可以用沉降后地表面积增量与其总面积的比值表示：

$$\varphi_{qg}^{L}=G\cdot\left\{1-\left[1+\left(\frac{\partial W_{g}(x, y, t)}{\partial x}\right)^{2}+\left(\frac{\partial W_{g}(x, y, t)}{\partial y}\right)^{2}\right]^{-0.5}\right\} \tag{4-39}$$

式中：φ_{qg}^{T} 是地表沉陷区的水平空隙率；φ_{qg}^{L} 是地表沉陷区的垂直空隙率。

4.1.3.3 模型的应用

从图 4-33 可以看出，地表沉陷区水平裂隙和垂直裂隙的空隙率分布图与破裂区的空隙率分布图在形状上相似。水平裂隙的空隙率在 4 个“峰”处的峰值为

0.0432，垂直裂隙的空隙率在 4 个“脊”处的峰值为 0.0622。研究表明，地表沉陷区的裂隙主要分布在采动地表周边，空隙率较大，此处地表裂隙丰富，地下环境与大气、地表水相互连通更紧密。

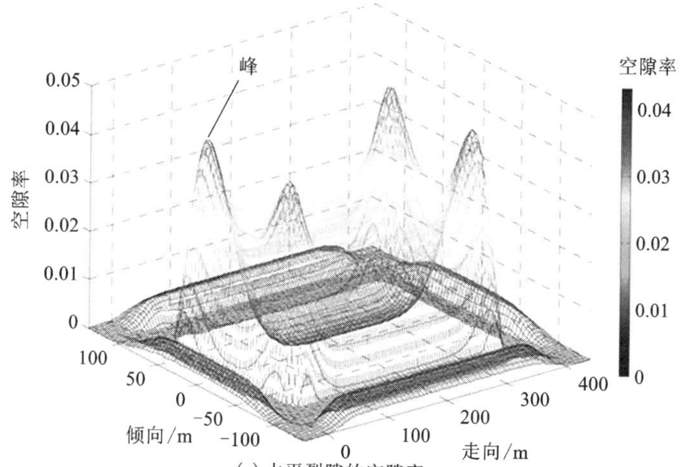

(a) 水平裂隙的空隙率

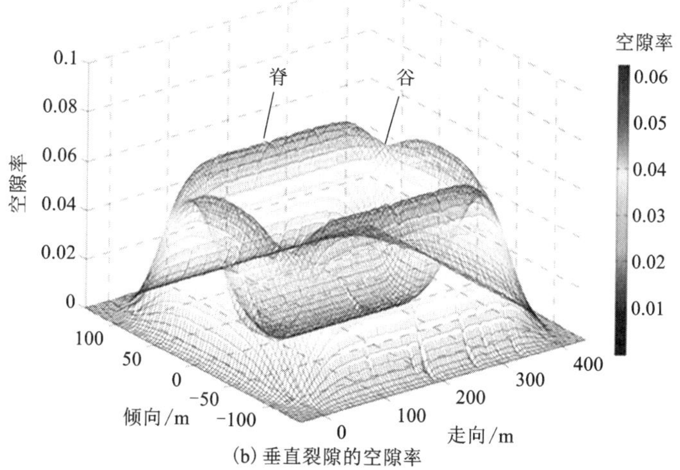

(b) 垂直裂隙的空隙率

扫一扫，看彩图

图 4-33　地表沉陷区的空隙率

从图 4-34(a)可以看出，地表沉陷区与覆岩破裂区的水平空隙率分布相似。水平空隙率在 4 个峰值处达到最大值 4.32%，在中间区域稳定在最小值 0.25%，出现了类似盆地的形状。从图 4-34(b)可以看出，地表沉陷区的垂直空隙率分布与覆岩破裂区中关键层破断裂隙的空隙率分布相似。垂直空隙率在四个“脊”处最大，达到 6.22%，在中间区域稳定在最小的 0.002%，形成一个盆地形状。

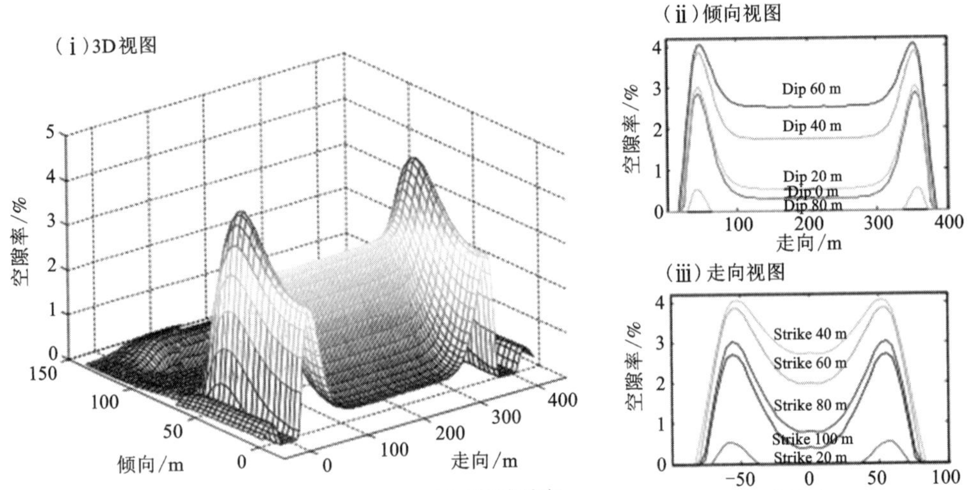

(a) 水平空隙率

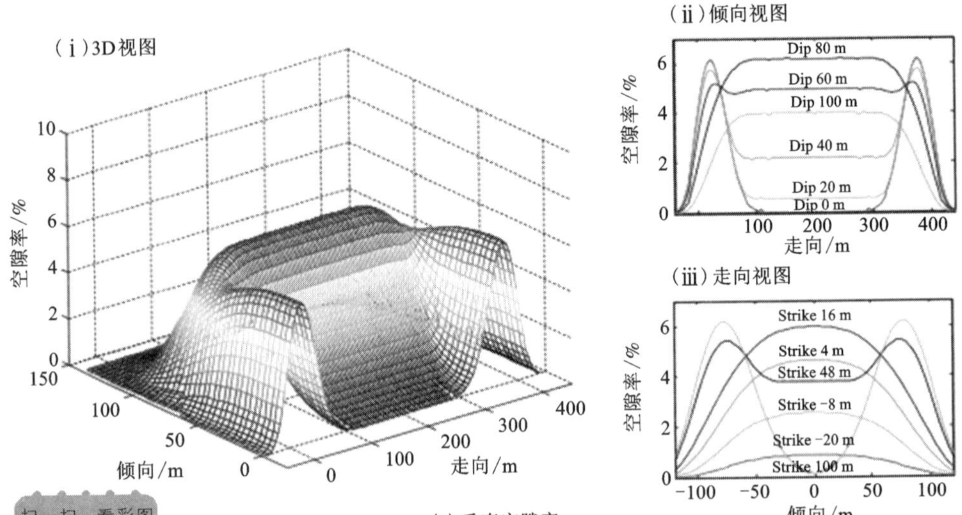

(b) 垂直空隙率

扫一扫，看彩图

图 4-34　地表沉陷区空隙率分布

在地表沉陷区，水平空隙率在走向上普遍呈“M”型分布，在倾向上呈倒“U”型分布，如图 4-35 所示；地表垂直空隙率分布形态与覆岩破裂区垂直空隙率分布形态相似，如图 4-36 所示。由于开采扰动从地下深部到地表逐渐减小，地表沉陷区水平和垂直空隙率均小于破裂区。

对于倾斜煤层的地表沉陷区，水平空隙率呈底部倾斜的“倒盆”状分布，如图 4-37 所示。在倾向上呈底部倾斜的倒“U”型分布；在走向上呈倒“U”型分布。

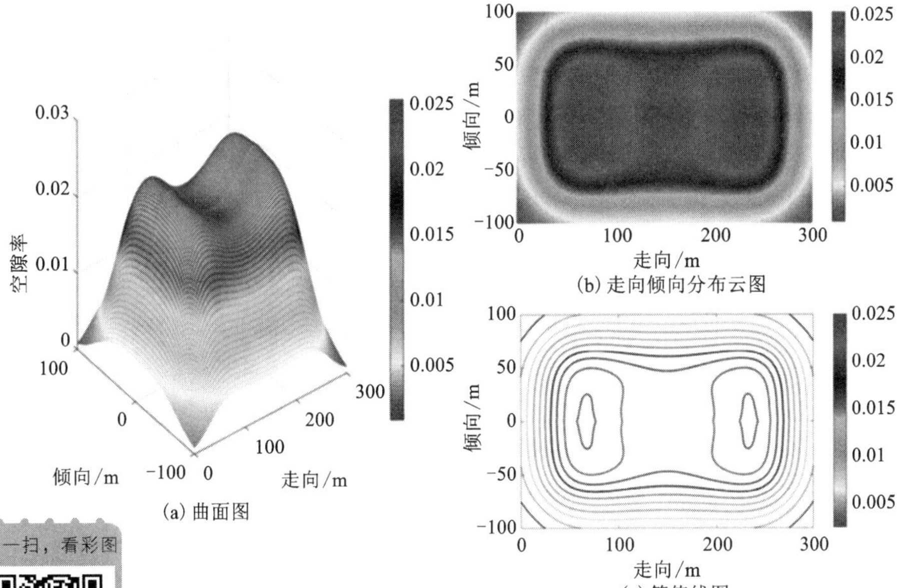

(a) 曲面图　(b) 走向倾向分布云图　(c) 等值线图

扫一扫，看彩图

图 4-35　地表沉陷区水平空隙率分布

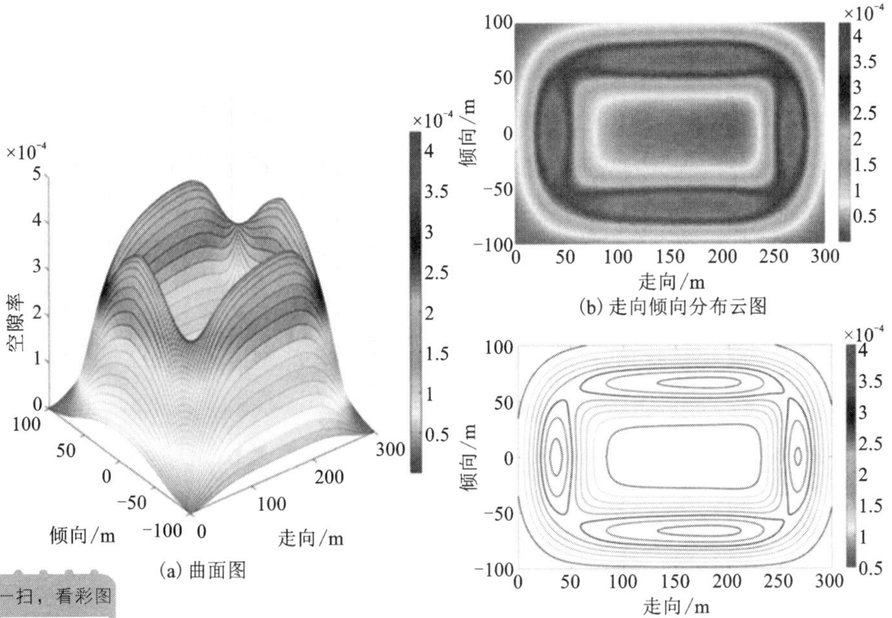

(a) 曲面图　(b) 走向倾向分布云图　(c) 等值线图

扫一扫，看彩图

图 4-36　地表沉陷区垂直空隙率分布

地表沉陷区垂直空隙率分布形态与覆岩破裂区垂直空隙率分布形态相似，如图 4-38 所示。

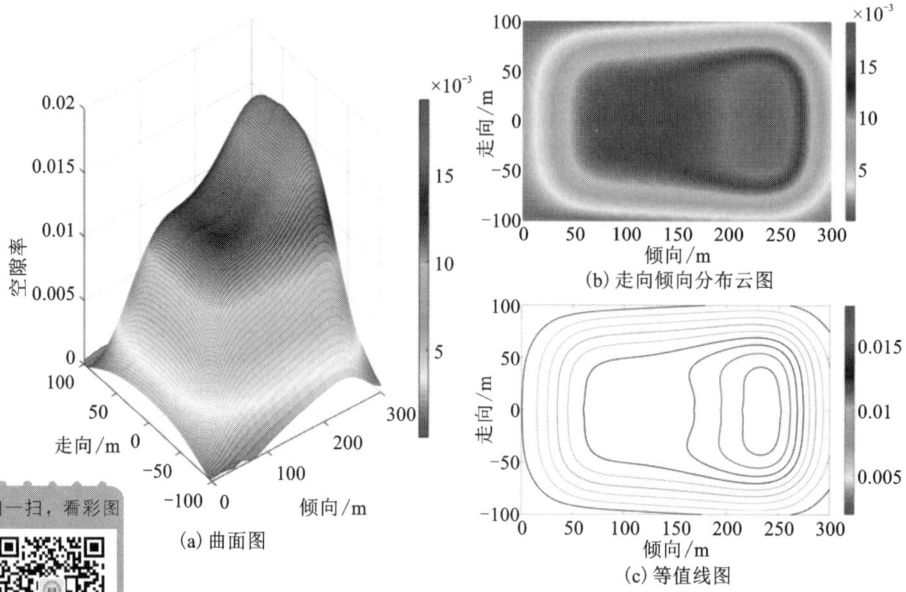

扫一扫，看彩图

图 4-37 倾斜煤层地表沉陷区水平空隙率分布

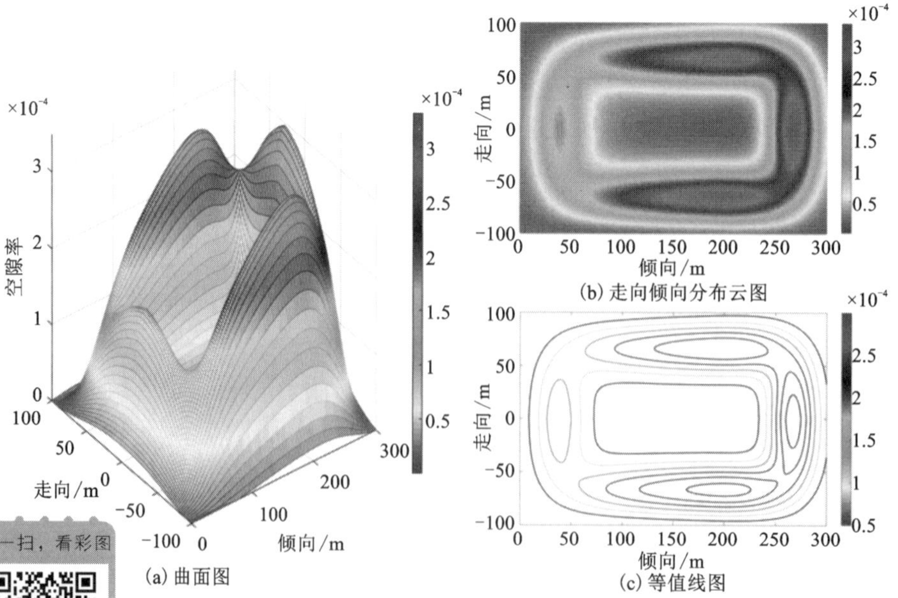

扫一扫，看彩图

图 4-38 倾斜煤层地表沉陷区垂直空隙率分布

基于离散元法的 3DEC 软件在解决不连续力学问题时具有显著的优势[13-16]。因此，采用 3DEC 软件建立了煤层及上覆岩层三维模型。模型尺寸为长×宽×高=500 m×30 m×300 m。采用理想弹塑性模型和 Mohr-Coulomb 破坏准则来描述岩体的变形和破坏特征，采用库仑滑移破坏准则来描述接触面变形和破坏特征。本次模拟采用的地质力学模型参数基于材料损伤理论和 RMR 分类方法，强度参数基于胡克-布朗强度准则弱化过程，结构面表面刚度参数采用修正的 Bandis 剪切刚度经验公式计算。岩块和岩层间接触的物理和力学参数分别见表 4-6 和表 4-7。对六个不同的开采步骤分别进行模拟，步长为 50 m。煤层开采各步长的断裂和移动情况如图 4-39 所示。

表 4-6　煤层上覆各岩层的几何性质及力学参数

序号	岩石类型	厚度/m	破断长度/m	容重/(kN·m^{-3})	弹性模量(10^4 MPa)	泊松比	抗拉强度/MPa	内聚力/MPa	内摩擦角/(°)
1	砂质泥岩	20	25	24.28	0.89	0.17	2.07	6.89	35.9
2	细砂岩	30	42	24.12	2.48	0.21	3.06	5.77	38.8
3	粉砂岩	50	67	24.17	1.27	0.23	3.57	6.66	38.5
4	砂质泥岩	40	38	24.28	0.89	0.17	2.07	6.89	35.9
5	粗砂岩	30	34	23.57	1.59	0.23	3.13	4.42	42.0
6	砂质泥岩	30	45	23.57	0.78	0.15	1.09	11.00	32.1
7	细砂岩	20	19	23.95	1.74	0.14	2.62	7.27	38.8
8	砂质泥岩	10	7	24.31	0.74	0.15	1.60	7.60	35.4

表 4-7　岩层接触的物理力学参数

接触面	切向刚度/(GPa·m^{-1})	法向刚度/(GPa·m^{-1})	内聚力/MPa	内摩擦角/(°)	抗拉强度/MPa
砂质泥岩	2.30	1.03	0.16	24.3	0.06
细砂岩	4.21	1.12	0.34	17.2	0.12
粉砂岩	6.68	1.63	0.69	23.4	0.25
砂质泥岩	4.34	1.01	0.24	17.1	0.12
粗砂岩	2.35	1.36	0.52	15.7	0.13
砂质泥岩	5.36	1.23	0.22	25.2	0.24
细砂岩	4.32	1.14	0.42	21.6	0.12

续表4-7

接触面	切向刚度 /(GPa · m^{-1})	法向刚度 /(GPa · m^{-1})	内聚力 /MPa	内摩擦角 /(°)	抗拉强度 /MPa
砂质泥岩	2.35	1.13	0.21	23.1	0.08
煤层	2.41	0.80	0.12	18.3	0.06

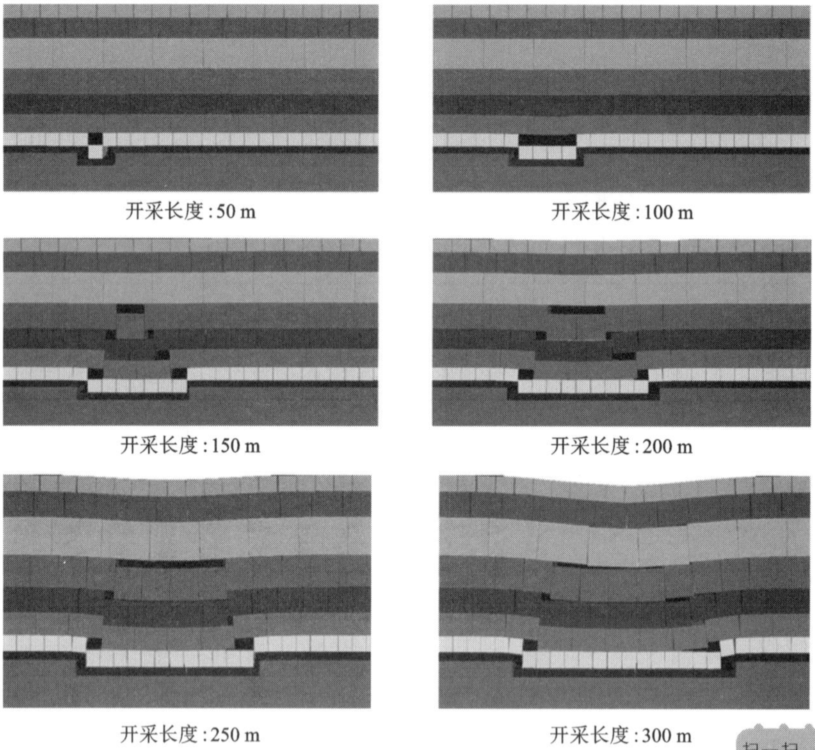

扫一扫，看彩图

图 4-39　不同开采长度下覆岩下沉与跨落数值模拟图像

综上所述，理论计算、随机计算、相似试验和数值模拟获得的长壁开采扰动覆岩空隙率分布特征基本一致，如图 4-40 所示。试验结果与数值模拟结果吻合较好，同时实验结果和 3DEC 数值模拟结果也验证了理论计算和随机计算的准确性。

开挖长度为 50 m 时，覆岩空隙率总体呈倒“V”型分布，两侧空隙率较小，中部空隙率较大。当开挖长度为 100 m、150 m、200 m、250 m 和 300 m 时，空隙率分布呈“M”型，呈现双驼峰分布，即空隙率从采空区外围到中部急剧增加，达到最大值，然后缓慢下降，靠近采空区中心趋于稳定。结果表明：空隙率峰值出现在距离采空区周边约 25 m 的位置。

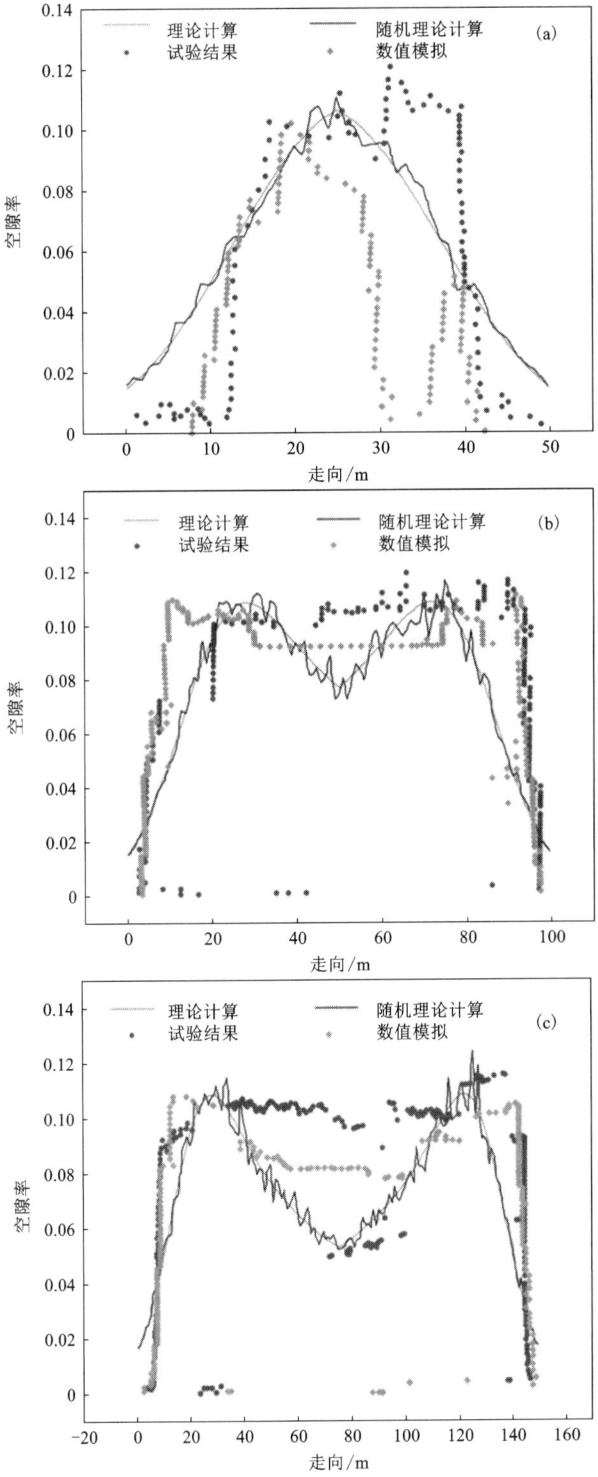

理论计算
随机理论计算
试验结果
数值模拟
(a)
(b)
(c)
空隙率
走向/m

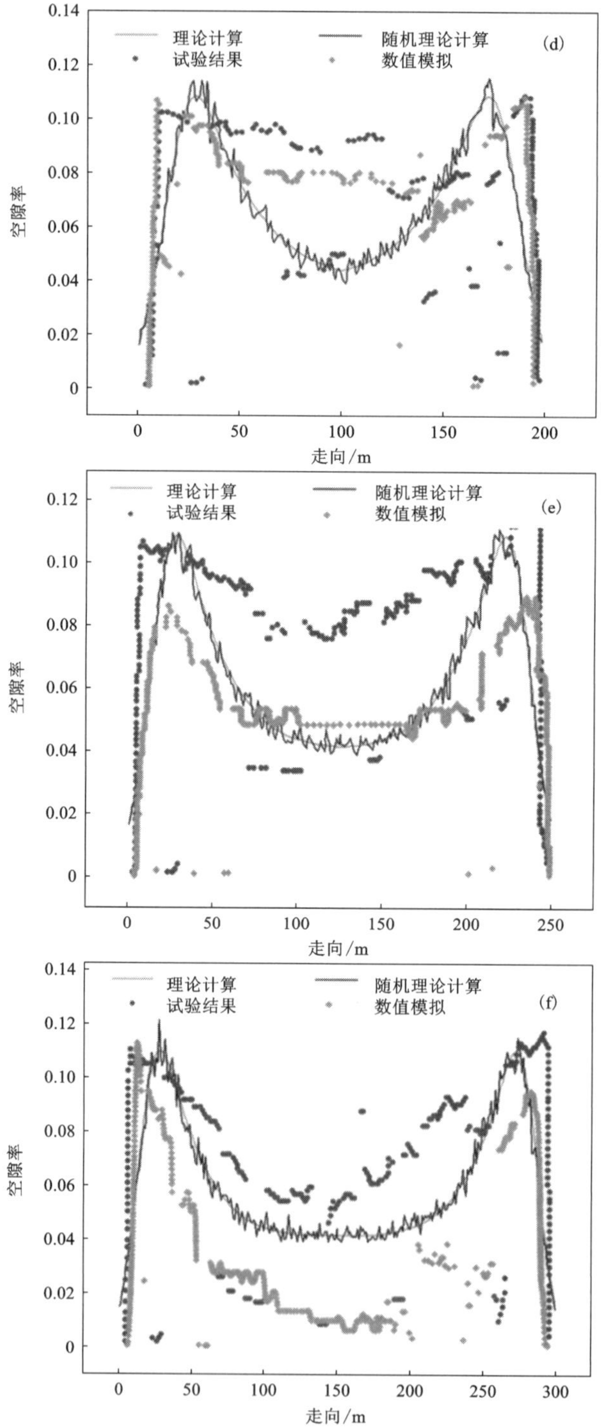

扫一扫，看彩图

图 4-40　不同开采长度下覆岩空隙率对比，包括理论计算、随机计算、相似试验和数值模拟结果：(a)50 m、(b)100 m、(c)150 m、(d)200 m、(e)250 m 和(f)300 m

4.2　地下开采扰动岩层空隙率三维动态分布模型

4.2.1　采动岩层下沉量动态分布模型

1. *破断岩层沉降*

沉积型矿床地层通常由不同厚度、强度和荷载的层状岩层组成。随着矿层的开采，上覆岩层会发生下沉、断裂和弯曲。对于特定岩层，当无支撑的尺度达到一定值时，岩层截面上的应力大于抗拉强度，岩层就会开始破断成岩块。然后，岩块铰链在一起，构成一个砌体结构，并逐步下沉。由于每个岩层要经过一段时间才能达到足以破裂的无支撑规模，因此岩层沉降具有明显的周期性。根据关键层理论[17]，控制覆岩整体或部分下沉的岩层称为关键层，即当关键层发生断裂和下沉时，覆岩整体或部分同时下沉。特别地，前者被称为主关键层，而后者被定义为次关键层。对于特定的长壁开采，将煤层与相邻关键层岩层之间的岩层定义为直接顶板，直接顶板以上的岩层称为基本顶。对于长壁采煤形成的矩形采空区，根据关键层理论，基于大量的现场测试数据和相似模拟试验[18]，长壁开采第 i 个关键层中部沿煤层走向断裂后的垂直位移可记为：

$$FS_{xi}(x) = S_{0i}\left\{1 - \left[1 + \exp\left(\frac{2l - |2l - 4x|}{l_i} - 2\right)\right]^{-1}\right\} \tag{4-40}$$

如果把 $FS_{xi}(x)$ 看作是 x 剖面上煤层走向的最大沉降量，则第 i 个关键层的沉降量同样可以写成：

$$FS_i(x, y) = FS_{xi}(x) \cdot \frac{1 - \left[1 + \exp\left(\dfrac{2l_y - 4|y|}{l_i} - 2\right)\right]^{-1}}{1 - \left[1 + \exp\left(\dfrac{2l_y}{l_i} - 2\right)\right]^{-1}} \tag{4-41}$$

式中：FS_{xi} 和 FS_i 分别是沿煤层走向和煤层平面上的第 i 个关键层的沉降量，在笛卡儿坐标系中，x 轴沿煤层走向，y 轴沿煤层倾向，原点位于长壁开采盘区始采线的中点；$S_{0i} = M - \sum h_i(Kp_i - 1)$，其中 S_{0i} 为第 i 个关键层的最大下沉量，M 为煤层厚度，$\sum h_i$ 为第 i 个关键层和煤层之间的距离，Kp_i 为第 i 个关键层和煤层之间岩块的碎胀系数；$l_i = h_i\sqrt{\sigma_{ti}/(3q_i)}$，其中，$l_i$、$h_i$、$\sigma_{ti}$ 分别是第 i 个关键层的破断长度、厚度、抗拉强度，q_i 是第 i 个关键层上的载荷及其重量；l 为采动岩层的走向长度；l_y 为采空区的倾向宽度。

假设第 i 个关键层的沉降量变化率与剩余沉降范围成正比，可以表示为：

$$\frac{\mathrm{d}DS_i(x,\ y,\ t)}{\mathrm{d}t}=c[FS_i(x,\ y)-DS_i(x,\ y,\ t)] \tag{4-42}$$

初始条件：当 $t=t_{0i}$，$DS_i=US_i$，且当 $t\to\infty$，

$$DS_i=FS_i \tag{4-43}$$

同时，考虑到岩层沉降的周期性，第 i 个关键层的动态下沉在 $t\geqslant t_{0i}$ 时可以描述为：

$$DS_i(x,\ y,\ t)=FS_i(x,\ y)-[FS_i(x,\ y)-US_i(x,\ y)]\exp[-c_1(t-t_{0i})]$$

$$l=jl_i+l_i\frac{\exp[c_2(t-t_{i,\ j})]-1}{\exp[c_2(t_{i,\ j+1}-t_{i,\ j})]-1}$$

$$j=\mathrm{floor}\left(\frac{l_x}{l_i}\right)$$

$$l_x=\int_0^t V(t)\mathrm{d}t \tag{4-44}$$

如果长壁采煤工作面以恒定速度向前移动，则 $t_{i,\ j}$、l、l_x 可以简化为：

$$t_{i,\ j}=jl_i/V \tag{4-45}$$

$$l=jl_i+l_i\frac{\exp\left[c_2\left(t-\frac{jl_i}{V}\right)\right]-1}{\exp\left(\frac{c_2l_i}{V}\right)-1} \tag{4-46}$$

$$l_x=Vt \tag{4-47}$$

式中：DS_i 为第 i 个关键层的动态沉降量；US_i 为未破裂时第 i 个关键层的沉降量；l_x 为采空区长度；V 为开采速度，函数 floor 将数字舍入到下一个较小的整数；t 是从始采线初始点开始的时间线；t_{0i} 是第 i 个关键层的首次破断来压时间，通常是周期来压时间的两倍；$t_{i,\ j}$ 是第 i 层中第 j 个断裂岩块的断裂时间；c、c_1 和 c_2 是可以通过岩层沉降现场监测数据计算的沉降系数。

2. 未断裂岩层沉降

根据矩形采空区上覆岩层的“O”形破裂形式，未破裂岩层的沉降可被视为均匀载荷和固定边界下椭圆板的弯曲沉降。根据弹性力学中弹性薄板的弯曲理论，当 $t<t_{0i}$ 时未破裂的第 i 个关键层的沉降量可以表示为：

$$US_i(x,\ y)=\frac{q_i\cos\alpha\left[\frac{(2x-l_x)^2}{l_x^2}+\frac{4y^2}{l_y^2}-1\right]^2}{128D_i\left(\frac{3}{l_x^4}+\frac{2}{l_x^2}+\frac{3}{l_y^4}\right)} \tag{4-48}$$

式中：US_i 为未破裂时第 i 个关键层的沉降量；α 为第 i 个关键层的倾角；D_i 为第 i 个关键层的弯曲刚度，$D_i=E_ih_i^3/[12(1-v_i^2)]$，其中 E_i 和 v_i 分别是第 i 个关键层

的弹性模量和泊松比。

4.2.2　冒落区空隙率动态分布模型

采空区之上的直接顶会随着煤层的开采而逐步垮落。在此过程中，直接顶中的岩体破碎成碎石，其中出现了许多空隙。根据空隙率定义（表示空隙和总岩体之间的体积率），可以通过以下公式得出冒落区的空隙率：

$$VC=\frac{V_{\mathrm{t}}-V_{\mathrm{r}}}{V_{\mathrm{t}}}=\frac{(h_{\mathrm{d}}+M-DS_1)\mathrm{d}x\mathrm{d}y-h_{\mathrm{d}}\mathrm{d}x\mathrm{d}y}{(h_{\mathrm{d}}+M-DS_1)\mathrm{d}x\mathrm{d}y}=1-\frac{h_{\mathrm{d}}}{h_{\mathrm{d}}+M-DS_1} \tag{4-49}$$

式中：VC 为冒落区的空隙率；V_{t} 为岩体的总体积；V_{r} 为岩石体积；h_{d} 为直接顶板的厚度；M 为开采煤层的厚度；DS_1 为第 1 个关键层的动态沉降量。

4.2.3　破裂区空隙率动态分布模型

由于两个相邻关键层的强度、刚度和荷载不同，每个关键层的沉降也不同，从而导致岩层分离，形成平行于地层的离层裂隙。同时，两个相邻岩块之间的相对旋转造成垂直于岩层的破断裂隙。

1. 离层裂隙

根据空隙率定义，破裂区中横向裂隙的空隙率可以表示为：

$$VF_{i,\,i+1}^{\mathrm{T}}=\frac{V_{\mathrm{t}}-V_{\mathrm{r}}}{V_{\mathrm{t}}}=\frac{(\Delta\sum h_i+\Delta DS_i)\mathrm{d}x\mathrm{d}y-\Delta\sum h_i\mathrm{d}x\mathrm{d}y}{(\Delta\sum h_i+\Delta DS_i)\mathrm{d}x\mathrm{d}y}$$
$$=\frac{DS_i-DS_{i+1}}{\sum h_{i+1}-\sum h_i+DS_i-DS_{i+1}} \tag{4-50}$$

式中：$VF_{i,\,i+1}^{\mathrm{T}}$ 为破裂区中第 i 个和第 $i+1$ 个关键层之间的离层裂隙；DS_i 为第 i 个关键层的动态沉降量。

2. 破断裂隙

根据定义，破裂区中破断裂隙的空隙率可以表示为：

$$VF_i^{\mathrm{L}}=\frac{V_{\mathrm{t}}-V_{\mathrm{r}}}{V_{\mathrm{t}}}=\frac{\Delta\sum h_i(1+DS_x'^2+DS_y'^2)^{0.5}\mathrm{d}x\mathrm{d}y-\Delta\sum h_i\mathrm{d}x\mathrm{d}y}{\Delta\sum h_i(1+DS_x'^2+DS_y'^2)^{0.5}\mathrm{d}x\mathrm{d}y}$$
$$=1-(1+DS_x'^2+DS_y'^2)^{-0.5} \tag{4-51}$$

式中：VF_i^{L} 为破裂区第 i 个关键层中纵向裂隙的空隙率；S_x' 和 S_y' 分别是 DS_i 对 x 和 y 变量的偏导数。

4.2.4　地表沉陷区空隙率动态分布模型

根据随机介质移动理论[19-21]，对于图 2-13(b) 所示的矩形空区，其在地表(X, Y)处引起的下沉位移量$W(X, Y, t)$、X方向水平位移量$U_X(X, Y, t)$和Y方向水平位移量$U_Y(X, Y, t)$分别如式(2-29)、式(2-30)和式(2-31)所示。

地下煤层开采诱发的地表裂隙是由煤层采动引起地表移动后所致的纵横交织的宏观破裂面和破碎带。根据地表裂隙产生时岩土块体的受力情况，地表裂隙分为张裂隙和剪裂隙两类。地表裂隙率是地表裂隙特性的重要度量参数，其定义为一定面积或宽度的地表裂隙岩土体裂隙面积或宽度与所测岩土体总面积或宽度之比，分别称为面裂隙率和线裂隙率。

由于地表岩土体在拉、剪条件下表现出很强的塑性和脆性，发生很小的变形就会破裂，因此根据裂隙率的定义，地表裂隙率与地表变形间存在如下近似关系：

$$F_X(X, Y, t)=\frac{\varepsilon_X}{1+\varepsilon_X}=\frac{\partial U_X(X, Y, t)/\partial X}{1+\partial U_X(X, Y, t)/\partial X} \tag{4-52}$$

$$F_Y(X, Y, t)=\frac{\varepsilon_Y}{1+\varepsilon_Y}=\frac{\partial U_Y(X, Y, t)/\partial Y}{1+\partial U_Y(X, Y, t)/\partial Y} \tag{4-53}$$

$$F_f(X, Y, t)=\frac{\sqrt{1+[\partial W(X, Y, t)/\partial X]^2+[\partial W(X, Y, t)/\partial Y]^2}-1}{\sqrt{1+[\partial W(X, Y, t)/\partial X]^2+[\partial W(X, Y, t)/\partial Y]^2}} \tag{4-54}$$

$$F_s(X, Y, t)=\frac{\gamma_s}{1+\gamma_s}=\frac{\partial U_X(X, Y, t)/\partial Y+\partial U_Y(X, Y, t)/\partial X}{1+\partial U_X(X, Y, t)/\partial Y+\partial U_Y(X, Y, t)/\partial X} \tag{4-55}$$

式中：$F_X(X, Y, t)$、$F_Y(X, Y, t)$、$F_f(X, Y, t)$和$F_s(X, Y, t)$分别为地表(X, Y)处在t时刻的X方向线裂隙率、Y方向线裂隙率、面裂隙率和剪裂隙率；ε_X、ε_Y和γ_s分别为X方向水平变形、Y方向水平变形和剪切变形。

对于水平矩形单向发展空区则有：

$$\begin{aligned}\frac{\partial W(X, Y, t)}{\partial X}=&M\int_0^a dy\int_0^b \frac{2\pi(X-x)}{H^4\cot^4\beta_f}e^{-\frac{\pi}{H^2\cot^2\beta_f}[(X-x)^2+(Y-y)^2]}dx+\\&M\int_0^a dy\int_0^t \frac{2\pi(X-v\tau-b)v}{H^4\cot^4\beta_f}[1-e^{-c(t-\tau)}]e^{-\frac{\pi}{H^2\cot^2\beta_f}[(X-v\tau-b)^2+(Y-y)^2]}d\tau\end{aligned} \tag{4-56}$$

$$\begin{aligned}\frac{\partial W(X, Y, t)}{\partial Y}=&M\int_0^a dy\int_0^b \frac{2\pi(Y-y)}{H^4\cot^4\beta_f}e^{-\frac{\pi}{H^2\cot^2\beta_f}[(X-x)^2+(Y-y)^2]}dx+\\&M\int_0^a dy\int_0^t \frac{2\pi(Y-y)v}{H^4\cot^4\beta_f}[1-e^{-c(t-\tau)}]e^{-\frac{\pi}{H^2\cot^2\beta_f}[(X-v\tau-b)^2+(Y-y)^2]}d\tau\end{aligned} \tag{4-57}$$

$$\frac{\partial U_X(X, Y, t)}{\partial X}=M\int_0^a dy\int_0^b\left[1-\frac{2\pi(X-x)^2}{H^2\cot^2\beta_f}\right]\frac{1}{H^3\cot^2\beta_f}e^{-\frac{\pi}{H^2\cot^2\beta_f}[(X-x)^2+(Y-y)^2]}dx+$$

$$M\int_0^a \mathrm{d}y\int_0^t\left[1-\frac{2\pi(X-v\tau-b)^2}{H^2\cot^2\beta_{\mathrm{f}}}\right]\frac{v}{H^3\cot^2\beta_{\mathrm{f}}}\left[1-\mathrm{e}^{-c(t-\tau)}\right]\mathrm{e}^{-\frac{\pi}{H^2\cot^2\beta_{\mathrm{f}}}\left[(X-v\tau-b)^2+(Y-y)^2\right]}\mathrm{d}\tau \tag{4-58}$$

$$\begin{aligned}\frac{\partial U_Y(X,Y,t)}{\partial Y}=&M\int_0^a \mathrm{d}y\int_0^b\left[1-\frac{2\pi(Y-y)^2}{H^2\cot^2\beta_{\mathrm{f}}}\right]\frac{1}{H^3\cot^2\beta_{\mathrm{f}}}\mathrm{e}^{-\frac{\pi}{H^2\cot^2\beta_{\mathrm{f}}}\left[(X-x)^2+(Y-y)^2\right]}\mathrm{d}x+\\&M\int_0^a \mathrm{d}y\int_0^t\left[1-\frac{2\pi(Y-y)^2}{H^2\cot^2\beta_{\mathrm{f}}}\right]\frac{v}{H^3\cot^2\beta_{\mathrm{f}}}\left[1-\mathrm{e}^{-c(t-\tau)}\right]\mathrm{e}^{-\frac{\pi}{H^2\cot^2\beta_{\mathrm{f}}}\left[(X-v\tau-b)^2+(Y-y)^2\right]}\mathrm{d}\tau\end{aligned} \tag{4-59}$$

$$\begin{aligned}\frac{\partial U_X(X,Y,t)}{\partial Y}+\frac{\partial U_Y(X,Y,t)}{\partial X}=&M\int_0^a \mathrm{d}y\int_0^b\frac{4\pi(X-x)(Y-y)}{H^5\cot^4\beta_{\mathrm{f}}}\mathrm{e}^{-\frac{\pi}{H^2\cot^2\beta_{\mathrm{f}}}\left[(X-x)^2+(Y-y)^2\right]}\mathrm{d}x+\\&M\int_0^a \mathrm{d}y\int_0^t\frac{4\pi(X-v\tau-b)(Y-y)v}{H^5\cot^4\beta_{\mathrm{f}}}\left[1-\mathrm{e}^{-c(t-\tau)}\right]\mathrm{e}^{-\frac{\pi}{H^2\cot^2\beta_{\mathrm{f}}}\left[(X-v\tau-b)^2+(Y-y)^2\right]}\mathrm{d}\tau\end{aligned} \tag{4-60}$$

4.2.5　模型的应用

根据式(4-44)~式(4-48)，可以计算出煤层长壁开采扰动关键层的沉降量。当开采 60 天后，即采空区长度为 180 m 时，关键岩层的沉陷面如图 4-41 所示。假设式(4-41)绕 x 轴对称，则关键层在 x、y 平面的沉降面和空隙分布面也均绕 x 轴对称。为便于观测，只给出了 y 值为正部分对应的一半曲面。图 4-42 给出了

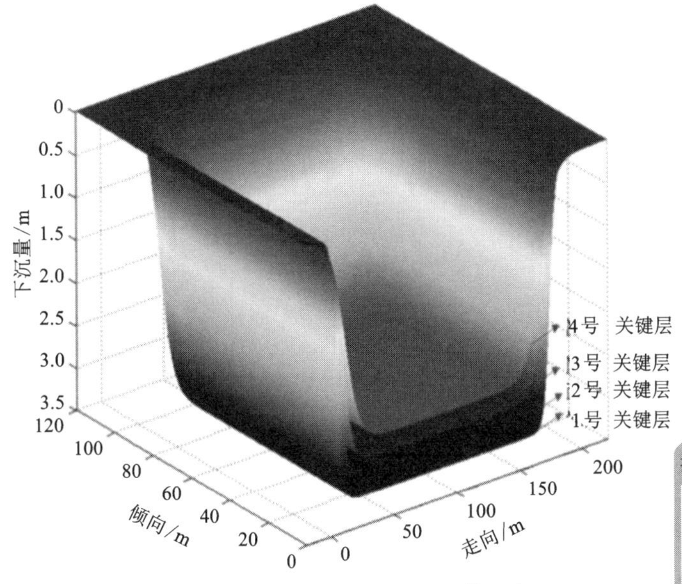

图 4-41　关键层在开采 60 天的沉降

关键层的动态沉降过程。结果表明：矩形采空区周缘附近覆岩下沉较大，靠近中心位置的覆岩下沉较小，且具有明显的周期性。破断周期由关键层的断裂长度和长壁工作面推进速度决定，1～4 号关键层的破断周期分别为 3.1 天、4.2 天、5.5 天、7.37 天[22]。

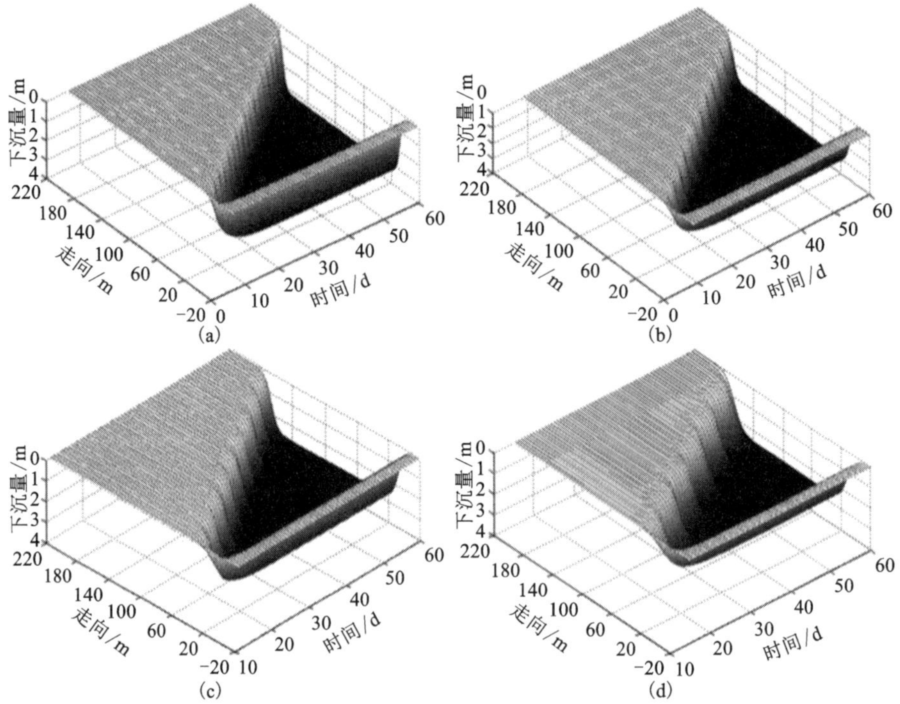

图 4-42 (a)1 号关键层、(b)2 号关键层、(c)3 号关键层、(d)4 号关键层在 $y=0$ 煤层中部走向上的动态沉降过程

根据式(4-49)可算出冒落区采动空隙率分布及其随时间的变化。图 4-43 为 xy 坐标系下长壁采场 60 天空隙率分布。结果表明，冒落区的采空区周边的空隙比靠近采空区中心的空隙大，且空隙从采空区边界向采空区中心迅速减小。空隙率沿煤层走向和倾向呈“U”型分布。

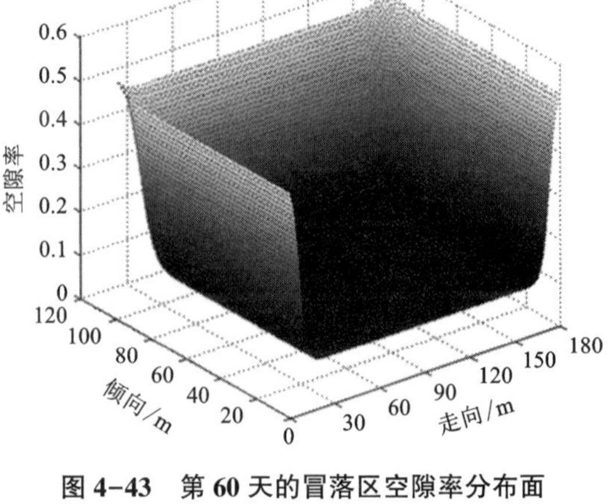

图 4-43 第 60 天的冒落区空隙率分布面

煤层中走向($y=0$)空隙率随时间的动态分布如图 4-44 所示。由于 1 号关键层破断沉降具有周期性，空隙率随时间的动态变化具有明显的周期性。随着采空区长度的增加，沿煤层走向采空区周边的空隙率分布峰区逐渐分离，两个峰值沿煤层走向空隙率迅速减小至最小值。冒落区中空隙发育带随工作面推进而周期性向前延伸。

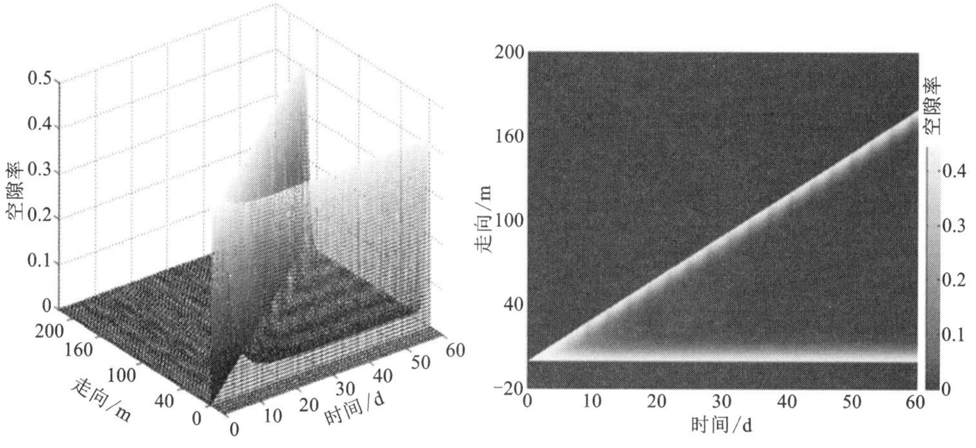

(a) 三维图　　(b) 等值线图

图 4-44　冒落区中沿煤层走向($y=0$)的空隙率动态分布

煤层上覆岩层破裂区离层引起的离层空隙率可由式(4-50)求得。第 60 天的结果可以用图 4-45 所示的分布曲面来描述。可以看出，离层空隙率在与采空区

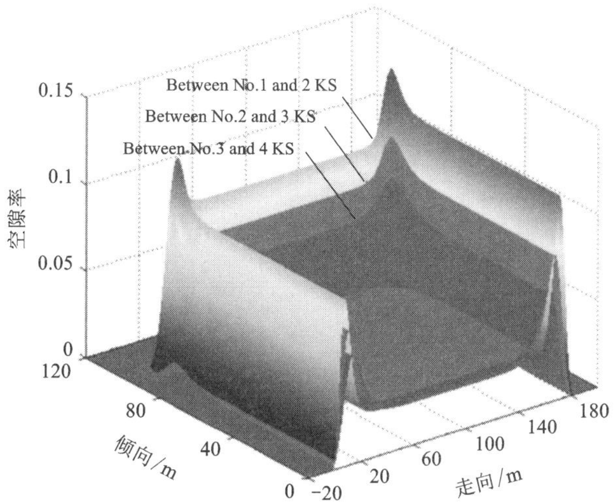

扫一扫，看彩图

图 4-45　第 60 天时破裂区中离层裂隙的空隙率分布面

周边对应的关键层位置至中间区域先快速增加，后逐渐减小，沿煤层走向或倾向呈“M”型分布。因此，采动离层裂隙主要集中在受扰动关键层的周边，最发育的区域位于与采空区周边对应的受扰动关键层的四个角落，四个空隙率峰值出现在受扰动关键层的离层空隙率分布面的四个顶点上。

离层空隙率沿煤层走向($y=0$)随时间的动态变化结果如图 4-46 所示。破裂区离层空隙率的动态分布具有明显的周期性，这是由各个关键层的周期性沉降引

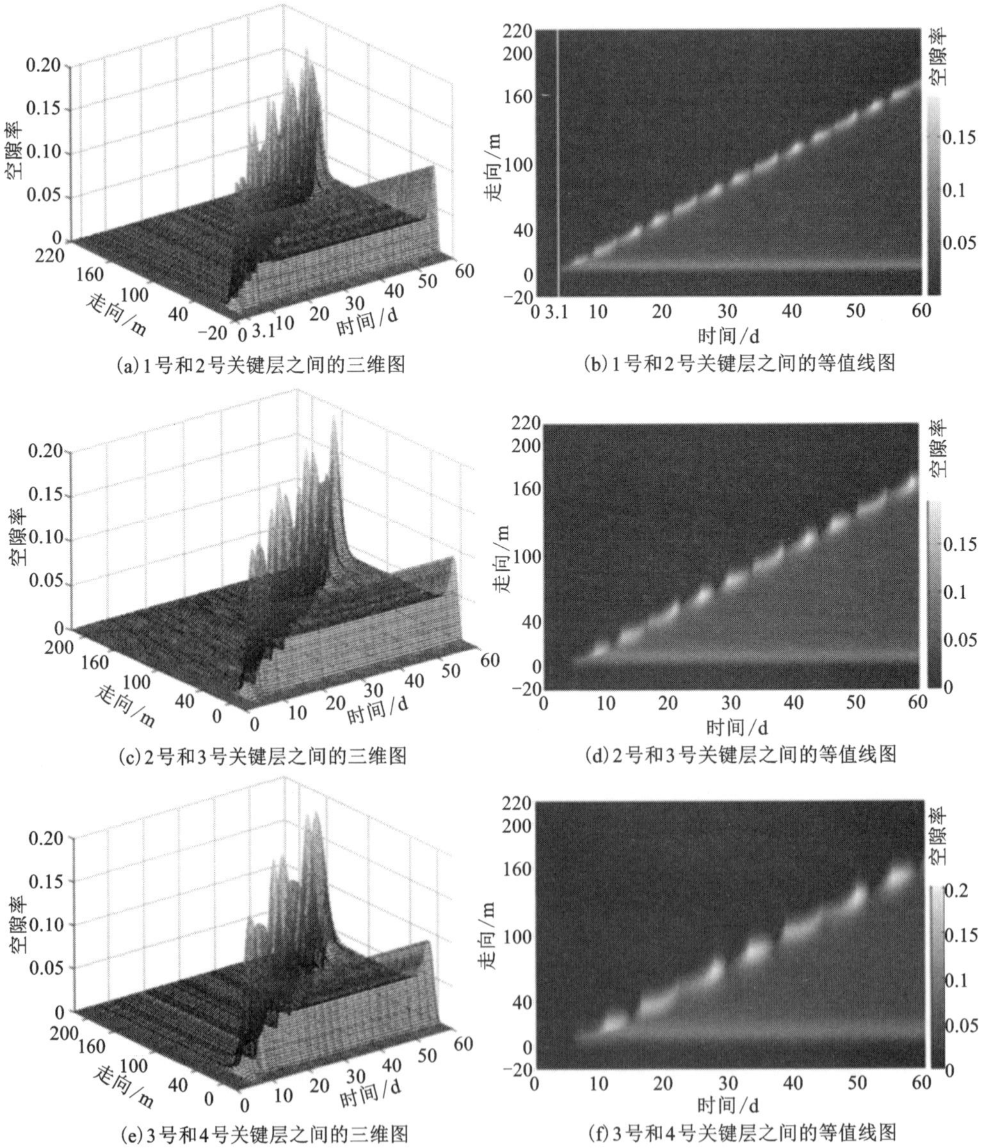

(a) 1 号和 2 号关键层之间的三维图
(b) 1 号和 2 号关键层之间的等值线图
(c) 2 号和 3 号关键层之间的三维图
(d) 2 号和 3 号关键层之间的等值线图
(e) 3 号和 4 号关键层之间的三维图
(f) 3 号和 4 号关键层之间的等值线图

图 4-46　破裂区中沿煤层走向($y=0$)的离层裂隙的空隙率动态分布

起的。随着工作面推进，离层裂隙发育带呈周期性向前延伸。在长壁工作面附近，由于强烈的周期性开采扰动，各工作面离层空隙率出现一定程度的周期性尖峰。随着时间的推移，离层空隙率沿煤层走向的分布形态由窄倒“U”型向宽“M”型转变。也就是说，离层空隙率最大的区域随着时间的推移从采空区对应的扰动关键层的中心向周边转移，这是因为在下部关键层断裂下沉的早期，上部关键层未发生断裂，相邻两个关键层沉降量不同，内部存在明显的分层现象。

上覆岩层破裂区破裂引起的采动破断空隙率可由式(4-51)计算。开采 60 天时破断空隙率在 xy 平面的分布面如图 4-47 所示。结果表明：从扰动覆岩周缘到扰动覆岩内部，破断空隙率先迅速增加，后迅速减小，沿煤层走向或倾角由宽倒“U”型向“M”型转变。因此，采动诱发的破断裂隙集中在受扰动的矩形采空区对应的关键层的边缘，最发达区域位于矩形采空区对应的扰动覆岩四边中间段上，出现 4 个脊，但是在四角处出现 4 个空隙率低谷值。

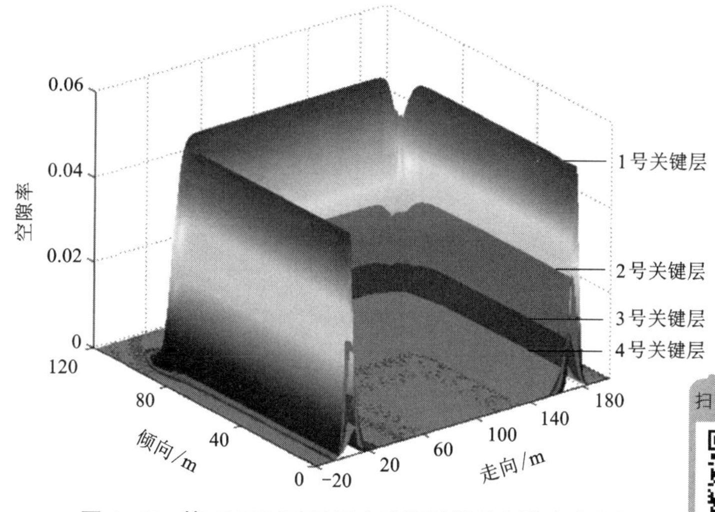

图 4-47　第 60 天时破裂区中破断裂隙的空隙率分布图

扫一扫，看彩图

沿煤层走向($y=0$)破断空隙率随时间的动态变化如图 4-48 所示。破裂区破断空隙率的动态分布也具有明显的周期性，与各关键层破断沉降的周期性相一致。随着工作面推进，纵向裂隙发育带周期性向前延伸，破断空隙走向分布形态始终保持由窄到宽的“M”型。

基于式(4-49)～式(4-51)可以得到不同时刻采动空隙率分布曲线，即冒落区空隙率和破裂区离层、破断裂隙率的分布曲线，如图 4-49、图 4-50 所示。图 4-49 为煤层中间走向($y=0$)空隙率分布曲线，图 4-50 为煤层边缘走向($y=90$ m)空隙率分布曲线。

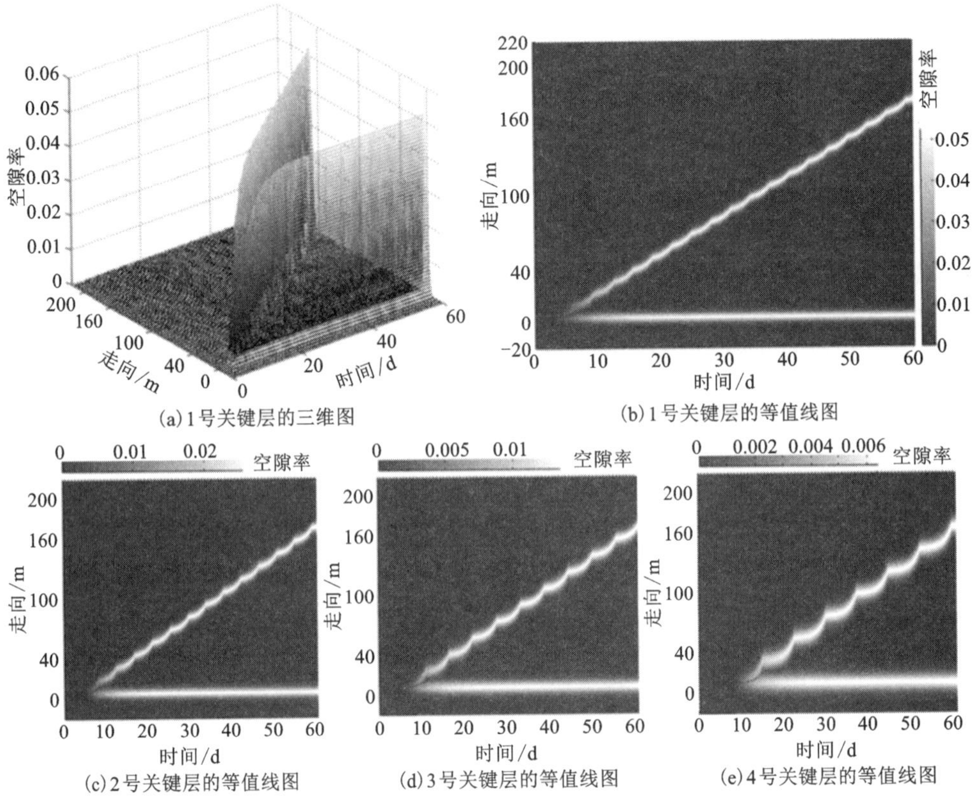

图 4-48　破裂带中沿煤层走向($y=0$)的破断裂隙空隙率的动态分布

纵向对比冒落区和破裂区空隙率，总体上冒落区空隙率普遍大于破裂区水平空隙率，而垂直空隙率相对最小，即在长壁开采扰动的上覆岩层中，冒落空隙最易发育，离层裂隙次之，破断裂隙最难形成。同一空隙类型，横向或纵向裂隙的空隙率随深度的减小而逐渐减小。

通过横向对比可知，随着时间的推移，空隙率高的区域，即空隙丰富的区域，在采动覆岩周缘附近由一个峰分裂为两个峰。在破裂区，离煤层越近的区域，空隙率达到峰值的时间越早，空隙率开始下降的时间也越早。由此进一步得出煤层长壁采动覆岩空隙由深向浅依次打开、再依次关闭。受采动影响，工作面附近空隙率峰值略高于 $x=0$ 起始线附近峰值。对于扰动覆岩中某一点，随着时间的推移，冒落区空隙率逐渐减小，位于起始线附近对应的裂隙带的裂隙率逐渐增大，其他地方的裂隙率先增大后减小，裂隙率的分界点在工作面附近。从图 4-49 和图 4-50 可以看出，沿煤层中间走向各类型空隙的稳定值均小于沿边缘走向各空隙类型的稳定值。另外，上覆岩层离煤层中间走向越远，其横向和纵向空隙率稳

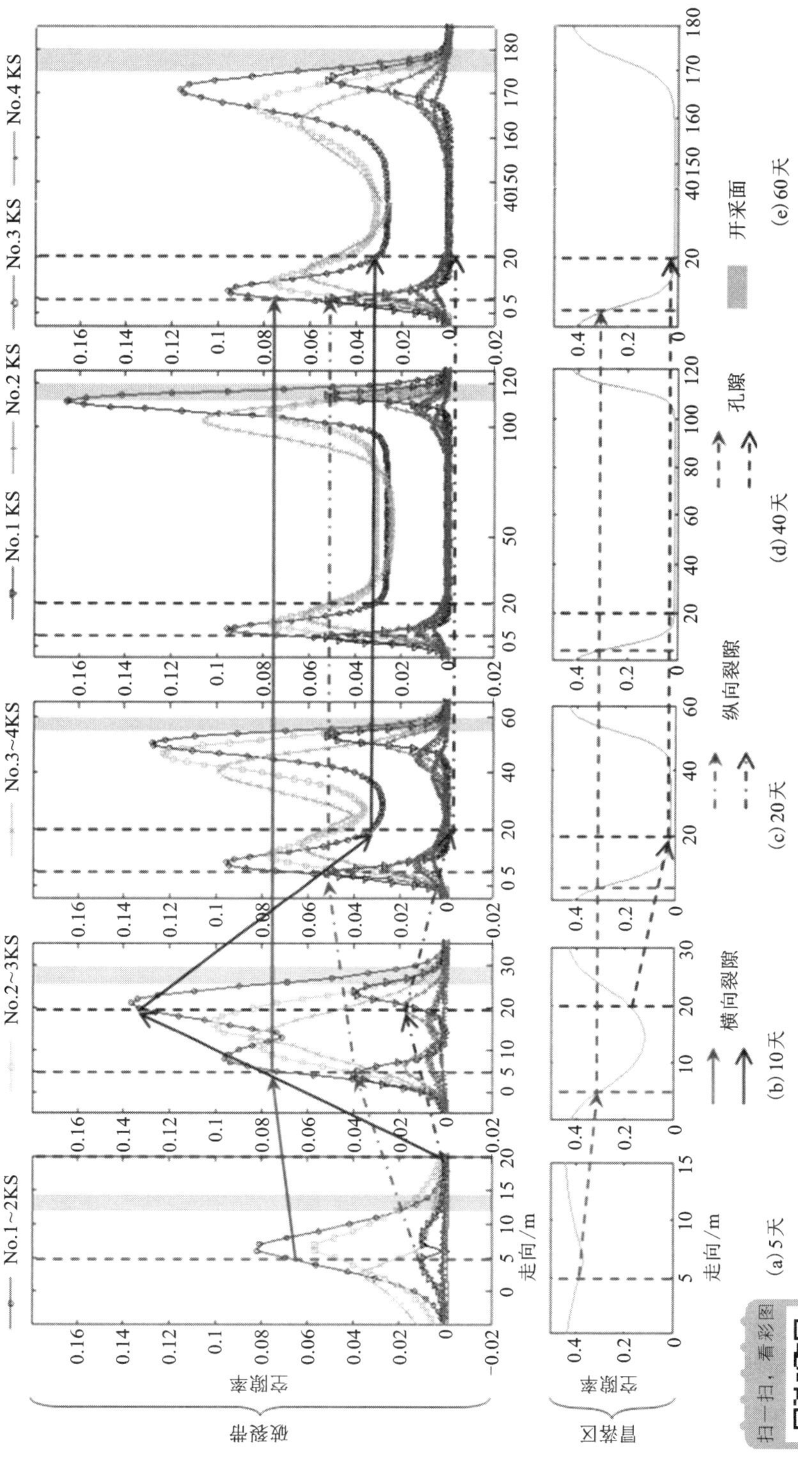

图4-49 不同时刻沿煤层中部走向($y=0$)的采动覆岩空隙率分布曲线

扫一扫，看彩图

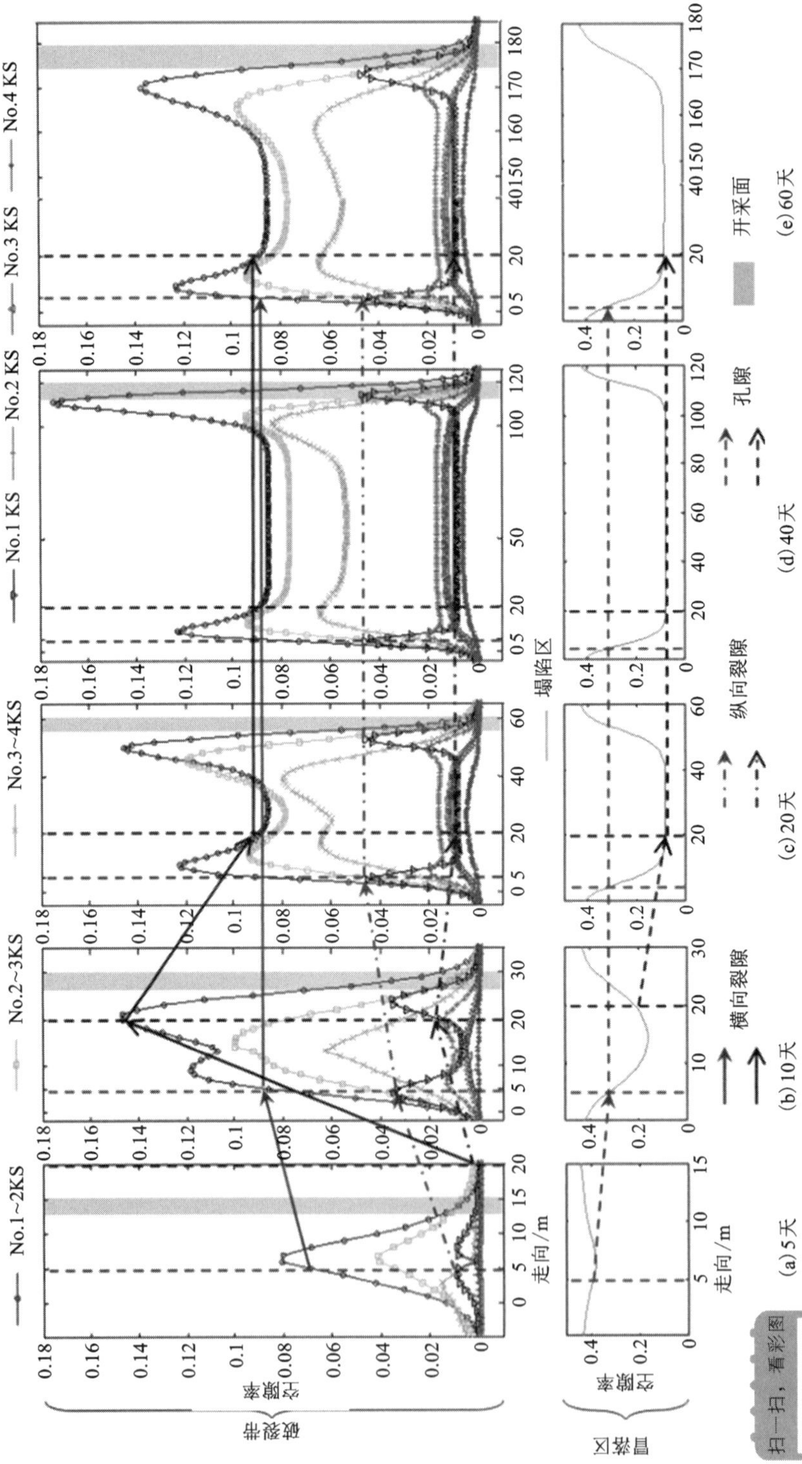

图4-50 不同时刻沿煤层外围走向（$y = 90$ m）的采动覆岩空隙率分布曲线

扫一扫，看彩图

定值差异越大，也就是说，残余空隙率在边缘区域有较大的值和差异，但在中心附近有相反的特征。上述采动空隙非均匀分布的特征是由具有不同厚度、强度、荷载的上覆岩层之间的沉降不同造成的。

长壁开采形成的矩形采空区，其上覆岩层的下沉沿煤层走向和倾向具有明显的相似性。为此，根据表 4-8 和表 4-9 的数据建立煤系地层二维 UDEC 模型，模拟现场长壁开采。图 4-51(a)~(e)分别为采矿 5 天、10 天、20 天、40 天、60 天开挖状态下覆岩沉降和空隙率分布情况及计算过程监测和模型示意图。可以看出，覆岩沉降和空隙的分布具有明显的不连续性和非均质性，随着采空区长度的增加，空隙沿开挖推进方向由深向浅依次打开再逐渐关闭。在开挖初期，空隙多出现在扰动覆盖层中心附近，但中后期空隙集中在周边附近，空隙发育区随时间向上发展。此外，工作面附近的富空隙区随着采矿作业的推进向前延伸，空隙较初始线附近更加发育。

表 4-8　上覆岩层物理力学参数

标识	h_i/m	$\sum h_i$/m	q_i/MPa	σ_{ti}/MPa	l_i/m	Kp_i	S_{0i}/m
煤层	3.2	0	—	—	—	—	—
直接顶	4.0	4.0	—	—	—	—	—
1 号关键层	5.1	9.1	0.84	8.38	9.3	1.005	3.15
2 号关键层	6.3	15.4	0.74	8.88	12.6	1.014	2.98
3 号关键层	7.5	22.9	0.61	8.86	16.5	1.020	2.74
4 号关键层[a]	9.2	32.1	0.46	7.96	22.1	1.021	2.51
5 号关键层	8.3	40.4	0.28	3.86	17.8	1.021	2.35

注：$\sum h_i$ 为第 i 个关键层与煤层距离；Kp_i 为第 i 个关键层与煤层之间的岩石块体膨胀系数；l_i、h_i、σ_{ti} 分别为第 i 个关键层的断裂长度、厚度、抗拉强度；q_i 为第 i 个关键层的载荷及其重量；S_{0i} 为第 i 个关键层的最大沉降量。a：4 号关键层是主关键层，其断裂长度最长。

表 4-9　UDEC 模拟中使用的力学性质

标号	岩层性质		接触面性质				
	密度 /(kg·m^{-3})	杨氏模量 /GPa	法向刚度 /(GPa·m^{-1})	剪切刚度 /(GPa·m^{-1})	内聚力 /MPa	摩擦角 /(°)	抗拉强度 /MPa
煤层	1400	2.0	10.2	4.9	15.1	1.0	0.4
直接顶	1950	4.0	27.7	9.3	5.5	19.3	1.8
1 号关键层	1961	6.7	36.0	12.2	3.1	13.0	0.9

续表4-9

标号	岩层性质		接触面性质				
	密度 /(kg·m^{-3})	杨氏模量 /GPa	法向刚度 /(GPa·m^{-1})	剪切刚度 /(GPa·m^{-1})	内聚力 /MPa	摩擦角 /(°)	抗拉强度 /MPa
2号关键层	2063	12.0	53.1	20.4	4.2	19.7	2.2
3号关键层	2000	9.8	47.2	20.9	5.0	25.0	2.8
4号关键层[a]	1956	25.7	178	60.1	13.2	29.5	7.8
5号关键层	1963	15.3	76.2	27.1	7.6	14.4	4.9

由UDEC数值模拟结果可以清楚地看出，长壁采动空隙发育区呈拱形分布。为了进一步比较理论模型和数值模拟结果，本研究提出了一种富空隙拱的空隙分布类型。数值模拟和理论模型描述的富空隙拱演化过程分别如图4-51和图4-52所示。结果表明，理论富空隙拱及其动态变化与数值富空隙拱具有较好的一致性。随着时间的推移，随着采空区扩大，富空隙拱沿垂向和开采方向由小向大扩展，位于冒落区的拱脚常有丰富的空隙。但在早期阶段，破裂区的裂缝主要集中在拱顶附近，不久后，拱腰周围的裂缝增加。中后期拱顶周围裂缝密度逐渐减小，裂缝主要集中在拱腰附近，空隙率从拱脚到拱顶逐渐减小。此外，由于覆岩沿煤层走向和倾角的沉降相似，可以进一步推断在三维地层中将出现富空隙的穹隆。

对于地表沉陷区，由式(4-52)~式(4-55)表示的地表裂隙率时空统一分布模型求得某采动地表在$t=0$时X方向线裂隙率、Y方向线裂隙率、面裂隙率和剪裂隙率二维分布曲面及其在XY平面上的投影云图，如图4-53和图4-54所示，图4-54中白色虚线表示采空区边界对应的地表位置[23]。

从图4-53和图4-54中可以看出：地表X方向线裂隙率和Y方向线裂隙率的极大值区域分别分布在采空区X方向边界和Y方向边界靠内侧约20 m(为煤层厚度的3~4倍)的位置所对应的地表区域；面裂隙率的极大值区域位于采空区四周边界线的四个中点位置所对应的地表区域，并在采空区中部对应的地表位置出现投影呈方形的极小值区域；剪裂隙率的极大值区域出现在采空区四个边角端点所对应的地表区域。综上所述，地表裂隙主要分布在地下采空区周边所对应的地表区域，该区域大量分布着用于氧气供应、烟气和热量逸散的地表通道，为地下煤火区域内以火风压为标志的燃烧热动力系统的形成提供空间。此外，当向火区注水降温时，可在该区域进行插管灌注，当对已扑灭火区进行防复燃处理时该区域需要重点覆盖和充填堵漏。

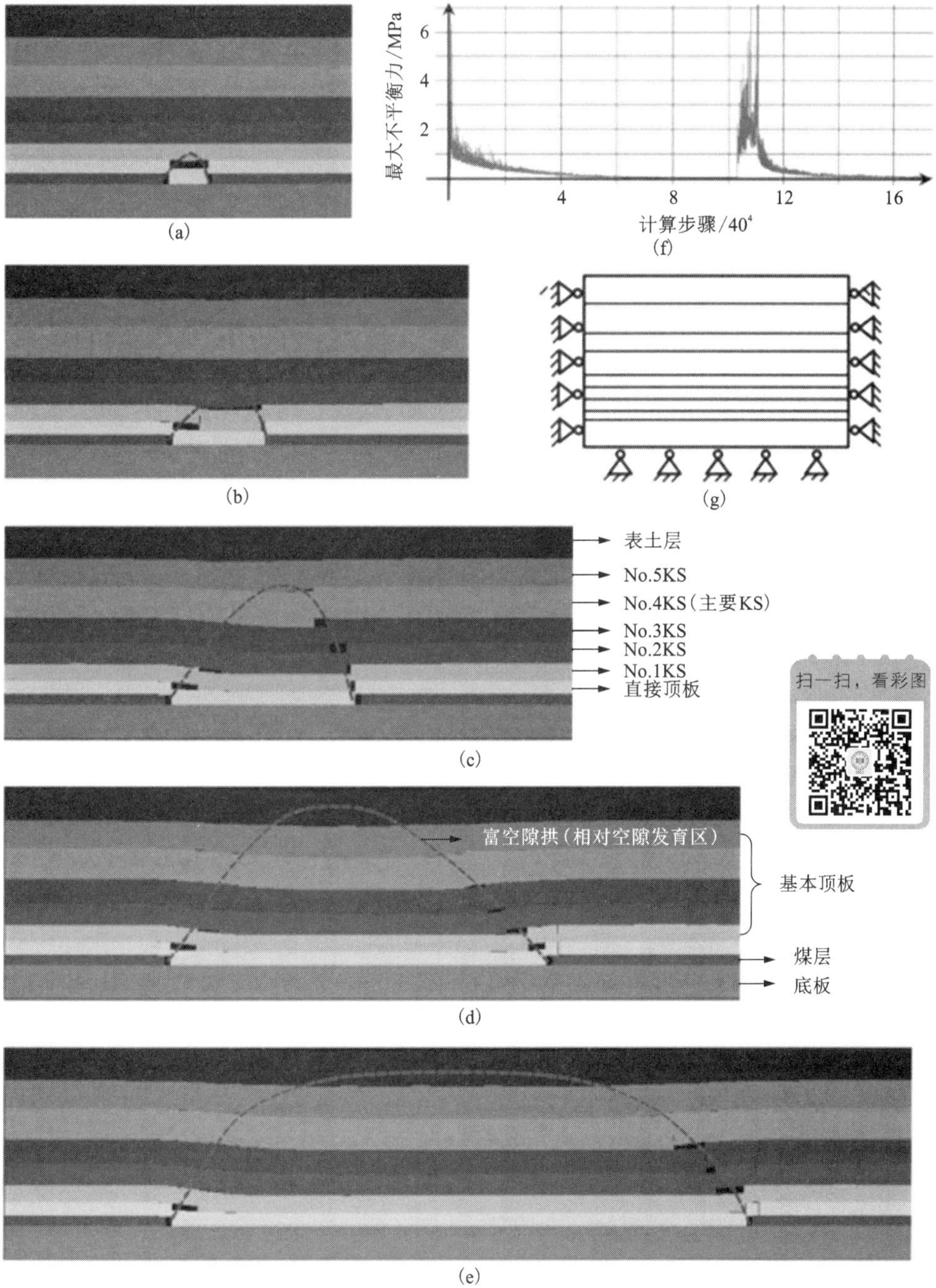

图 4-51　五种开挖状态下(a)5 天、(b)10 天、(c)20 天、(d)40 天和(e)60 天的覆岩沉降和空隙分布，包括 UDEC 数值模拟(f)计算过程监测和(g)模型图

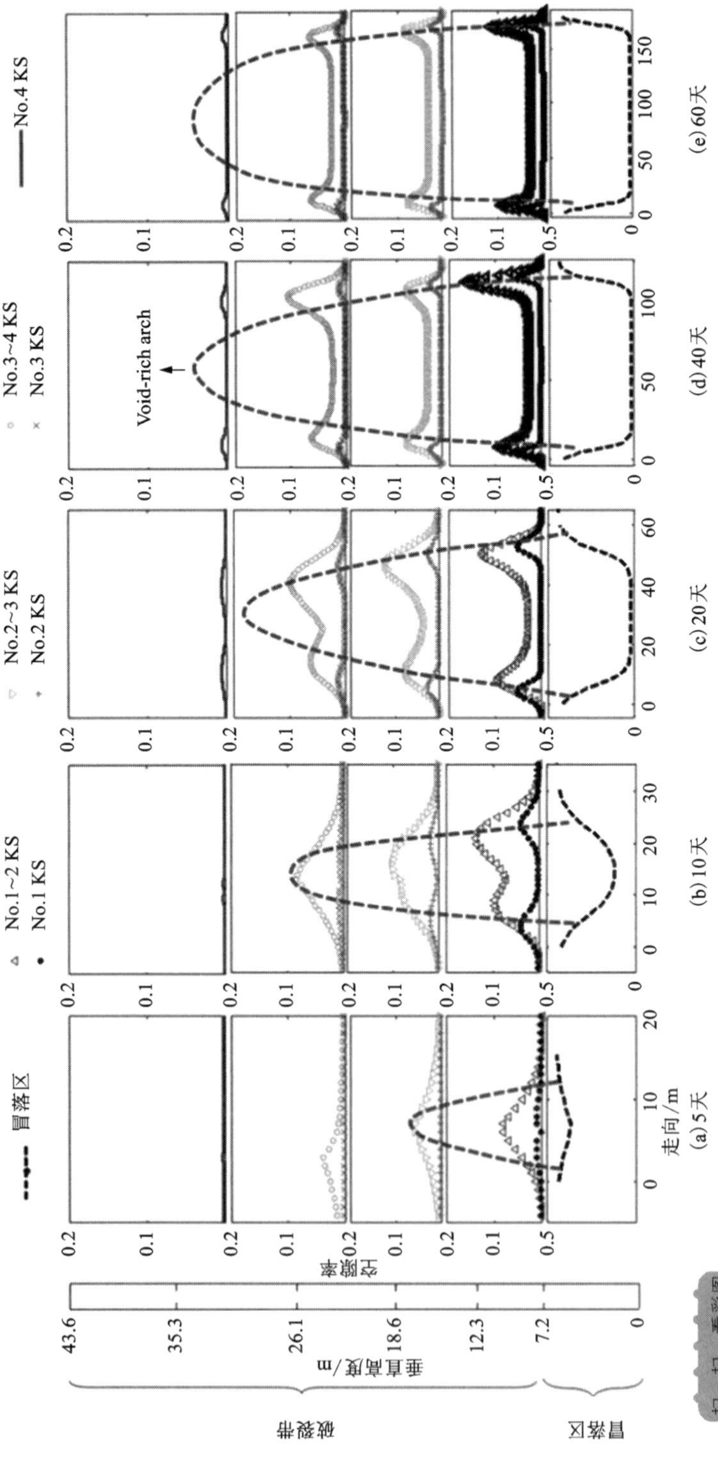

图4-52　由空隙率分布理论模型得到的富空隙拱随时间的演变过程

扫一扫，看彩图

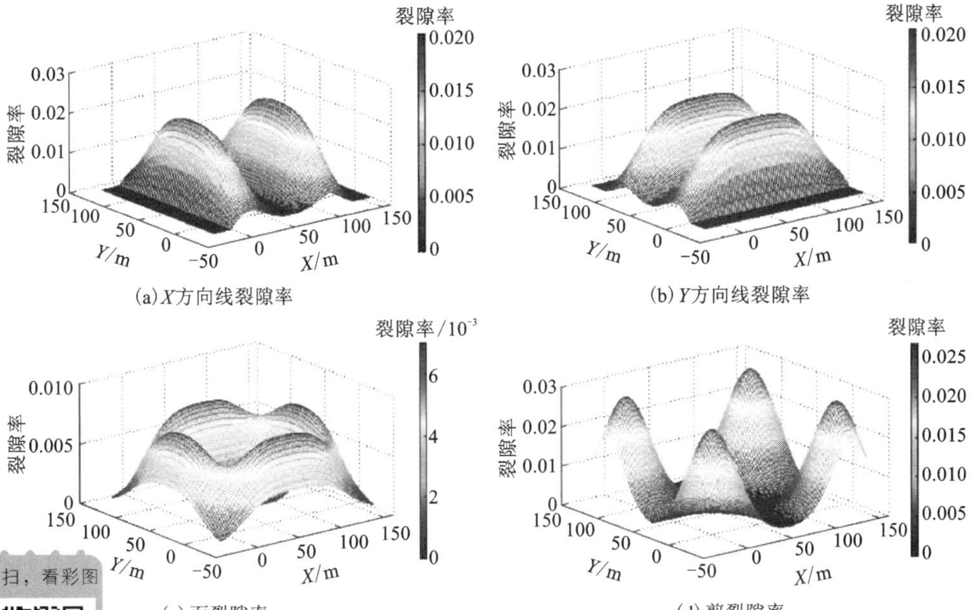

(a) X方向线裂隙率　(b) Y方向线裂隙率

(c) 面裂隙率　(d) 剪裂隙率

图 4-53　$t=0$ 时地表裂隙率分布曲面

扫一扫，看彩图

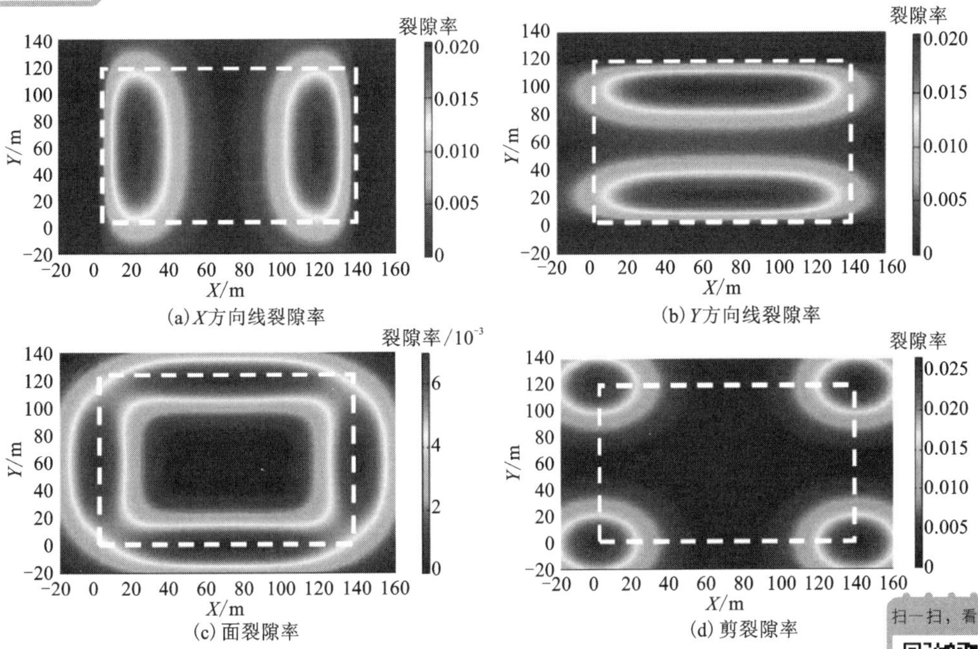

(a) X方向线裂隙率　(b) Y方向线裂隙率

(c) 面裂隙率　(d) 剪裂隙率

图 4-54　$t=0$ 时地表裂隙率分布曲面投影云图

扫一扫，看彩图

如图 4-55 所示针对地下煤火区域采燃复合型空区，选取采空区和燃空区走向边界($Y=0$ m)、1/4 平分线($Y=30$ m)和中线($Y=60$ m)对应地表位置处的 12 个点，其坐标分别为(140，0)、(160，0)、(180，0)、(200，0)、(140，30)、(160，30)、(180，30)、(200，30)、(140，60)、(160，60)、(180，60)和(200，60)，分别求得各点处 X 方向线裂隙率、Y 方向线裂隙率、面裂隙率和剪裂隙率随煤层燃烧时间延长而变化的曲线，如图 4-56、图 4-57、图 4-58 所示。

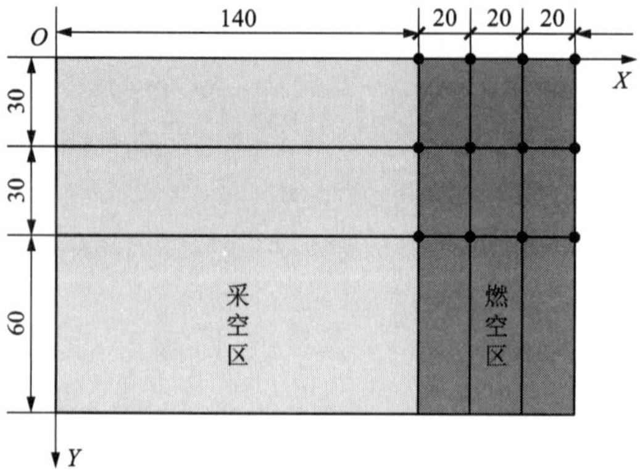

图 4-55　分析各处裂隙率随时间变化的 12 个坐标点(单位：m)

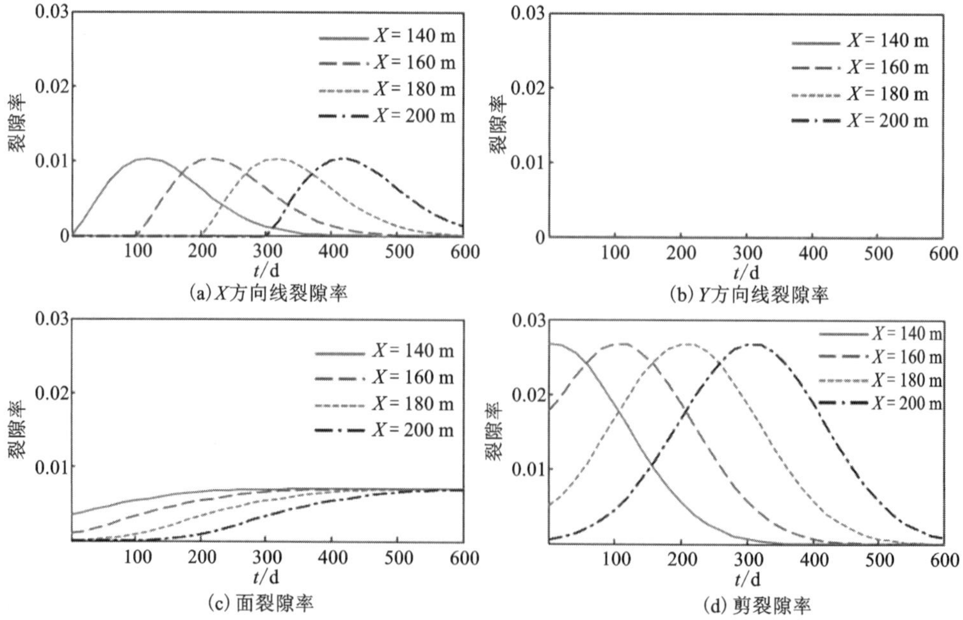

图 4-56　Y=0 m 处地表裂隙率随时间变化曲线

分析图 4-56 可以得出：在燃空区走向边界线($Y=0$ m)上的各点，随着煤层燃烧时间的发展，其 X 方向线裂隙率呈正态曲线形式先增大后减小，且都在燃烧线推进至该点对应的煤层位置时裂隙率开始从零逐渐增大，又都在 100 天达到最大值；Y 方向线裂隙率极小，近似为零；面裂隙率呈半正态曲线形式逐渐增大，并最终趋于一稳定值；剪裂隙率呈正态曲线形式先增大后减小，且都在燃烧线推进至该点对应的煤层位置时裂隙率达到最大值。

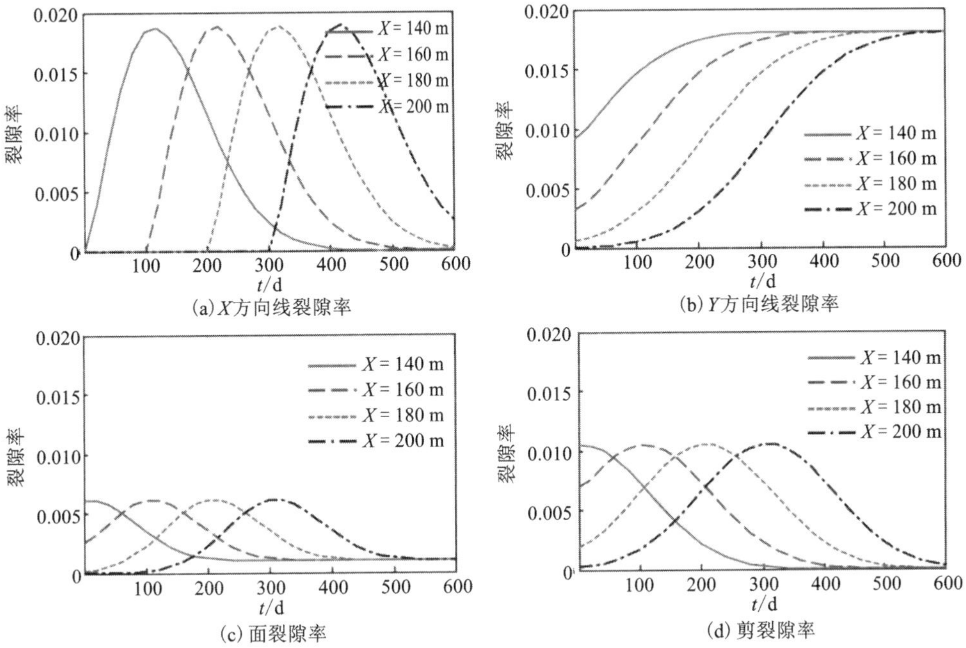

(a) X方向线裂隙率　(b) Y方向线裂隙率

(c) 面裂隙率　(d) 剪裂隙率

图 4-57　$Y=30$ m 处地表裂隙率随时间变化曲线

分析图 4-57 可以得出：在燃空区走向 1/4 平分线($Y=30$ m)上的各点，随着煤层燃烧时间的发展，其 X 方向线裂隙率的变化规律类似于边界线上的各点，只是最大值增大了 1 倍左右；Y 方向线裂隙率呈半正态曲线形式逐渐增大，并最终趋于一稳定值，类似于边界线上各点面裂隙率的变化规律；面裂隙率和剪裂隙率呈正态曲线形式先增大后减小，且都在燃烧线推进至该点对应的煤层位置时裂隙率达到最大值，类似于边界线上各点剪裂隙率的变化规律，只是最大值产生了差异。

分析图 4-58 可以得出：在燃空区走向中线($Y=60$ m)上的各点，随着煤层燃烧时间的发展，其 X 方向线裂隙率、Y 方向线裂隙率和面裂隙率的变化规律分别类似于 1/4 平分线上的各点，只是最大值产生了差异；剪裂隙率极小，近似为零。

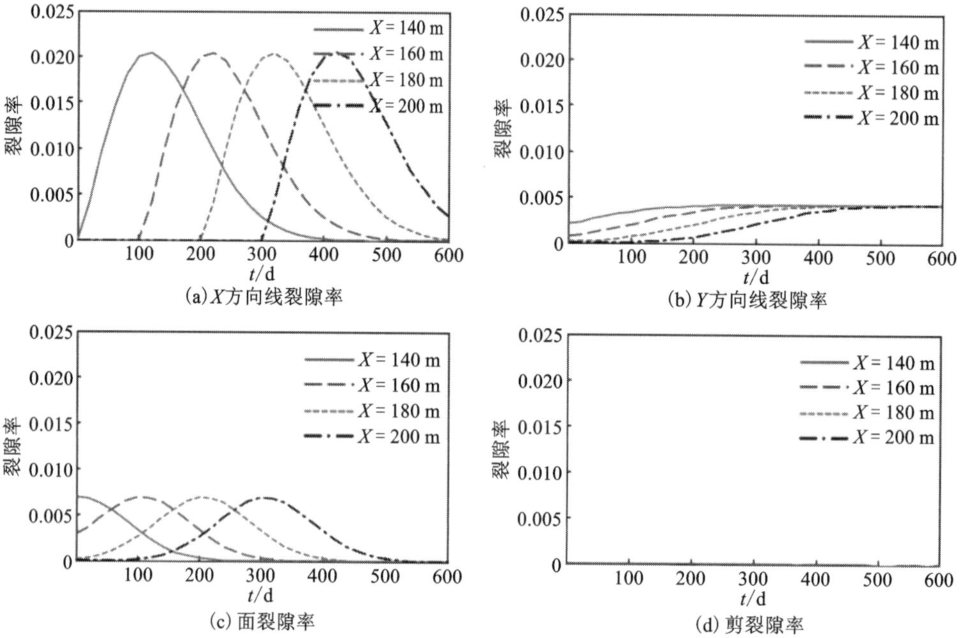

图 4-58　Y=60 m 处地表裂隙率随时间变化曲线

综上所述，随着煤层燃烧，垂直于煤火发展方向上的线裂隙率（Y 方向线裂隙率）以及空区边界处对应的地表面裂隙率均呈半正态曲线形式变化并最终稳定于最大值；而剪裂隙、煤火发展方向上的线裂隙率（X 方向线裂隙率）、空区内部对应的地表面裂隙率均呈正态曲线形式变化。

从图 4-57 和图 4-58 可以看出，在 $t=0$ 时 $X=200$ m 处地表裂隙率都是或者极其接近零，即地表 $X=200$ m 处受煤层采动时期的影响微乎其微，可以忽略不计，之后该处出现的地表裂隙可看作全部是由煤层燃烧所诱发的。因此，选取$X=200$ m 处作为地下煤火诱发地表裂隙率的现场测点。如图 4-59 所示，以点(200, 0)和点(200, 30)为圆心分别在各自周围等间距(间距为 1 m)布置四个小孔径(孔径为 32 mm)钻孔，孔深 5 m，分别向各个钻孔内插入位移引导杆，并用充填材料使杆和孔壁黏为一体，随后用测量线紧贴地表连接任意两个位移引导杆，每隔 60 天记录一次测量线的伸长量。以线 AD 或 BC 长度变化率 rX 的函数 $rX/(1+rX)$ 表征 X 方向线裂隙率，以线 AB 或 DC 长度变化率 rY 的函数 $rY/(1+rY)$ 来表征 Y 方向线裂隙率，以线 AC 或 BD 长度变化率 rs 的函数 $rs/(1+rs)$ 来表征剪裂隙率，以四边形 $ABCD$ 所围面积变化率 rf 的函数 $rf/(1+rf)$ 来表示面裂隙率。测试结果和计算结果如图 4-60 所示。

分析图 4-60 可知，X 方向线裂隙率、Y 方向线裂隙率、面裂隙率和剪裂隙率计算值与实测值的最大差异率分别为 5.26%、10.6%、11.2%和 13.2%，差异率都较小，因此可认为建立的地表裂隙率时空统一非均质分布模型具有较高的可靠性，可满足实际需求。

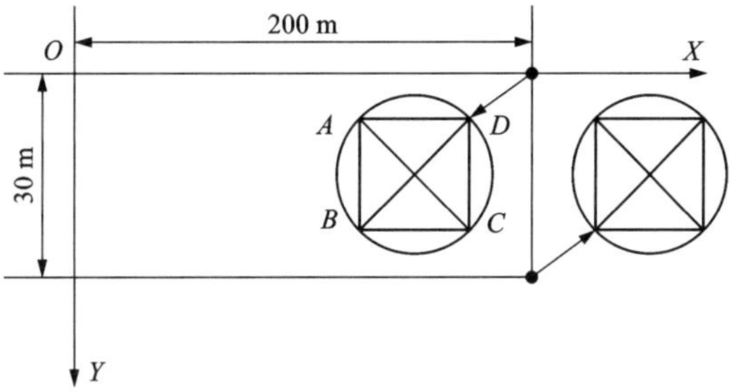

图 4-59　地表裂隙率现场测点布置示意图

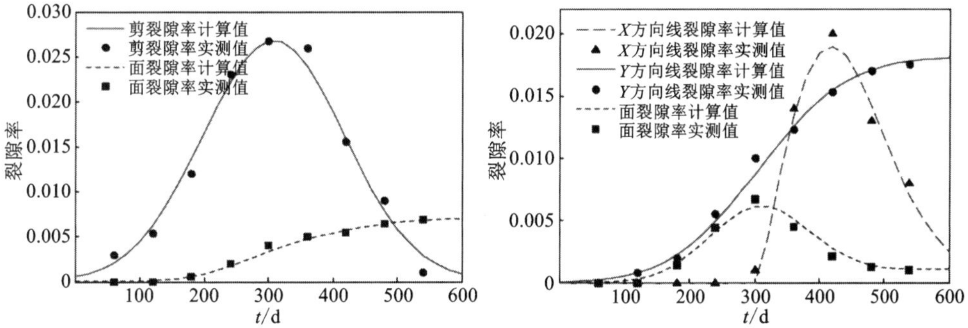

(a) 点 (200, 0)　　(b) 点 (200, 30)

图 4-60　地表裂隙率测试结果与计算结果对比

4.3　地下开采扰动岩层空隙率三维随机分布模型

4.3.1　空隙率随机分布特征试验

4.3.1.1　水平矿层开采空隙率随机分布特征试验

1. 案例一

随着矿层的开采，其直接顶会由于失去矿层的支撑而冒落。冒落过程受矿层厚度、矿层埋深、覆岩性质、岩石种类、地应力等众多因素影响，且具有较大的随机性。为了较为真实地模拟地下矿层采空区覆岩冒落过程，特设计如图 4-61 所示的冒落岩体空隙率随机试验装置。首先，将从煤矿采空区采集的具有一定粒径的破碎岩块放入水中，通过水位升高量来测量这些岩块的总体积；其次，在可移动挡板上，将这些岩块码放整齐，岩石码放厚度为 1 m；再次，以一定的速度抽出挡板，使岩块落下，冒落高度为 0.8 m；最后，记录冒落后岩块的堆积高度，由下式计算冒落岩体的空隙率

$$\varphi = 1 - \frac{V}{LBh} \tag{4-61}$$

式中：φ 为冒落岩体空隙率；V 为岩块的总体积，m^3；L 为试验装置箱体的长度，m；B 为箱体的宽度，m；h 为冒落后岩块的堆积高度，m。

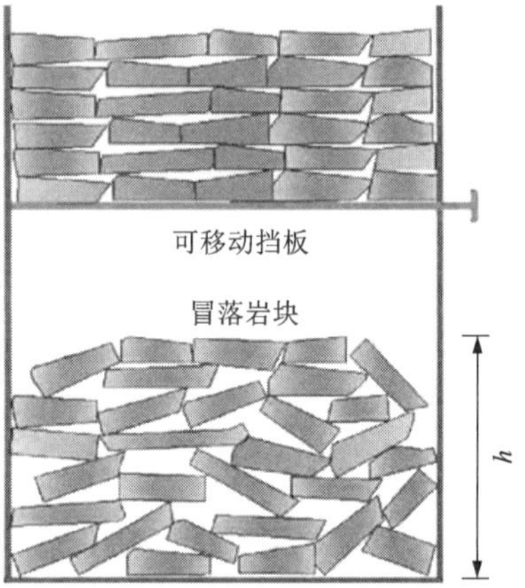

图 4-61　冒落岩体空隙率随机试验装置

根据煤矿采空区冒落岩块现场取样分析，选取粒径分别为 30 mm、80 mm、130 mm 和 180 mm 的四组破碎岩块，每组岩块按照上述步骤进行 50 次冒落试验。

根据松散介质渗透率与空隙率的 Kozeny-Carman 关系式以及 Hoek 和 Bray 对 Kozeny-Carman 关系式的研究结果：

$$k = \frac{\varphi^3}{(1-\varphi)^2} \cdot (F_s^2 s^2 S_g^2) = \frac{k_0}{0.241} \cdot \frac{\varphi^3}{(1-\varphi)^2} \tag{4-62}$$

可将每组试验所得的空隙率由下式处理得到随机变量 X_i，对其进行数理统计分析可得如图 4-62 所示的分析结果。

$$X_i = \ln\left[\frac{\varphi_i^3}{(1-\varphi_i)^2}\right] = 3\ln\varphi_i - 2\ln(1-\varphi_i) \tag{4-63}$$

式中：k 为渗透率，μm^2；φ 为空隙率；F 为形状系数；s 为迂曲度；S_g 为单位质量介质中所包含颗粒的表面积；k_0 为基准渗透率，可取值 $10^3\ \mu m^2$，X_i 为处理第 i 组试验数据所得的随机变量；φ_i 为第 i 组试验所得的冒落岩块空隙率。

对随机变量服从正态分布的假设进行 D 检验、偏度检验和峰度检验，均不能拒绝该假设，因此可认为随机变量 X_i 近似服从正态分布，并利用参数估计出 $X_1 \sim N(-3.52, 0.246)$，$X_2 \sim N(-2.60, 0.308)$，$X_3 \sim N(-1.64, 0.401)$，$X_4 \sim N(-1.30, 0.522)$。由此可进一步得到随机变量 $\varphi_i^3/(1-\varphi_i)^2$，即渗透率服从对数正态分布。

地下煤层采空区松散介质的空隙率受着冒落岩块粒径的影响。图 4-63 所示为试验条件下所研究随机变量 X_i 的期望和方差，以及冒落岩体的空隙率与岩块

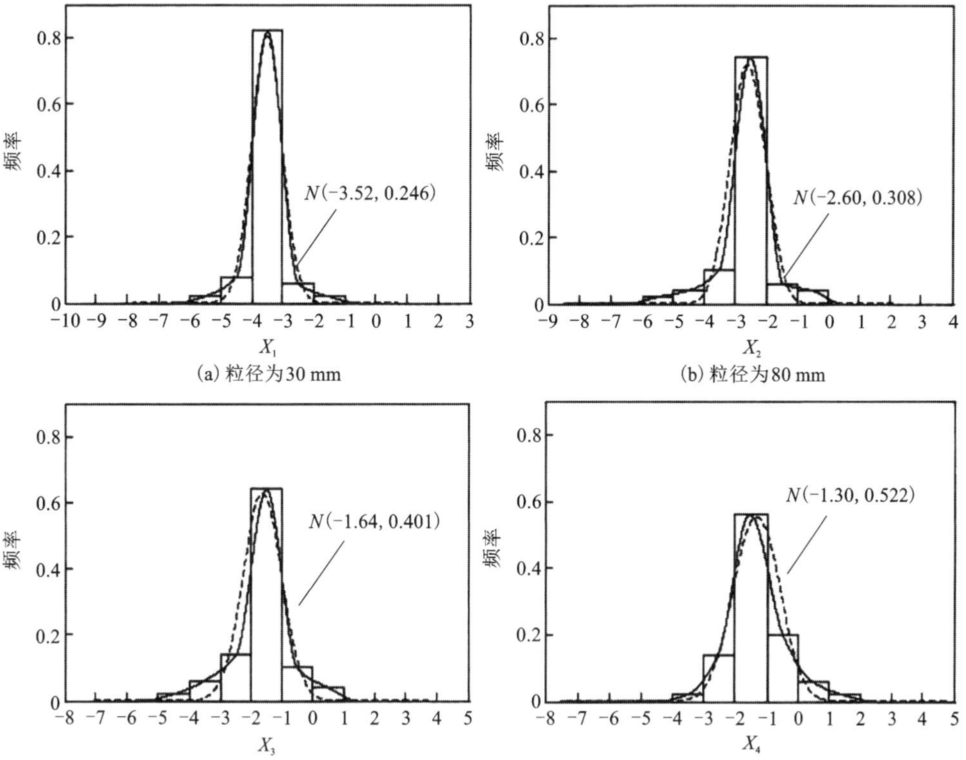

(a) 粒径为30 mm　(b) 粒径为80 mm　(c) 粒径为130 mm　(d) 粒径为180 mm

（图中矩形方格表示频率直方图，实线表示连接各矩形顶边中点的插值曲线，虚线表示由参数估计确定的正态曲线。）

图 4-62　试验数据数理统计分析结果

粒径的关系曲线。

由图 4-63 可知：在试验的粒径范围内，随机变量的期望和方差都随着岩块粒径的增大而增大，然而相对于期望，方差的增加量小，变化不明显；冒落岩体的空隙率整体上随着岩块粒径的增大而增大，这是由于岩块在随机冒落过程中边下落边转动，最后杂乱无章地堆积在一起，各岩块之间由冒落前的面接触变为冒落后的点接触，随着岩块粒径的增大，冒落后堆积在一起的岩块之间的空隙也随之增大。

2. 案例二

为更真实、客观地反映开采引起的上覆岩层移动，采用相似几何比为 1∶1000 的相似模拟试验。在相似模拟试验中，各岩层的几何参数如表 4-10 所示。

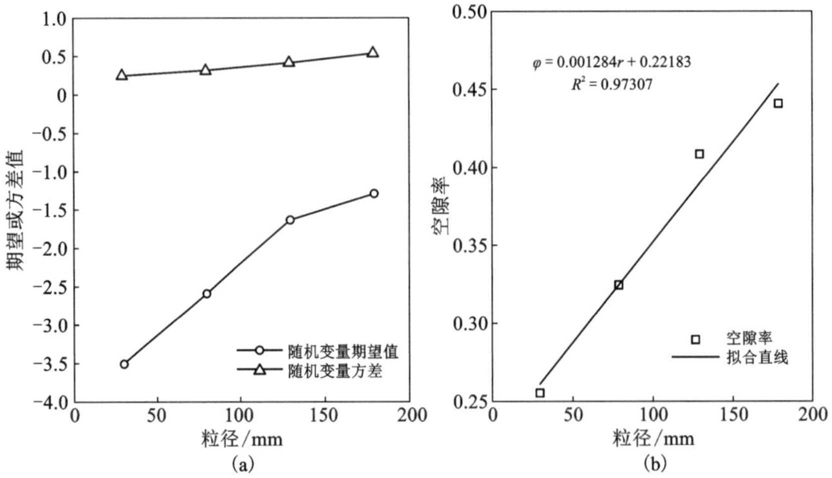

图 4-63　随机变量期望和方差(a)以及冒落岩体空隙率(b)随岩块粒径的变化曲线

表 4-10　相似模拟试验中岩块的几何性质

岩石类型	厚度/cm	破断长度/cm
砂质泥岩	2	2.5
中细砂岩	3	4.2
粉砂岩	5	6.7
砂质泥岩	4	3.8
粗砂岩	3	3.4
砂质泥岩	3	4.5
细砂岩	2	1.9
砂质泥岩	1	0.7
煤层	2	—

在相似模拟试验中，根据上覆岩层的实际尺寸，将块体自下而上逐层紧密排列。设开挖步长为 5 cm，模拟采空区长度为 50 m 的煤层回采，最终采空区长度为 30 cm，模拟 300 m 的煤层开采。在每次模拟开挖过程中，由于平衡状态被打破，上覆岩层发生沉降和垮落。待上覆岩层移动稳定后，采用相机拍照。采空区长度为 50 m、100 m、150 m、200 m、250 m、300 m 的模拟开挖后煤层上覆岩层图像如图 4-64 所示。

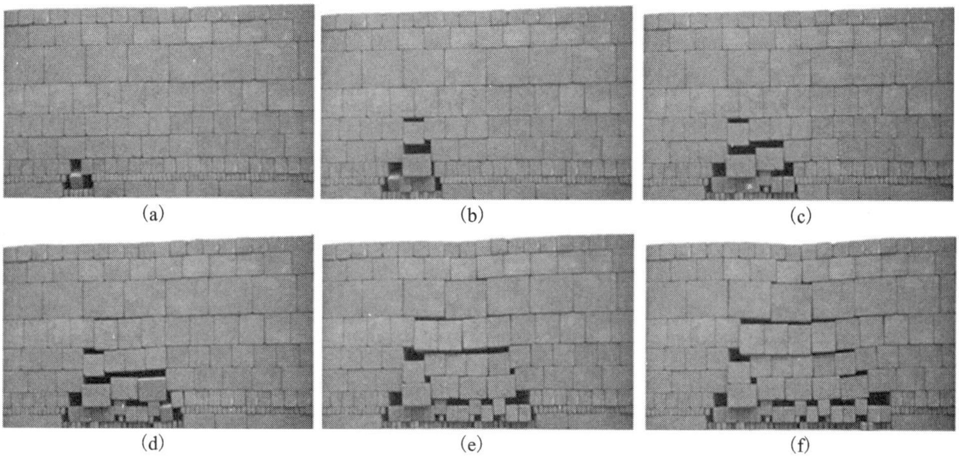

图 4-64　采空区长度为(a) 50 m、(b) 100 m、(c) 150 m、(d) 200 m、(e) 250 m、(f) 300 m 的模拟开挖后煤层上覆岩层图像

每次开挖长度下进行 100 次重复试验，然后将 100 次试验的空隙率数值代入构建的随机变量 X_i 中，通过统计分析得到随机变量 X_i 的分布，如图 4-65 所示。从图中可以看出，随机变量 X_i 服从正态分布，其中开挖长度 50 m、100 m、150 m、200 m、250 m、300 m 情况下的随机变量服从正态分布 $N_1 \sim (-11.6583, 0.03353)$，$N_2 \sim (-10.9494, 0.3468)$，$N_3 \sim (-10.2879, 0.02391)$，$N_4 \sim (-9.9110, 0.0284)$，$N_5 \sim (-9.5470, 0.0180)$ 和 $N_6 \sim (-9.2369, 0.0239)$。因此，可以认为随机变量 X_i 近似服从正态分布，即 $X_i - N(\mu, \sigma^2)$。六种开采长度下覆岩内平均空隙率值的拟合如图 4-66 所示。图 4-67 显示了六种开采长度下构建的空隙率随机变量期望和方差随开采长度的变化曲线。从图中可以看出，随着开采长度增加，采动覆岩空隙率及所构建随机变量的均值都逐渐增大，而随机变量的方差变化较小。

4.3.1.2　倾斜矿层开采空隙率随机分布特征试验

为了真实、客观地模拟倾斜煤层开采扰动下覆岩的移动，进行了几何比为 1∶1000 的相似模拟试验。试验中，各岩层的几何参数如表 4-10 所示。

分别模拟了倾角为 5°、15°、30°、45°和 60°的煤层开挖。在开挖过程中，上覆岩层受到开挖扰动，其平衡状态被打破，岩层垮落并向新的平衡状态发展。当岩层稳定后，拍摄岩层的照片。模拟 50 m、100 m、150 m、200 m、250 m、300 m 煤层开挖后上覆岩层的随机垮落图像如图 4-68 所示。

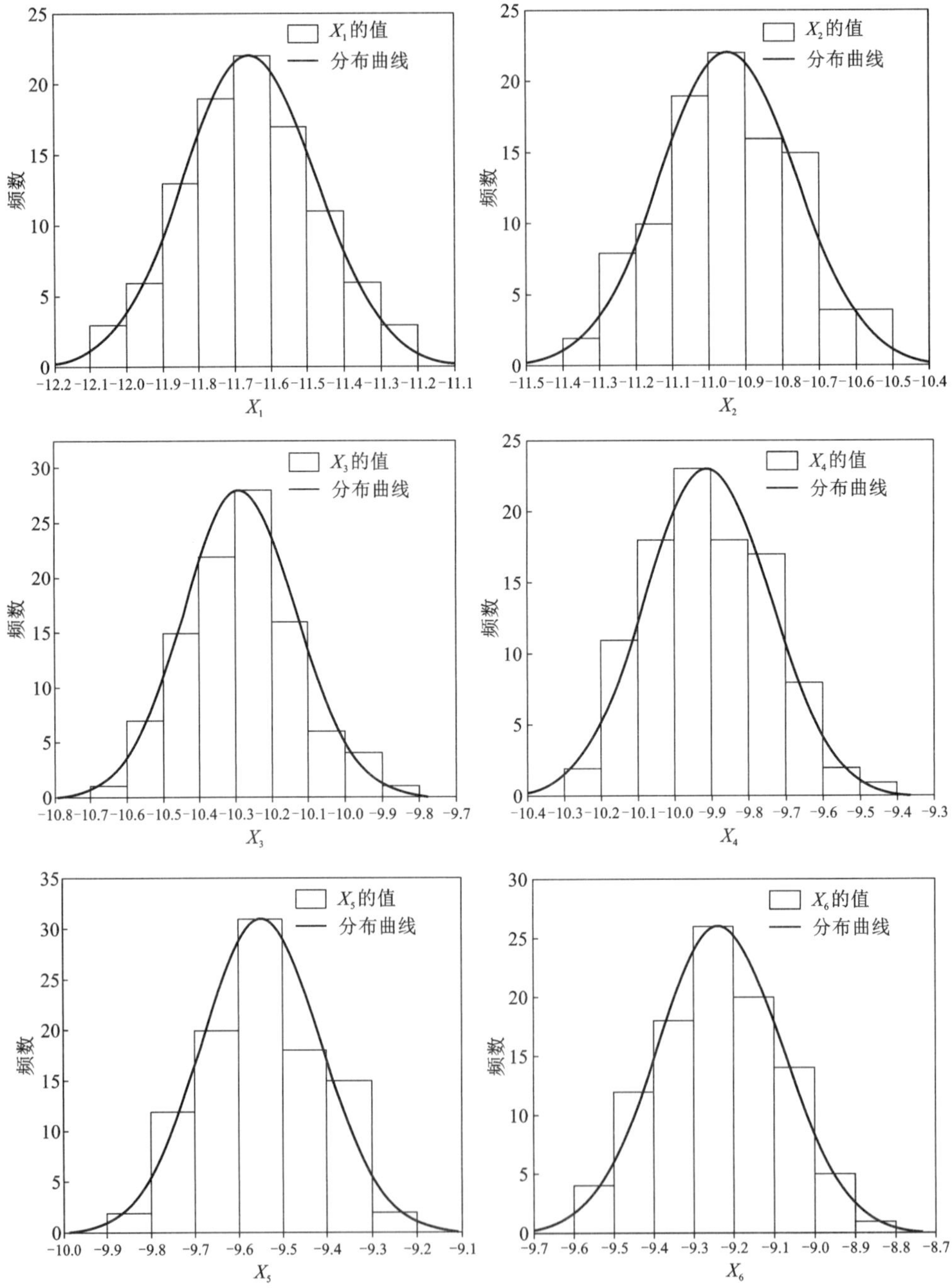

图 4-65　不同开采长度下与空隙率相关的随机变量统计分布

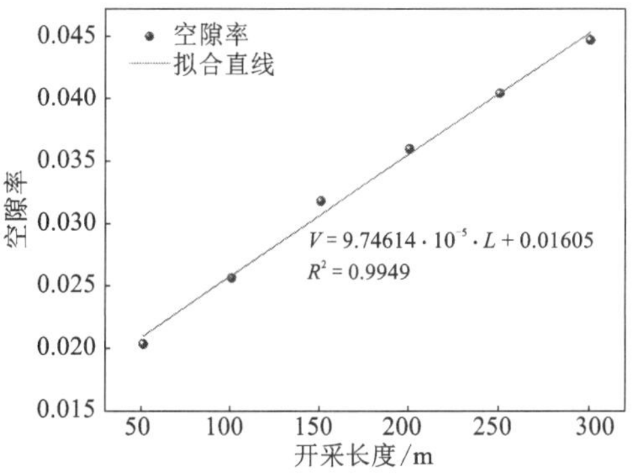

图 4-66　不同开采长度下空隙率的平均值

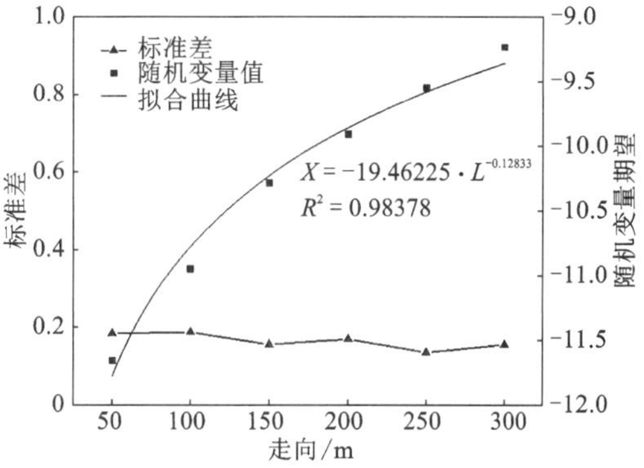

图 4-67　不同开采长度下 X_i 的均值和标准差

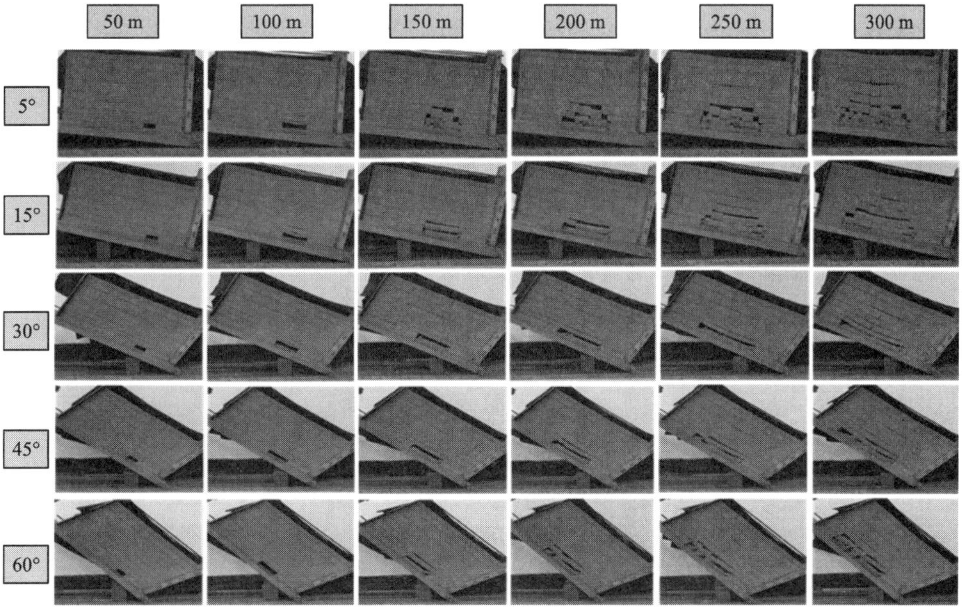

图 4-68　不同倾角、不同开挖长度倾斜煤层开采扰动覆岩垮落特征

对相同开采长度条件下的随机变量值进行统计分析，得到随机变量 X_i 的分布。图 4-69 展示了煤层倾角为 30°时采动垮落岩层空隙率随机变量的统计分布结果。可以看出，随机变量 X_i 服从正态分布，开挖长度为 50 m、100 m、150 m、200 m、250 m 和 300 m 的情况下，随机变量分别服从正态分布 $N_1 \sim (-11.5197, 0.02884)$，$N_2 \sim (-11.0894, 0.02766)$，$N_3 \sim (-10.5861, 0.02785)$，$N_4 \sim (-10.2189, 0.02946)$，$N_5 \sim (-10.0507, 0.0290)$ 以及 $N_6 \sim (-9.6505, 0.0214)$。图 4-70 为不同开采长度下各倾斜煤层开采覆岩内空隙率平均值的变化曲线。图 4-71 为不同

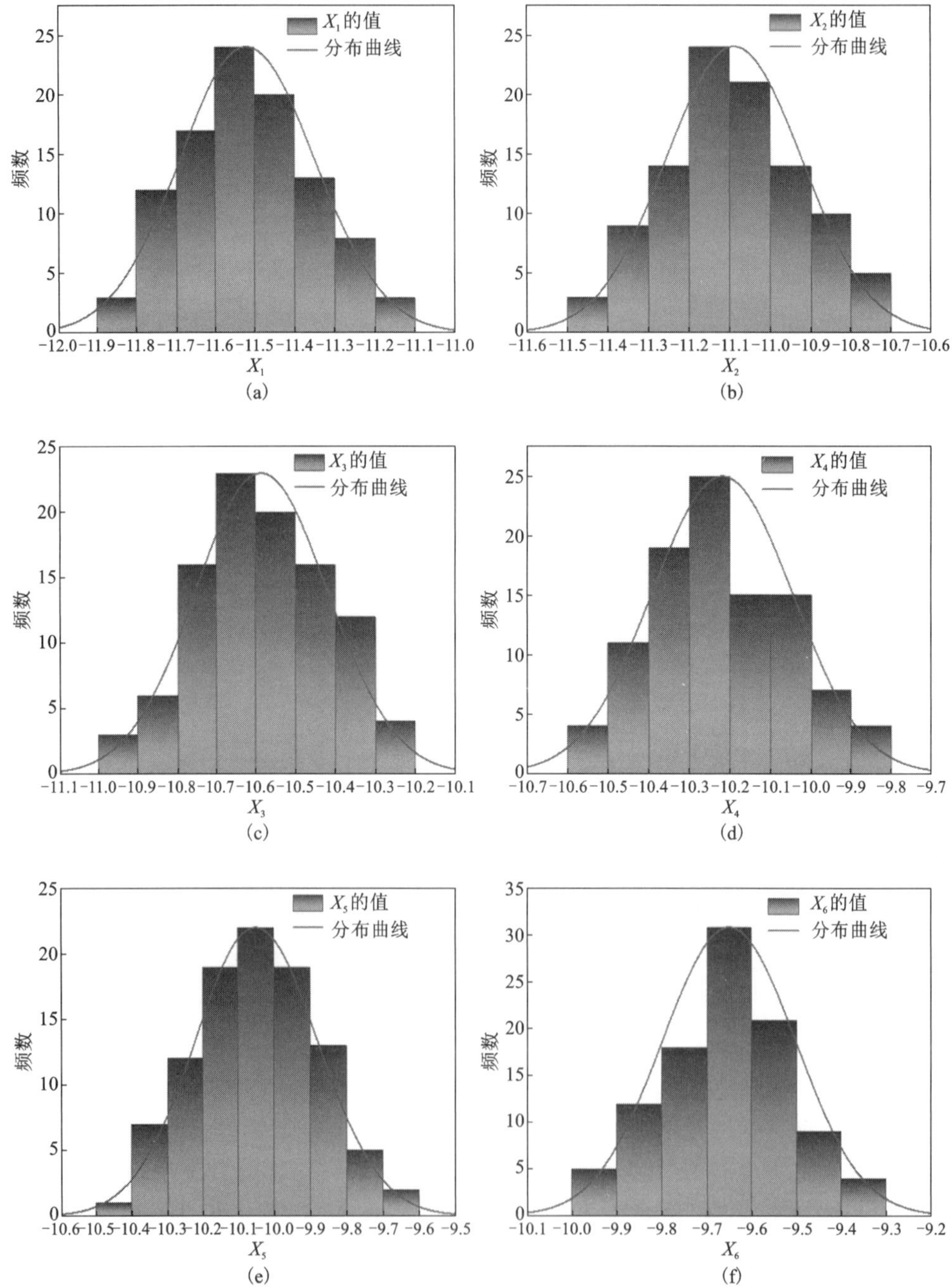

图 4-69　针对 30°倾角煤层，在(a) 50 m、(b) 100 m、(c) 150 m、(d) 200 m、(e) 250 m 和 (f) 300 m 不同开采长度物理模拟试验中，由空隙率构建的随机变量的统计分布结果

开采长度下各倾斜煤层开采覆岩空隙率随机变量期望与标准差的变化曲线。从图中可以看出，随差开采长度增加，覆岩空隙率平均值以及随机变量期望都逐渐增加，但随机变量标准差未有明显变化。此外，随着煤层倾角增加，垮落岩体的整体平均空隙率逐渐减小，开采长度越大，减小程度越大，而随机变量的标准差稍有波动，但整体变化不大。

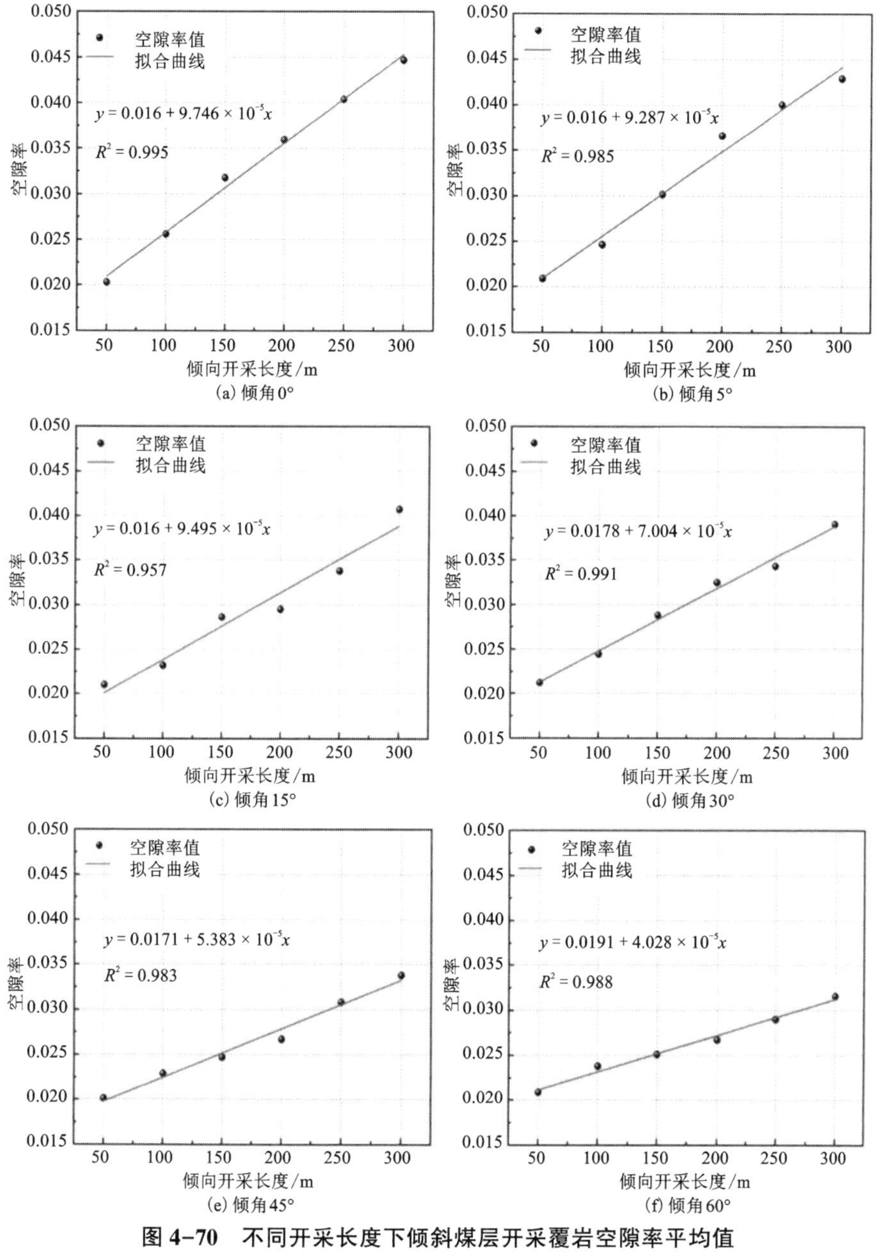

图 4-70　不同开采长度下倾斜煤层开采覆岩空隙率平均值

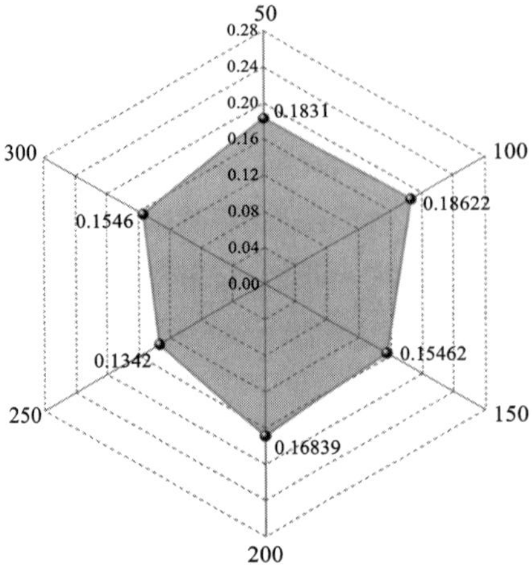

(a) 倾角0°

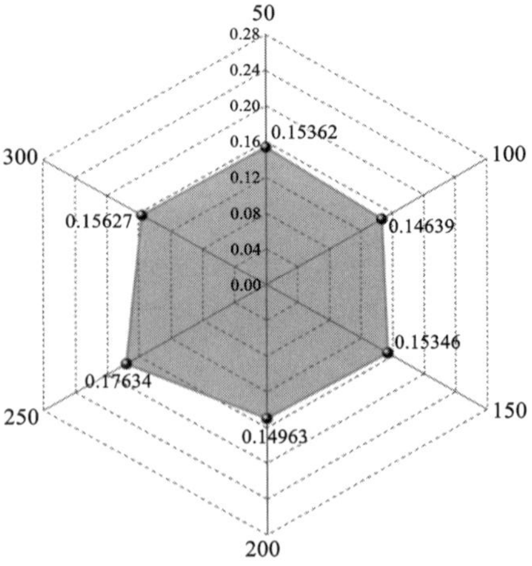

(b) 倾角5°

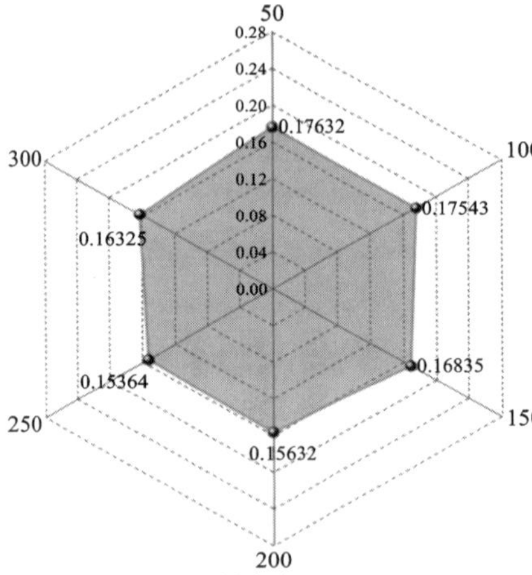

(c) 倾角15°

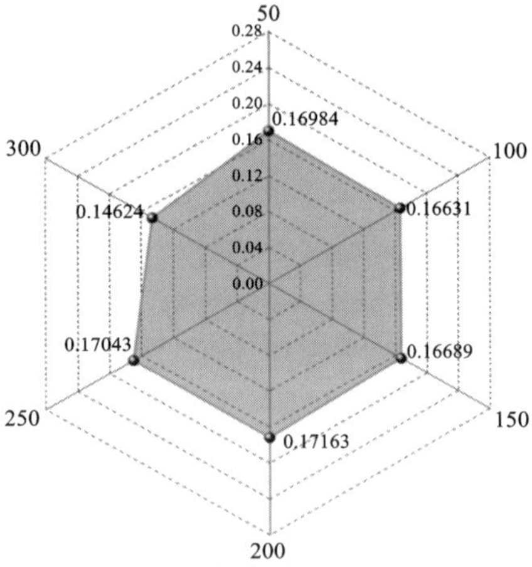

(d) 倾角30°

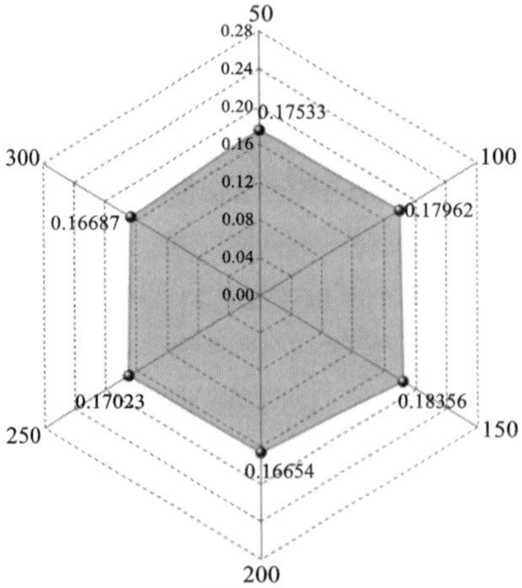

(e) 倾角45°

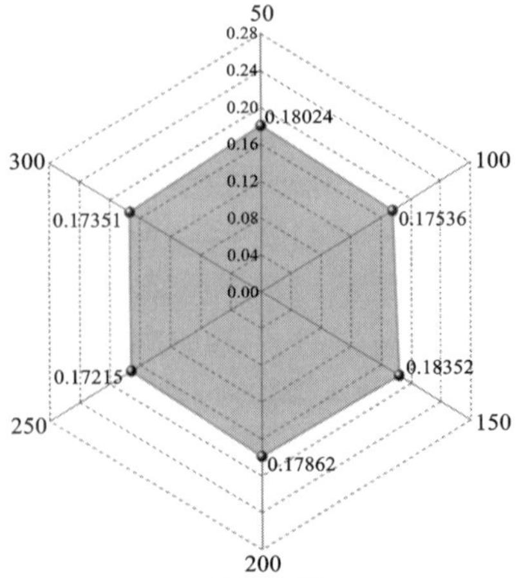

(f) 倾角60°

图 4-71　不同开采长度下倾斜煤层开采覆岩空隙率随机变量标准差

4.3.2 冒落区空隙率随机分布模型

4.3.2.1 水平矿层开采冒落区空隙率随机分布模型

冒落区充填了大量直接垮落的碎石，根据空隙率（空隙体积与岩体和空隙总体积的比值）的定义，冒落区非均质、各向同性空隙介质的空隙率可描述为：

$$\varphi_c = \begin{cases} \varphi_c^m + \varphi_c^0 = 1 - \dfrac{h_d}{h_d + M - S_1} + \varphi_c^0; & x \in [0, l_x], y \in \left[-\dfrac{l_y}{2}, \dfrac{l_y}{2}\right] \\ \varphi_c^0; & \text{其他} \end{cases}$$

式中：φ_c 为冒落区中的空隙率；φ_c^m 为采动引起空隙的空隙率；S_1 为最接近煤层的第 1 关键层的下沉量，m；h_d 为直接顶厚度，m；φ_c^0 为直接顶初始空隙率。

将构建的随机变量与空隙率之间的关系定义为函数 $F(x)$：

$$X_i = 3\ln \varphi_i - 2\ln \varphi_i = F(\varphi_i) \tag{4-64}$$

由于构建的随机变量服从正态分布，因此冒落区对应的各点处随机变量的随机值可以表示为：

$$X^s(x, y) = X^d(x, y) + R \cdot \text{randn}(x, y) \tag{4-65}$$

通过计算函数 $F(x)$ 的反函数，可以得到长壁开采扰动岩层冒落区空隙率的随机分布特征：

$$\varphi^s = F^{-1}(X^s) \tag{4-66}$$

式中：$X^s(x, y)$ 是随机值；$X^d(x, y)$ 是理论计算值；R 是 X_i 的标准差；$\text{randn}(x, y)$ 是服从标准正态分布的数组中的随机数；φ^s 是随机空隙率。

4.3.2.2 倾斜矿层开采冒落区空隙率随机分布模型

如图 4-72 所示，对于倾斜煤层，其冒落区内的空隙率如下：

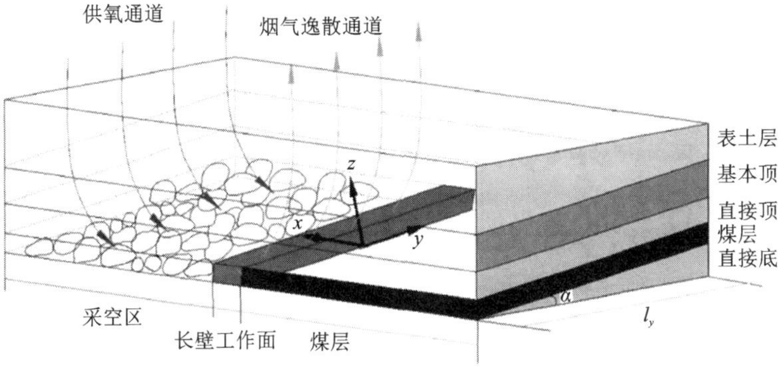

图 4-72　倾斜煤层开采空间示意图

$$\varphi_{\mathrm{G}}(x,\ y)=$$

$$1+\frac{\left[1+\mathrm{e}^{-0.15\left(\frac{l_y}{2}-|y|\right)}\right]\cdot\left\{1-\frac{h_{\mathrm{d}}}{h_{\mathrm{d}}+H-\left[H-h_{\mathrm{d}}(K_{\mathrm{Pb}}-1)\right](1-\mathrm{e}^{-\frac{x}{2l}})}\right\}-1}{1+\sigma_0^{-1}\beta_1\gamma\left(\frac{l_y}{2}-y\right)\sin\alpha}$$

式中：α 为煤层倾角；冒落岩石为页岩时 $\beta_1=-0.0488$；冒落岩石为泥岩时 $\beta_1=-0.028$；冒落岩石为砂岩时 $\beta_1=-0.0254$。

由于构建的随机变量服从正态分布，因此冒落区对应的各点处随机变量的随机值可以表示为：

$$X_{\mathrm{q}}^{\mathrm{s}}(x,\ y)=X_{\mathrm{q}}^{\mathrm{d}}(x,\ y)+R\cdot \mathrm{randn}(x,\ y) \tag{4-67}$$

通过计算函数 $F(x)$ 的反函数，可以得冒落区空隙率的随机分布特征：

$$\varphi_{\mathrm{q}}^{\mathrm{s}}=F^{-1}(X_{\mathrm{q}}^{\mathrm{s}}) \tag{4-68}$$

式中：$X_{\mathrm{q}}^{\mathrm{s}}(x,\ y)$ 是随机值；$X_{\mathrm{q}}^{\mathrm{d}}(x,\ y)$ 是理论计算值；R 是 X_i 的标准差；randn$(x,\ y)$ 是服从标准正态分布数组中的随机数；$\varphi_{\mathrm{q}}^{\mathrm{s}}$ 是随机空隙率。

4.3.2.3 模型的应用

某煤层平均厚度 5.1 m，煤层倾角平均 35°；直接顶厚度 6 m，为泥质砂岩，其冒落后的残余碎胀系数为 1.08，冒落岩块的平均粒径为 103 mm；采空区域倾向宽 200 m；经估算，基本顶的破断长度为 8 m。针对此煤层开采区域，分别利用连续非均质模型和随机离散化非均质模型，借助 Matlab 软件计算其采空区冒落岩体的空隙率，并使结果可视化，结果如图 4-73~图 4-75 所示[24]。

扫一扫，看彩图

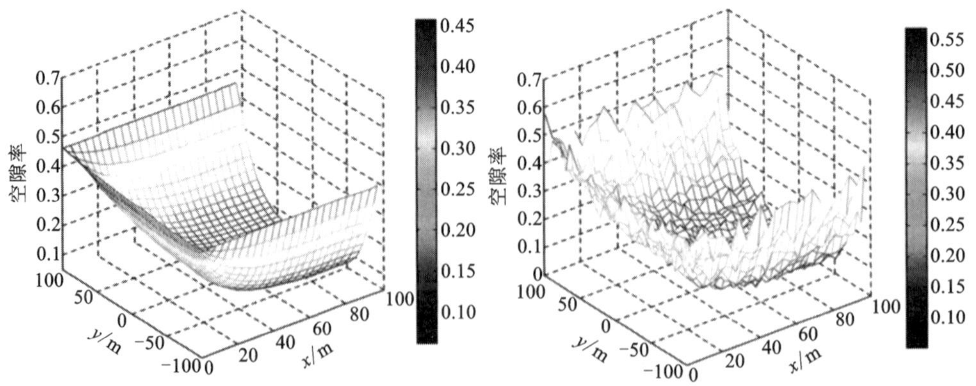

(a) 连续非均质分布　　(b) 随机离散化非均质分布

图 4-73　冒落区空隙率分布的三维网格曲面图

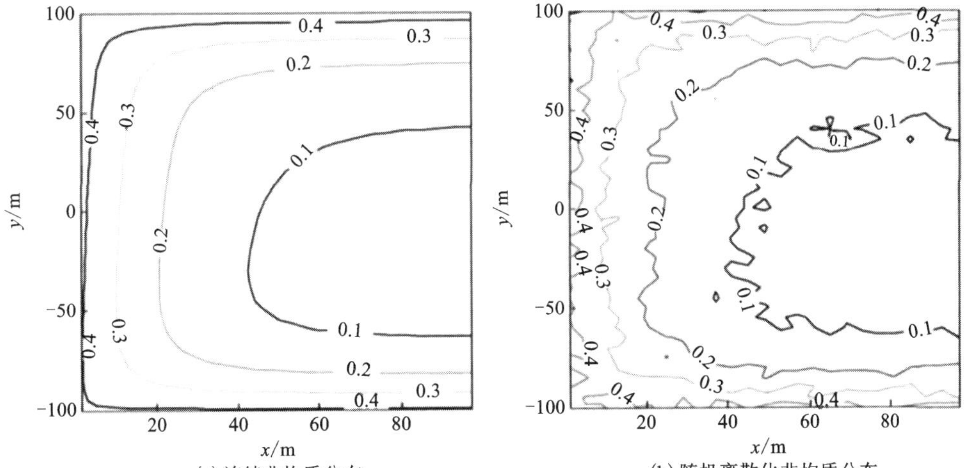

(a) 连续非均质分布　　(b) 随机离散化非均质分布

图 4-74　冒落区空隙率分布等值线图

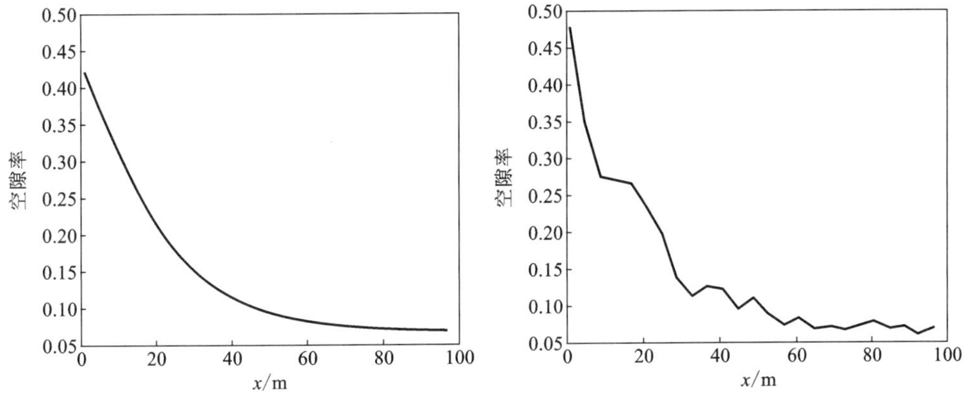

(a) 连续非均质分布　　(b) 随机离散化非均质分布

图 4-75　*y*=0 截面上冒落区空隙率分布曲线

从图中可以看出：采空区浅部及边缘侧冒落岩体的空隙率大，而中间区域空隙率小；空隙率等值线在 *xy* 平面上的投影呈侧躺的“U”型分布；沿 *x* 轴，随着深入采空区距离的增加，空隙率呈类负指数形式衰减。此外，空隙率连续分布和随机离散化分布，在整体的变化趋势上是相同的，区别之处在于随机离散化分布所表示的空隙率具有一定的随机波动性，其结果更符合采空区空隙率分布的实际情况。

结合实际情况，通过多孔介质传热传质过程的能量守恒双方程模式建立该采空区煤自燃火区温度场数学模型，并将推导的采空区空隙率随机离散化分布模型作为模拟参数，利用数值分析软件对该火区 300 m×400 m 范围内的温度场进行模拟，其在煤层平面上的分布情况如图 4-76 所示。此火区的燃烧线分布在东西向 150~250 m，长约 100 m，燃烧区域的表征温度为 300~350℃；采空区内的温度梯度明显低于煤体内的温度梯度，这是由于煤体内主要以固体导热的方式传热，且煤岩体为热的不良导体，而采空区内除了松散介质固体骨架导热外，还存在强火风压下流动空气介质与冒落岩体间的对流换热，传热能力强；此外，具有随机离散化非均质空隙率分布特性的采空区相对于煤体，其温度场分布的不规则性和波动性较为明显，这是由空隙率分布的随机波动性导致的。

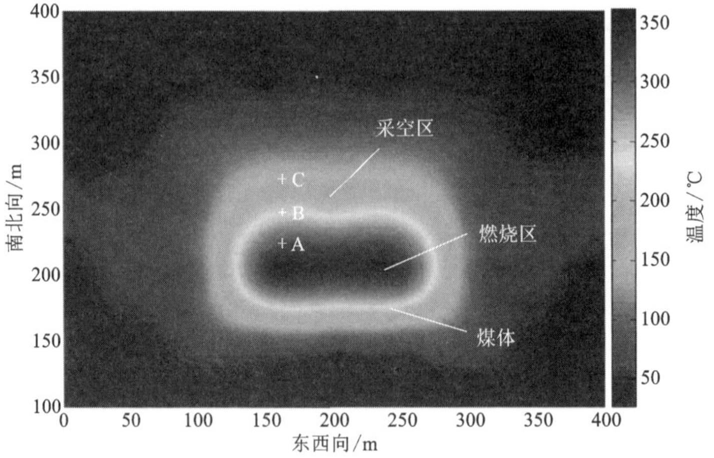

扫一扫，看彩图

图 4-76　煤层平面上温度场分布云图

为了验证空隙率模型的合理性和模拟结果的正确性，特选取模拟结果分界明显的 *A*、*B* 和 *C* 三点。依据其方位坐标，通过地面钻机施工对应的三个探温钻孔，施工到指定水平后，拔出钻杆，并用沙袋进行封孔。为了消除打钻对温度的影响，特在 1 天后利用手持式红外热像仪对孔底温度进行成像分析。热像照片如图 4-77 所示。由图可知，*A* 点孔底温度为 313. 3℃，*B* 点为 262. 8℃，*C* 点为 160. 3℃，模拟温度与实测温度的最大差异率为 3. 2%，吻合度高，说明随机离散化非均质空隙率分布控制下的采空区能很好地符合实际情况，此模型应用于地下煤火采空区传热传质模拟更具合理性。

以水平煤层开采扰动岩层冒落区空隙率相关的随机变量计算的确定性值作为期望，以相似模拟试验中得到的标准差作为随机变量正态分布的标准差，可以得到水平煤层开采扰动岩层冒落区空隙率的随机分布（图 4-78）。

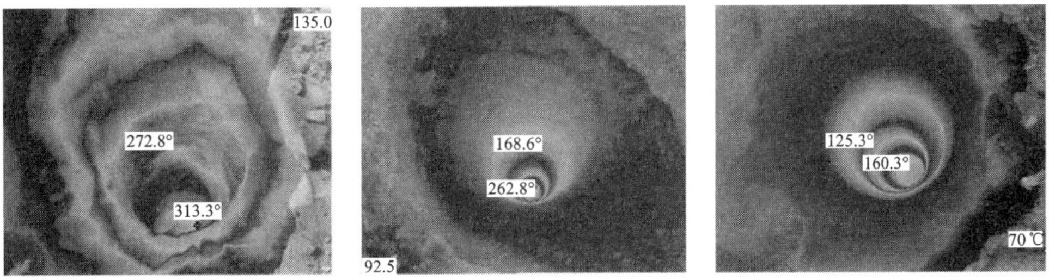

(a) 点A　(b) 点B　(c) 点C

图 4-77　探温钻孔的热像照片

扫一扫，看彩图

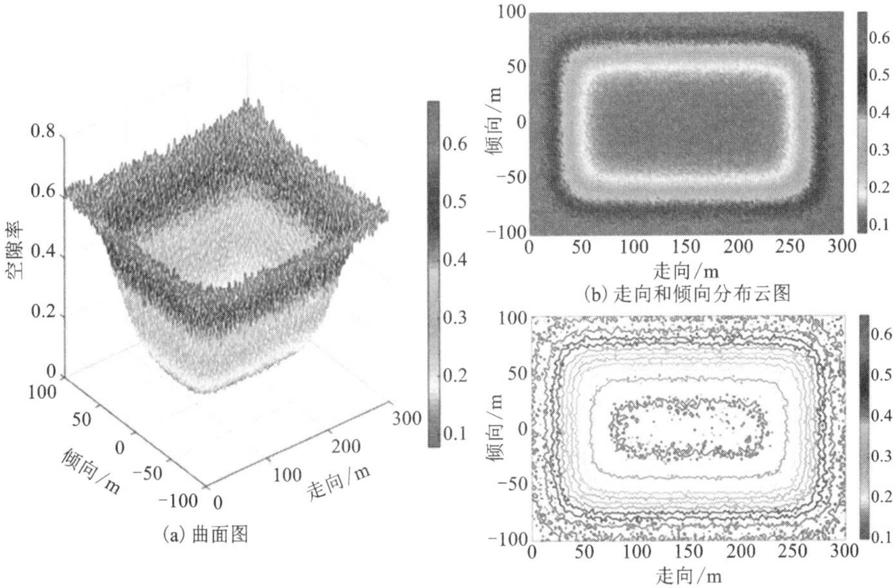

(a) 曲面图　(b) 走向和倾向分布云图　(c) 等值线图

图 4-78　冒落区空隙率的随机分布

扫一扫，看彩图

同样地，以倾斜煤层采动岩层冒落区空隙率相关的随机变量计算的确定性值作为期望，以相似模拟试验中得到的标准差作为随机变量正态分布的标准差，可以得到倾斜煤层开采扰动岩层冒落区空隙率的随机分布(图 4-79)。

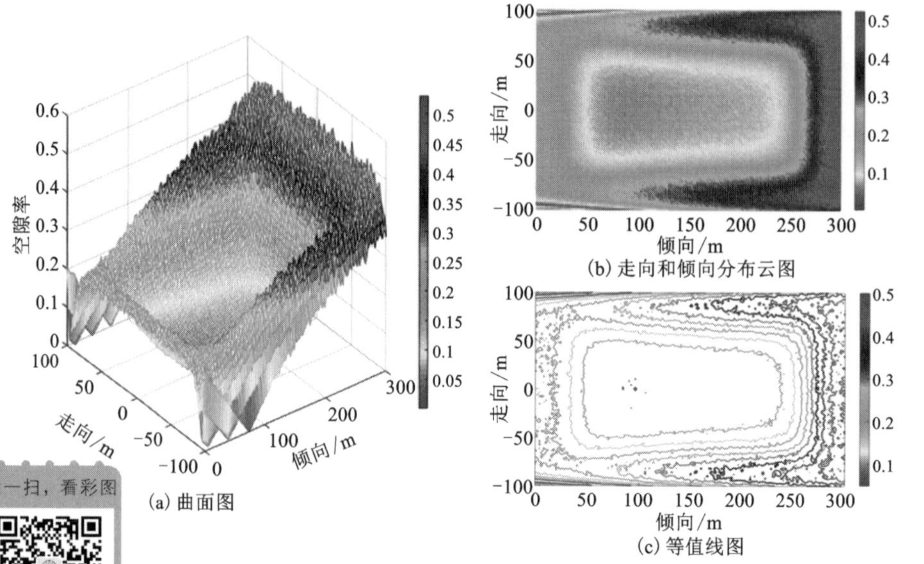

图 4-79　冒落区空隙率的随机分布

4.3.3　破裂区空隙率随机分布模型

4.3.3.1　水平矿层开采破裂区空隙率随机分布模型

根据空隙率的定义，离层裂缝和破断裂缝的空隙率可以表示如下：

$$\varphi_{b(i,\,i+1)}^{H}=\varphi_{b(i,\,i+1)}^{HM}+\varphi_{b}^{0}=\frac{S_i-S_{i+1}}{\sum h_{i+1}-\sum h_i+S_i-S_{i+1}}+\varphi_{b}^{0}$$

$$\varphi_{b(i)}^{V}=\varphi_{b(i)}^{VM}+\varphi_{b}^{0}=1-\frac{1}{\sqrt{1+\left(\dfrac{\partial S_i}{\partial x}\right)^2+\left(\dfrac{\partial S_i}{\partial y}\right)^2}}+\varphi_{b}^{0}$$

将各点水平裂缝和垂直裂缝空隙率相加，可得到空隙率总分布如下：

$$\varphi_{b}^{T}=\varphi_{b(i)}^{V}+\varphi_{b(i,\,i+1)}^{H}$$

类似于冒落区空隙率，破裂区对应的各点处随机变量的随机值可以表示为：

$$X_{f}^{s}(x,\ y)=X_{f}^{d}(x,\ y)+R\cdot \mathrm{randn}(x,\ y) \tag{4-69}$$

通过计算函数 $F(x)$ 的反函数，可以得到破裂区空隙率的随机分布特征：

$$\varphi_{f}^{s}=F^{-1}(X_{f}^{s}) \tag{4-70}$$

式中：$X_f^s(x, y)$是随机值；$X_f^d(x, y)$是理论计算值；R 是 X_i 的标准差；$\mathrm{randn}(x, y)$是服从标准正态分布数组中的随机数；φ_f^s 是随机空隙率。

4.3.3.2　倾斜矿层开采破裂区空隙率随机分布模型

根据空隙率的定义，倾斜煤层采动破裂区离层裂缝和破断裂缝的空隙率可以表示如下：

$$\varphi_{qb(i,\ i+1)}^{H} = G \cdot [\varphi_{b(i,\ i+1)}^{HM} + \varphi_b^0] = G \cdot \left(\frac{S_i - S_{i+1}}{\sum h_{i+1} - \sum h_i + S_i - S_{i+1}} + \varphi_b^0 \right)$$

$$\varphi_{qb(i)}^{V} = G \cdot [\varphi_{b(i)}^{VM} + \varphi_b^0] = G \cdot \left[1 - \frac{1}{\sqrt{1 + \left(\frac{\partial S_i}{\partial x}\right)^2 + \left(\frac{\partial S_i}{\partial y}\right)^2}} + \varphi_b^0 \right]$$

将各点水平裂缝和垂直裂缝空隙率相加，可得到空隙率总分布如下：

$$\varphi_b^T = \varphi_{qb(i)}^V + \varphi_{qb(i,\ i+1)}^H$$

破裂区对应的各点处随机变量的随机值可以表示为：

$$X_{qf}^s(x, y) = X_{qf}^d(x, y) + R \cdot \mathrm{randn}(x, y) \tag{4-71}$$

通过计算函数 $F(x)$的逆函数，可以得到倾斜煤层采动破裂区空隙率的随机分布特征：

$$\varphi_q^s = F^{-1}(X_q^s) \tag{4-72}$$

式中：$X_{qf}^s(x, y)$是随机值；$X_{qf}^d(x, y)$是理论计算值；R 是 X_i 的标准差；$\mathrm{randn}(x, y)$是服从标准正态分布数组中的随机数；φ_{qf}^s 是随机空隙率。

4.3.3.3　模型的应用

以构建的采动覆岩破裂区空隙率相关随机变量计算的确定性值作为正态分布期望，以相似模拟试验中得到的标准差的平方数作为随机变量正态分布的方差，可以得到水平煤层开采扰动岩层破裂区空隙率的随机分布(图 4-80~图 4-82)[25]。

同样地，针对倾斜煤层，将空隙率确定性模型代入构建的空隙率随机变量，计算得到随机变量对应的确定性值，并将其作为随机变量的期望值。将通过相似物理模拟试验统计分析得到的服从正态分布的随机变量的标准差平方作为空隙率随机分布的方差，得到倾斜煤层开采扰动岩层破裂区空隙率的三维随机分布(图 4-83~图 4-85)。

将煤层开采扰动覆岩破裂区空隙率的试验结果与理论计算和随机计算结果进行比较，总体而言，理论计算、随机计算和试验结果基本符合不同倾角下破裂区空隙率的分布特征，如图 4-86 所示。实验结果也证实了理论计算和随机计算的准确性。

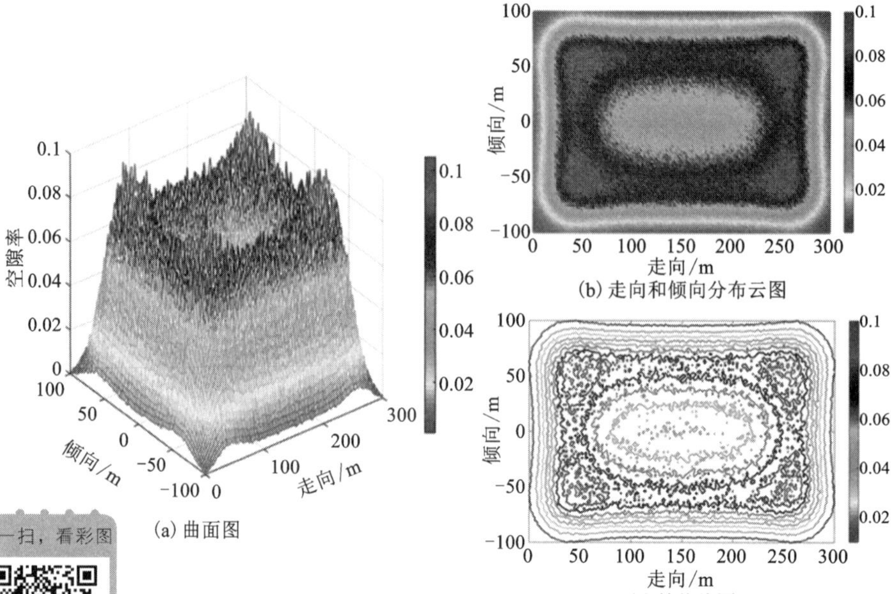

(a) 曲面图　(b) 走向和倾向分布云图　(c) 等值线图

扫一扫，看彩图

图 4-80　水平煤层开采扰动岩层破裂区离层空隙率随机分布

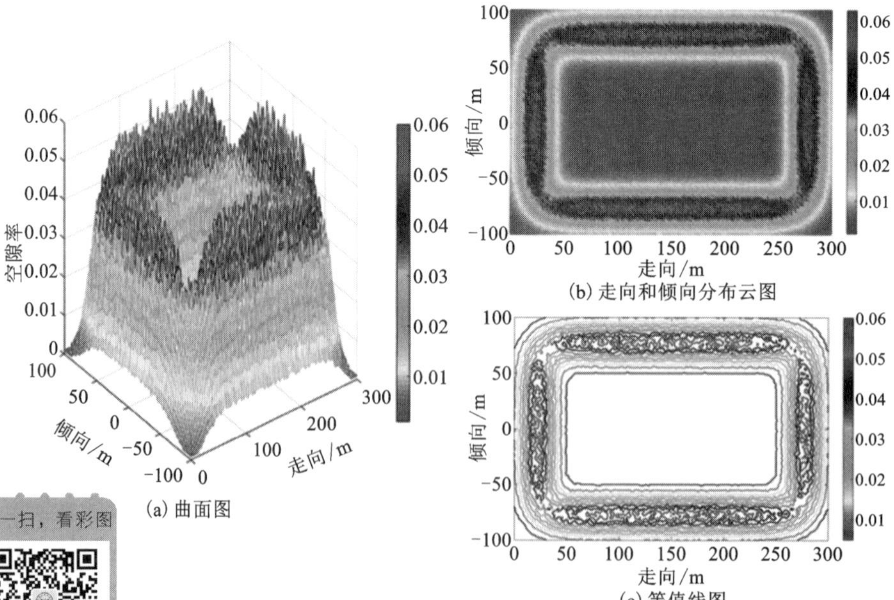

(a) 曲面图　(b) 走向和倾向分布云图　(c) 等值线图

扫一扫，看彩图

图 4-81　水平煤层开采扰动岩层破裂区破断空隙率的随机分布

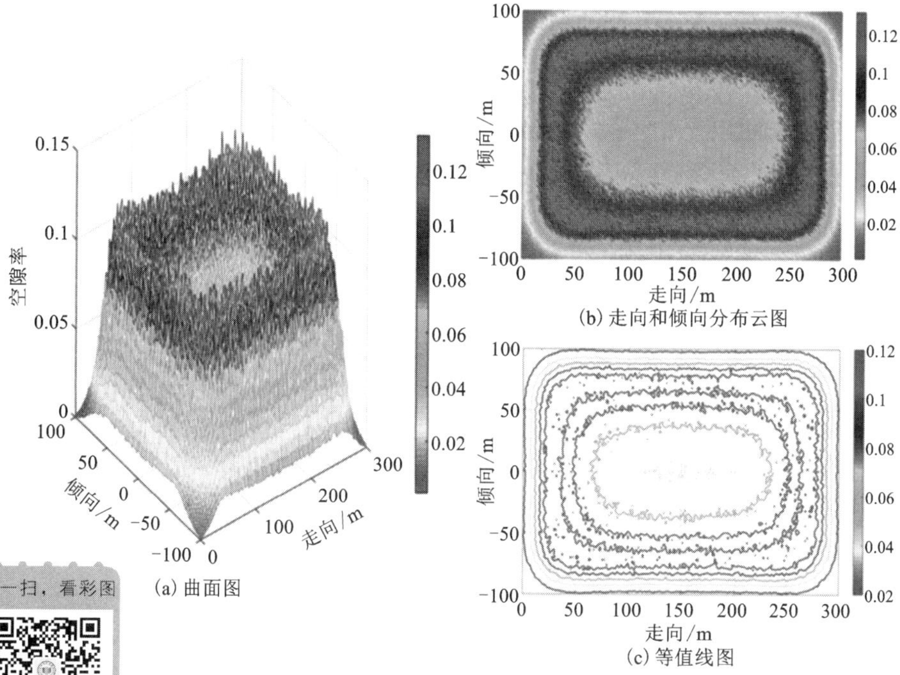

扫一扫，看彩图

图 4-82　水平煤层开采扰动岩层破裂区总空隙率的随机分布

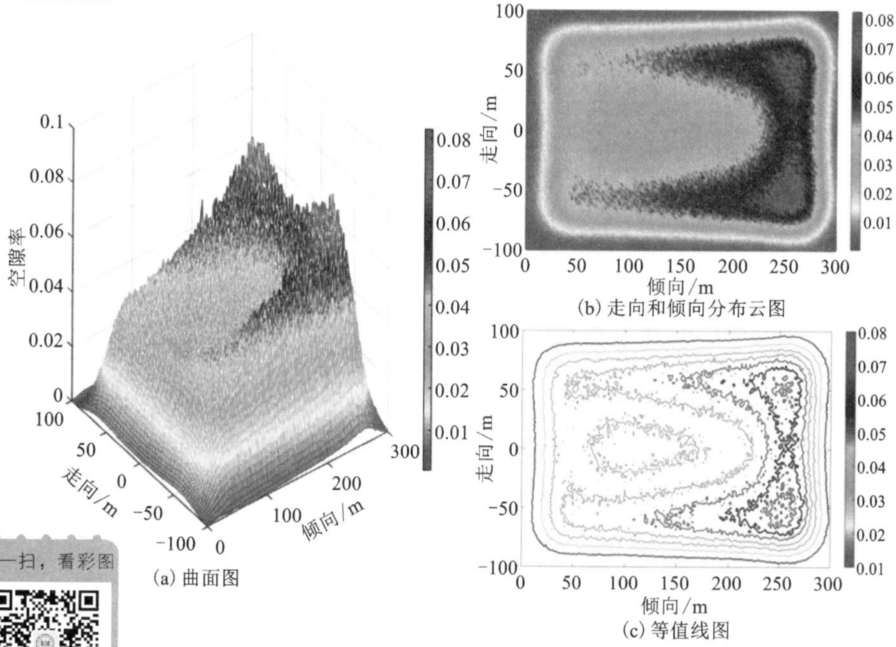

扫一扫，看彩图

图 4-83　倾斜煤层开采扰动岩层破裂区离层空隙率的随机分布

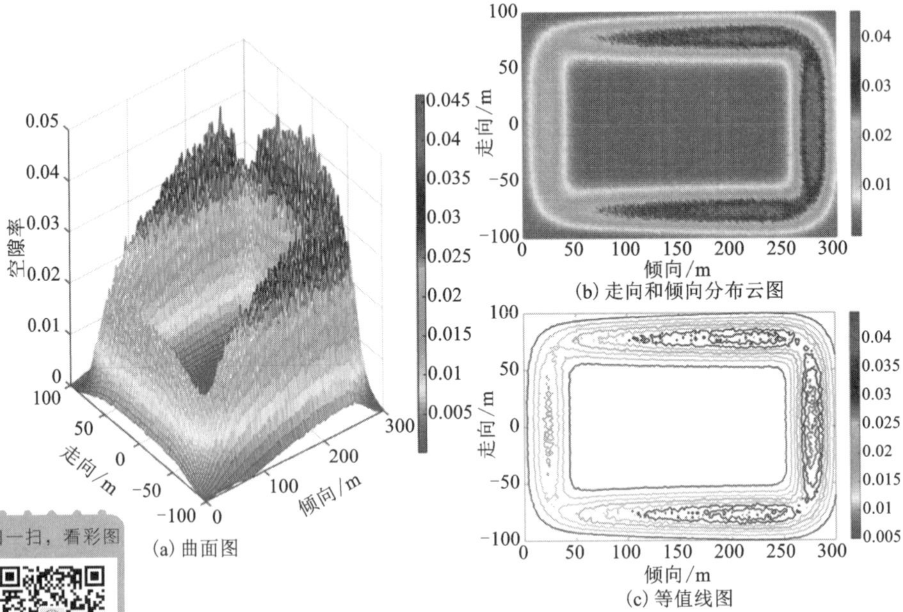

(a) 曲面图　(b) 走向和倾向分布云图　(c) 等值线图

扫一扫，看彩图

图 4-84　倾斜煤层开采扰动岩层破裂区破断空隙率的随机分布

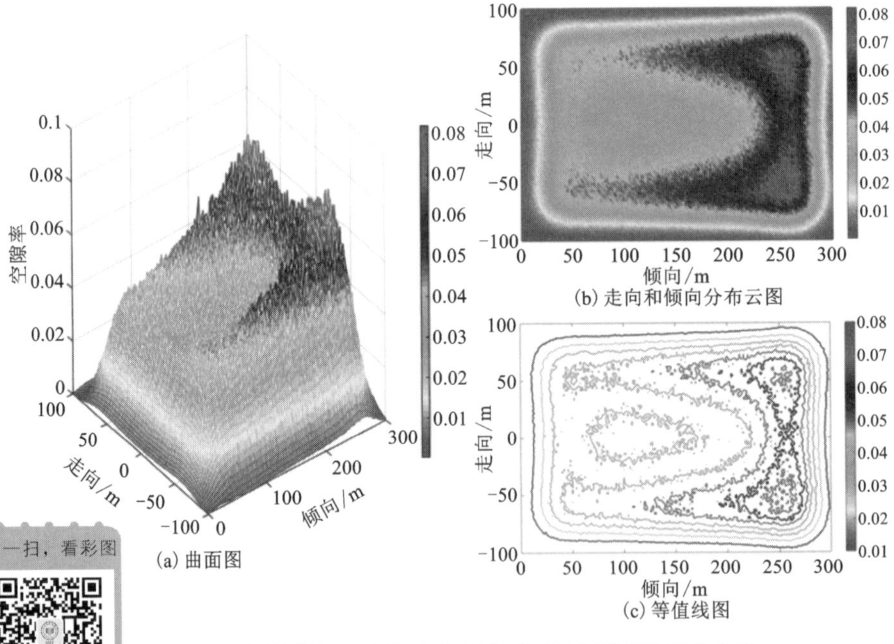

(a) 曲面图　(b) 走向和倾向分布云图　(c) 等值线图

扫一扫，看彩图

图 4-85　倾斜煤层开采扰动岩层破裂区总空隙率的随机分布

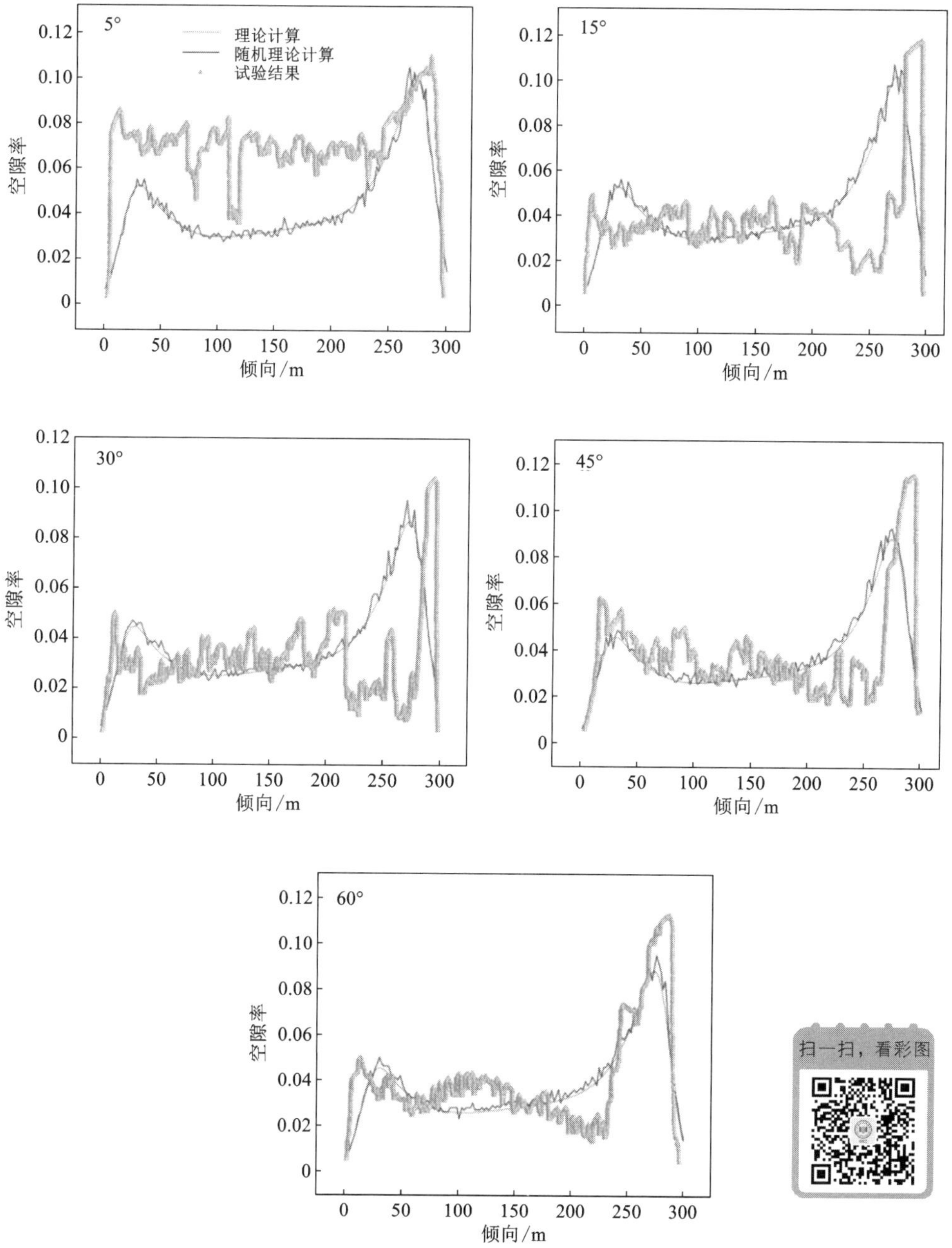

扫一扫，看彩图

图 4-86　不同煤层倾角下采动覆岩破裂区空隙率的比较，包括理论计算、随机计算和试验结果

煤层倾角分别为 5°、15°、30°、45°、60°，煤层开采扰动覆岩空隙率总体呈一高一低的双驼峰分布。在倾向方向上，空隙率从上端到下端变化，快速增加到最大峰值，然后逐渐减少，然后快速增加到第二个峰值，然后在最靠近下端处减少。随着倾角增加，峰值增大，且在倾向的上端空隙率显著增加，空隙率的峰值出现在倾向的上端。随机模型较好地反映了覆岩下沉后空隙率受倾角和重力影响的随机性和分散性。

结合理论计算、随机计算和试验结果，比较 30°倾斜煤层六种不同开采长度下的覆岩空隙率分布。三类结果有很好的一致性，试验结果证实了理论计算和随机计算的准确性。从图 4-87 可以看出，在开挖长度为 50 m 时，空隙率分布曲线呈现倒"V"型。在开挖长度为 100 m、150 m、200 m、250 m 和 300 m 时，空隙率分布曲线逐渐变成一高一低的双驼峰形状，随着开采长度的增加，空隙率分布曲线的两个峰值也在增加，当开采长度为 300 m 时出现最大峰值。这说明随着倾斜煤层开采长度的增加，开采扰动范围扩大，空隙率呈上升趋势，空隙率的最大值从倾向方向的中间位置逐渐转移到上端附近。与理论确定性模型相比，随机模型更符合空隙率分布的实际情况，能够反映空隙率分布的随机性和离散特征。

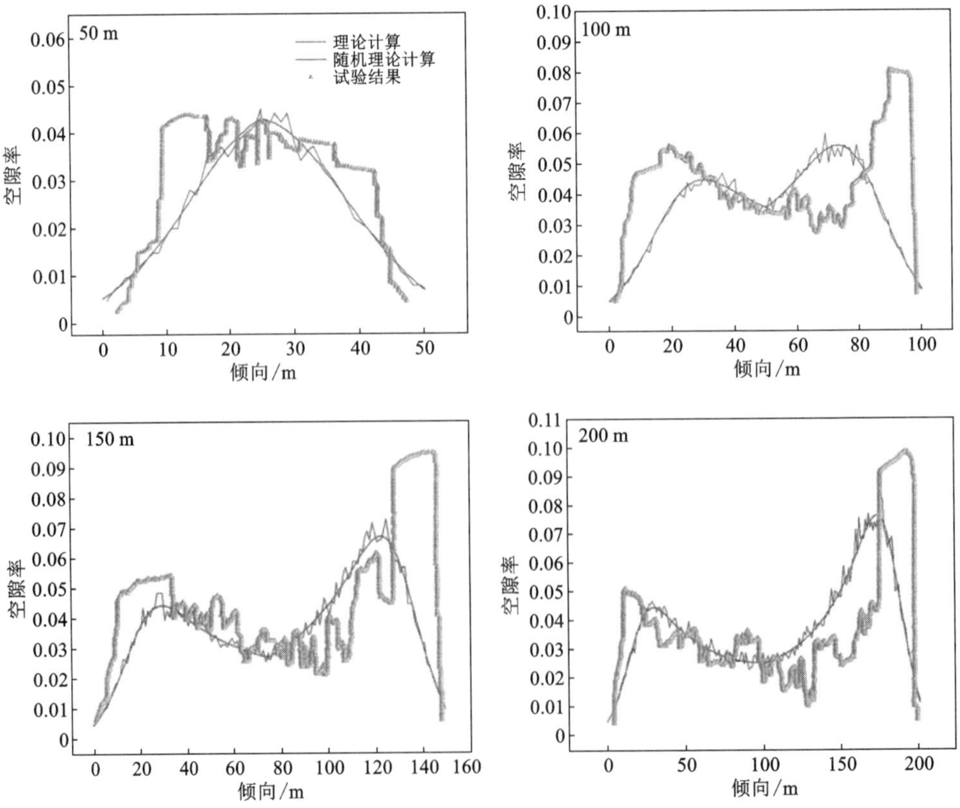

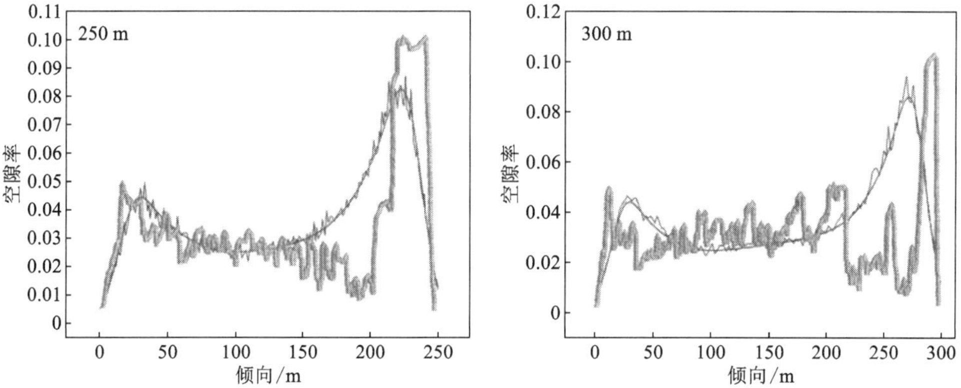

图 4-87　倾角 30°煤层不同开采长度时采动覆岩破裂区空隙率比较，包括理论计算、随机计算和试验结果

扫一扫，看彩图

4.3.4　地表沉陷区空隙率随机分布模型

4.3.4.1　水平矿层开采地表沉陷区空隙率随机分布模型

与破裂区离层和破断裂隙空隙率的推导公式相似，地表沉陷区水平和垂直裂隙空隙率的表达式为：

$$\varphi_g^H = \varphi_g^{HM} + \varphi_g^0 = \frac{S_{km} - S_g}{H + S_{km} - S_g} + \varphi_g^0$$

$$\varphi_g^V = \varphi_g^{VM} + \varphi_g^0 = 1 - \frac{1}{\sqrt{1 + \left(\frac{\partial S_g}{\partial x}\right)^2 + \left(\frac{\partial S_g}{\partial y}\right)^2}} + \varphi_g^0$$

式中：φ_g^H 和 φ_g^V 分别为地表沉陷区水平裂缝和垂直裂缝的空隙率；φ_g^{HM} 和 φ_g^{VM} 分别为地表沉陷区采动水平裂隙和垂直裂隙的空隙率；φ_g^0 为表土层的初始空隙率。

类似地，地表沉陷区对应的各点处随机变量的随机值可以表示为：

$$X_g^s(x, y) = X_g^d(x, y) + R \cdot \mathrm{randn}(x, y) \tag{4-73}$$

通过计算函数 $F(x)$ 的反函数，可以得到地表沉陷区空隙率的随机分布特征：

$$\varphi_g^s = F^{-1}(X_g^s) \tag{4-74}$$

式中：$X_g^s(x, y)$ 是随机值；$X_g^d(x, y)$ 是理论计算值；R 是 X_i 的标准差；$\mathrm{randn}(x, y)$ 是服从标准正态分布的数组中的随机数；φ_g^s 是随机空隙率。

4.3.4.2　倾斜矿层开采地表沉陷区空隙率随机分布模型

与破裂区离层和破断裂隙空隙率的推导公式相似，倾斜煤层采动引起的地表沉陷区水平和垂直裂隙空隙率的表达式为：

$$\varphi_{\mathrm{qg}}^{\mathrm{H}} = G \cdot (\varphi_{\mathrm{g}}^{\mathrm{HM}} + \varphi_{\mathrm{g}}^{0}) = G \cdot \left(\frac{S_{km} - S_{\mathrm{g}}}{H + S_{km} - S_{\mathrm{g}}} + \varphi_{\mathrm{g}}^{0}\right)$$

$$\varphi_{\mathrm{qg}}^{\mathrm{V}} = G \cdot (\varphi_{\mathrm{g}}^{\mathrm{VM}} + \varphi_{\mathrm{g}}^{0}) = G \cdot \left[1 - \frac{1}{\sqrt{1 + \left(\frac{\partial S_{\mathrm{g}}}{\partial x}\right)^{2} + \left(\frac{\partial S_{\mathrm{g}}}{\partial y}\right)^{2}}} + \varphi_{\mathrm{g}}^{0}\right]$$

倾斜煤层采动地表沉陷区对应的各点处随机变量的随机值可以表示为：

$$X_{\mathrm{qg}}^{\mathrm{s}}(x,\ y) = X_{\mathrm{qg}}^{\mathrm{d}}(x,\ y) + R \cdot \mathrm{randn}(x,\ y) \tag{4-75}$$

通过计算函数 $F(x)$ 的反函数，可以得到倾斜煤层采动地表沉陷区空隙率的随机分布特征：

$$\varphi_{\mathrm{qg}}^{\mathrm{s}} = F^{-1}(X_{\mathrm{qg}}^{\mathrm{s}}) \tag{4-76}$$

式中：$X_{\mathrm{qg}}^{\mathrm{s}}(x,\ y)$ 是随机值；$X_{\mathrm{qg}}^{\mathrm{d}}(x,\ y)$ 是理论计算值；R 是 X_i 的标准差；$\mathrm{randn}(x,\ y)$ 是服从标准正态分布的数组中的随机数；$\varphi_{\mathrm{qg}}^{\mathrm{s}}$ 是随机空隙率。

4.3.4.3 模型的应用

与破裂区随机空隙率计算方法类似，以空隙率相关的随机变量计算的确定性值作为期望，以相似模拟试验中统计分析得到的标准差作为随机变量正态分布的随机性质，可以得到水平煤层开采扰动岩层地表沉陷区水平裂隙和垂直裂隙空隙率的随机分布，分别如图 4-88 和图 4-89 所示。

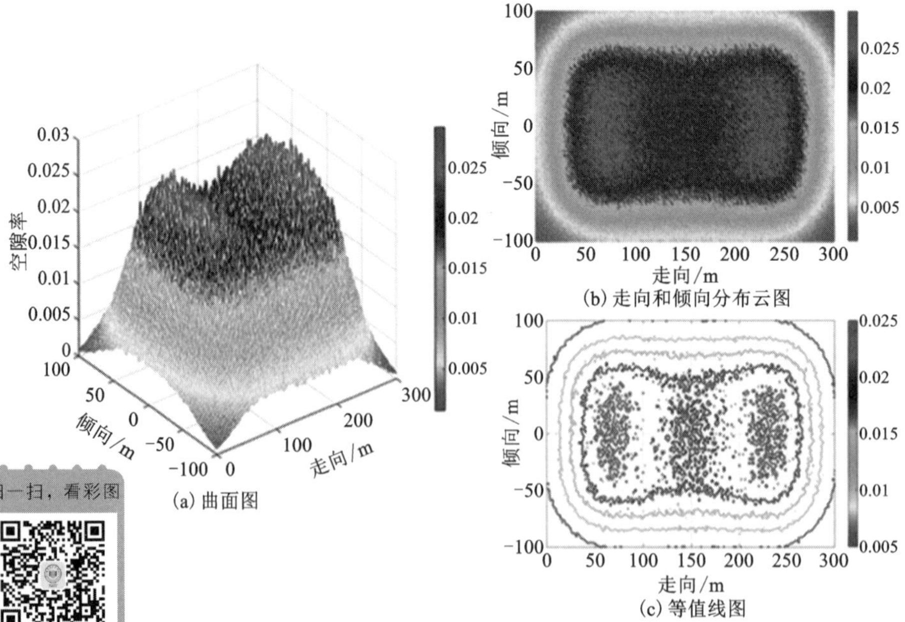

(a) 曲面图

(b) 走向和倾向分布云图

(c) 等值线图

图 4-88　水平煤层开采扰动岩层地表沉陷区水平空隙率随机分布

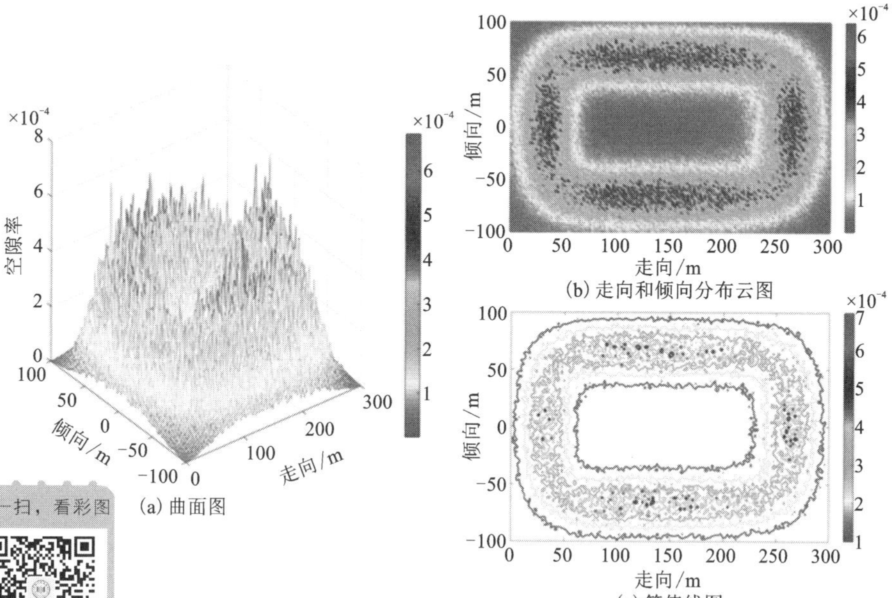

(a) 曲面图　(b) 走向和倾向分布云图　(c) 等值线图

扫一扫，看彩图

图 4-89　水平煤层开采扰动岩层地表沉陷区垂直空隙率随机分布

同样地，可以得到倾斜煤层开采扰动岩层地表沉陷区水平裂隙和垂直裂隙空隙率的随机分布，分别如图 4-90 和图 4-91 所示。

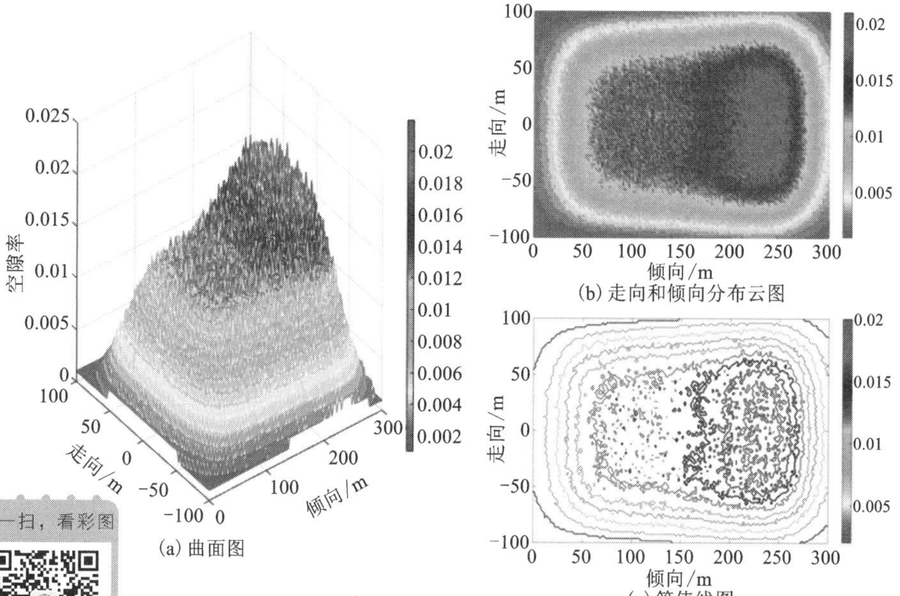

(a) 曲面图　(b) 走向和倾向分布云图　(c) 等值线图

扫一扫，看彩图

图 4-90　倾斜煤层开采扰动岩层地表沉陷区水平空隙率的随机分布

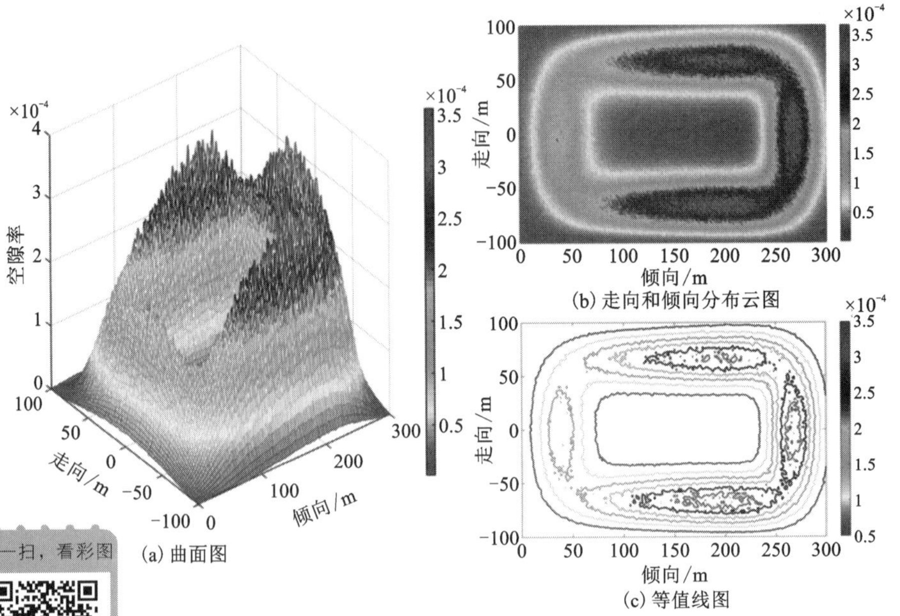

(a) 曲面图

(b) 走向和倾向分布云图

(c) 等值线图

扫一扫，看彩图

图 4-91　倾斜煤层开采扰动岩层地表沉陷区垂直空隙率的随机分布

参考文献

[1] 朱建芳. 动坐标下采空区自燃无因次模型及判别准则研究[D]. 北京：中国矿业大学(北京)，2006.

[2] 马占国. 采空区破碎岩体压实和渗流特性研究[M]. 徐州：中国矿业大学出版社，2009：21-28.

[3] Wang S, Li X, Wang D. Void fraction distribution in overburden disturbed by longwall mining of coal[J]. Environmental Earth Sciences, 2016, 75(2)：1-17.

[4] Wang S, Li X, Wang D. Mining-induced void distribution and application in the hydro-thermal investigation and control of an underground coal fire：A case study[J]. Process Safety and Environmental Protection, 2016, 102：734-756.

[5] 王少锋，王德明，曹凯，等. 采空区及上覆岩层空隙率三维分布规律[J]. 中南大学学报：自然科学版，2014，45(3)：833-839.

[6] Wang S, Liu K, Pi Z, et al. Three-Dimensional Stochastic Distribution Characteristics of Void Fraction in Longwall Mining-Disturbed Overburden of Inclined Coal Seam[J]. Lithosphere, 2022, 2022(Special 10).

[7] 钱鸣高，石平五，许家林. 矿山压力与岩层控制[M]. 徐州：中国矿业大学出版社，2010.

[8] Wang S, Li X, Wang S. Separation and fracturing in overlying strata disturbed by longwall mining

in a mineral deposit seam[J]. Engineering Geology, 2017, 226: 257-266.
[9] 王少锋, 李夕兵, 王德明, 等. 地下煤火燃空区覆岩裂隙分布模型和局部化特征[J]. 岩土力学, 2015, 36(S2): 104-110.
[10] Israelsson J I. Short descriptions of UDEC and3DEC [M]//Developments in geotechnical engineering. Elsevier, 1996, 79: 523-528.
[11] Jing L. A review of techniques, advances and outstanding issues in numerical modelling for rock mechanics and rockengineering[J]. International Journal of Rock Mechanics and Mining Sciences, 2003, 40(3): 283-353.
[12] Gao F, Stead D, Coggan J. Evaluation of coal longwall caving characteristics using an innovative UDEC Trigonapproach[J]. Computers and Geotechnics, 2014, 55: 448-460.
[13] Bouzeran L, Furtney J, Pierce M, et al. Simulation of ground support performance in highly fractured and bulked rock masses with advanced 3DEC bolt model[C]//Deep Mining 2017: Proceedings of the Eighth International Conference on Deep and High Stress Mining. Australian Centre for Geomechanics, 2017: 667-680.
[14] Zhang D, Jing S, Zhang W, et al. Numerical simulation analysis by solid-liquid coupling with 3DEC of dynamic water crannies in overlying strata[J]. Journal of China University of Mining and Technology, 2008, 18(3): 347-352.
[15] Wu J H, Hsieh P H. Simulating the postfailure behavior of the seismically-triggered Chiu-fen-erh-shan landslide using3DEC[J]. Engineering Geology, 2021, 287: 106113.
[16] Wu J H, Lin W K, Hu H T. Assessing the impacts of a large slope failure using 3DEC: the Chiu-fen-erh-shan residualslope[J]. Computers and Geotechnics, 2017, 88: 32-45.
[17] 钱鸣高, 缪协兴, 许家林, 等. 岩层控制的关键层理论[M]. 徐州: 中国矿业大学出版社, 2000.
[18] 钱鸣高, 石平五, 许家林. 矿山压力与岩层控制[M]. 徐州: 中国矿业大学出版社, 2010.
[19] 刘宝琛, 廖国华. 煤矿地表移动的基本规律[M]. 北京: 中国工业出版社, 1965.
[20] 刘宝琛, 张家生. 近地表开挖引起的地表沉降的随机介质方法[J]. 岩石力学与工程学报, 1995(04): 289-296.
[21] Liu B C. Ground surface movements due to underground excavation in the PR China[J]. Comprehensive Rock Engineering, 1993, 4(29): 781-817.
[22] Wang S, Li X. Dynamic distribution of longwall mining-induced voids in overlying strata of acoalbed[J]. International Journal of Geomechanics, 2017, 17(6): 04016124.
[23] 王少锋, 李夕兵, 王德明. 采动影响型地下煤火诱发地表裂隙率的时空分布模型[J]. 工程科学学报, 2015, 37(6): 677-684.
[24] 王少锋, 李夕兵, 王德明, 等. 地下煤火燃空区冒落岩体孔隙率随机分布规律[J]. 工程科学学报, 2015, 37(5): 543-550.
[25] Wang S, Liu K, Wang S, et al. Three-dimensional stochastic distribution characteristics of void fraction in longwall mining-disturbed overburden[J]. Bulletin of Engineering Geology and the Environment, 2022, 81(10): 414.

第5章 岩层空隙率分布模型在地下煤火研究中的应用

地下煤火具有两大特点：一是大量的可燃物(煤)燃烧；二是受限的供氧、烟气逸散和热量传递等燃烧环境。由于大量煤的氧化与燃烧需要大量氧气，但地下环境中氧气的供氧通道有限，致使火区中煤的氧化与燃烧一般是在贫氧条件下进行的。贫氧状态下，氧气的持续、稳定补给是煤火得以维持并延烧的必要条件，这使得煤火供氧通道及其传质动力的研究成为揭示煤火形成机理的关键之一。随着煤炭规模化开采，煤火的主要供氧通道由过去不规范开采形成的老窑通道，变成了裂隙或空隙通道。空隙通道通常包括构造、采动塌陷和燃烧所致的三种裂隙，这些裂隙、空隙是煤层自燃的漏风供氧、烟气和热量逸散通道，是煤氧复合、蓄热升温、高温燃烧的重要影响因素，决定着煤火燃烧空间的气体浓度场、流场和温度场分布。因此，研究地下煤火空间特性(图5-1)、空间空隙率的分布及变化规律对掌握地下煤火发生、发展过程的热、质传递规律尤为重要。

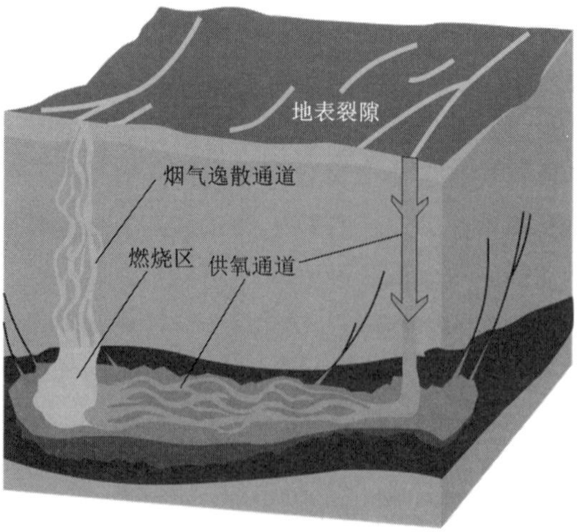

图5-1 煤火燃烧空间示意图

5.1　采动影响型地下煤火研究现状与应对策略

5.1.1　地下煤火燃烧机理

地下煤火也是一种特殊的燃烧现象。可燃物的燃烧由“点火源、可燃物、助燃物”三要素决定，地下煤火的发生同样需要满足如图 5-2 所示的三要素，即有自燃倾向性的煤、一定浓度的氧气、温度达到煤的自燃点[1, 2]。受采动影响形成的半封闭空间也为煤火的发生创造了条件。为阐明煤自燃过程中各要素的作用机理，许多学者采用交叉点温度(CPT/XPT)、等温加热、绝热自加热、恒定温差(CTD)、热重分析(TG)、差热分析(DTA)、差示扫描量热法(DSC)和 R70 等热分析技术，以及傅里叶变换红外光谱(FTIR)、电子自旋共振(ESR)、X 射线衍射(XRD)等材料分析技术对煤氧复合反应的机理进行了深入研究。

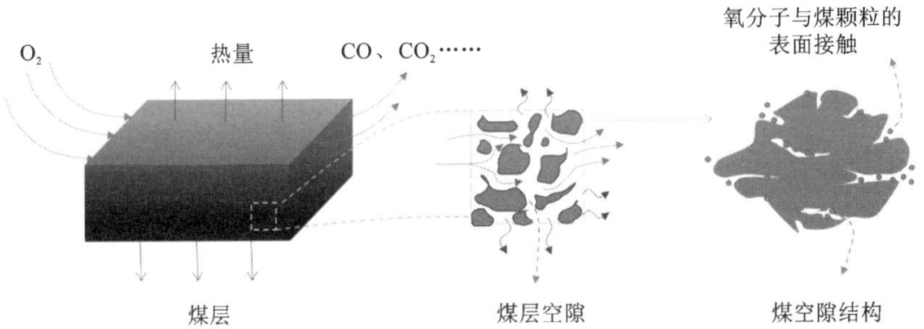

图 5-2　地下煤火发生的三要素示意

5.1.1.1　煤自燃倾向性

煤是一种多孔性物质，其表面存在较多活性结构，能够不断吸附空气中的氧分子并放出气体产物和热量[3]，在一定条件下蓄热升温，达到一定温度后导致煤的自燃。关于煤炭自燃机理的研究超过了一百年，早期的煤自燃相关学说包括煤氧复合作用学说、黄铁矿作用学说、自由基作用学说、酚基作用学说、电化学作用学说、氢原子作用学说和基团作用理论等[4-9]，上述学说从微观角度对煤自燃机理进行了阐述，但均存在一定局限性，未能完全揭示煤的自燃机理。目前，以煤氧复合作用学说为基础，许多学者通过大量试验研究煤的自燃倾向性，揭示煤炭本身的性质对煤自燃过程的影响作用。

煤的自燃倾向性与煤微观结构密切相关，煤颗粒的大小及空隙结构、煤的含水量及所含元素、活性官能团等都会对煤氧复合反应产生影响。煤的粒度和空隙度会影响其比表面积，比表面积越大，与氧气接触的反应面积和传热效果越好，该结论得到了相关学者的研究证实。秦跃平等[10]通过加热、氧化实验测试不同粒度煤样的耗氧速率，从而计算出采空区残煤耗氧率，建立了考虑温度、粒度、氧浓度的混合粒度耗氧率方程并验证其准确性。Saffari 和 Song 等人研究了含水量和黄铁矿对煤氧化反应的影响。Saari 等[11]采用 CPT 和 R70 试验方法研究黄铁矿和水分含量对煤氧化作用的影响，结果表明：黄铁矿可以催化氧化反应；20%的水分含量是影响煤自燃速率的临界值，超过临界值则自燃速率降低。Song 等[12]采用 ESR 等仪器研究了水浸对煤结构和氧化作用的影响，发现水浸后煤空隙率和自由基含量均提高，有利于氧分子在空隙间的运移和接触反应。还有学者研究了煤分子结构在氧化反应中的变化，研究表明煤分子中的活性官能团会在反应过程中转化为自由基，自由基更易与氧气反应放热[13]。朱红青等[14]通过绝热氧化实验分析煤的表观活化能与煤变质程度的关系，并通过测得的动力学突变温度分析不同变质程度煤自燃的可控性。Zhou 等[15]通过 TG-FTIR 技术测量 230℃以下三种煤样官能团变化，实时测量煤的质量变化，得到热重(TG)曲线，结果表明甲基和亚甲基的变化与煤质量变化呈线性关系。

5.1.1.2 煤氧反应

氧气是煤自燃必不可少的要素之一，新鲜空气进入地下煤层的途径主要包括上覆岩层的裂隙和通风巷道。不同的通风方式和工作面推进速度会影响流经煤层的气体流量和气流速度。另外，上覆岩层的裂隙发育状态也会影响煤层的氧气分布和气体流通方式。Deng 等[16]通过 DSC 分析不同氧气浓度对煤氧反应动力学参数的影响，发现氧气浓度增高能够增加煤分子中活性官能团数量并降低表观活化能。Su 等[17]在 6%~21%的氧气浓度范围内进行了低温煤氧化实验，结果表明温度超过 80℃时，氧气浓度对氧化反应的影响不大。Wang 等[18]研究了氧浓度和通风量对高温区域的影响，发现送风量与采空区高温点变化成正比，同时氧气体积分数是决定煤是否会自燃的关键因素。Wieckowski 等[19]在合成空气和氮气不同流速条件下，研究煤样加热和冷却阶段乙烷、乙烯等气体产物的浓度变化规律，发现温度变化和气流速度对生成气体 CO/CO_2 指数有影响。Xia 等[20]分析了不同压差对煤自燃的影响，结果表明压差越大，气体流速越大，煤氧反应程度越强，煤越易发生自燃。许多学者研究了采动过程中工作面的推进速度和通风方式对地下煤火的影响。Wang 等[18]研究了工作面推进速度对高温区域的影响，结果表明推进速度与高温点大小呈负相关，且速度越快高温区越向深部转移；此外，随着工作面推进，离工作面越远的深部采空区的氧气浓度越小。Tutak 等[21]研究了 U 型和 Y 型两种通风系统采空区瓦斯释放和煤自燃的危险性，结果表明 Y 型长壁通风系统瓦斯释放危害较小，但煤自燃的危险性较大。

5.1.1.3 煤自燃温度

目前已有的研究表明，地下煤层自热过程中产生热量的主要途径为煤氧化放热，许多学者对煤氧反应产生热量的化学机理进行了研究。Xu 等[22]通过实验验证了煤在早期的低温氧化阶段产生热量的主要途径为含氧官能团分解放热。Qu 等[23]通过 DSC 分析揭示了吸附水分能够催化煤分子中自由基的生成，从而加速煤氧反应放热。此外，也有学者提出煤层中的含水量和黄铁矿也会影响氧化放热。Beamish 等[24]认为煤样脱湿和水分蒸发会导致热量损失；相反，一定条件下，黄铁矿能够利用水分发生氧化反应并产生热量，减少水分蒸发带来的热损失。上述不同途径产生的热量在一定条件下聚集，不断加热煤体直至发生自燃。

已有研究主要探讨了温度对气体分子的运动强度和煤的表面活性结构两方面的影响。一方面，在半封闭的空间内，随着煤氧化反应放出热量，热量通过热传导、热对流等方式传递到周围环境中，使环境温度升高，气体分子的平均动能增大，扩散能力和渗透能力随之增强，氧分子与煤接触概率增大，促进反应继续进行。王聪等[25]测定了煤样温度变化和盖层表面温度以及 CO 含量变化的关系，结果表明氧化反应速率随煤样温度升高而提升，并将 80℃ 作为试验煤样的快速氧化阶段的临界温度，该研究侧面反映了气体分子运动强度随温度升高而增大。彭荧等[26]研究了采空区热量聚集区内高温对气流的影响，数值模拟结果表明高温热源引起的温度差会引起周围气体流速的变化。另一方面，温度升高会使煤表面活性结构的数量增多、活性增强，提升与氧分子结合的能力。Zhang 等[27]通过 TG/DSC 分析、ESR 技术和数学模型，提出了 DSCIP 法测定煤自燃温度，发现温度升高越快，自燃温度越高，并通过热通量、自由基和活化能的变化规律证实了该结论。Xu 等[28]通过 ESR 和 FTIR 分析了自由基和官能团的反应特征，发现随着温度升高，各阶煤样中自由基浓度均增加，而含氧官能团的变化规律随煤阶不同存在较大差异。

5.1.2 煤层燃烧影响区内的多场耦合作用

地下煤火的发生、发展规律受到气体浓度场、渗流场、温度场、裂隙场等共同影响，是多场耦合作用下的热动力灾害。

5.1.2.1 多场耦合作用机理

煤炭开采后，煤层中会出现采空区，新鲜空气通过上覆岩层裂隙进入采空区，与采空区内的遗煤发生氧化反应，经过一定时间的升温后发生自燃，形成地下煤火区域。采动影响型地下煤火的形成与发展过程如图 5-3 所示。

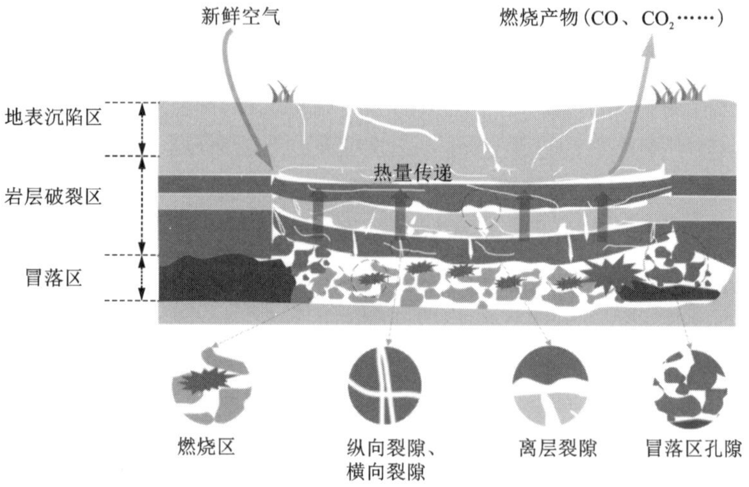

图 5-3　采动影响型地下煤火的形成及发展过程

随着采空区的扩大，空区周围及上覆岩层的应力状态发生改变，上覆岩层会发生弯曲、破裂和下沉，甚至地表也会发生破裂和塌陷。该过程中，煤层空区及上覆岩层中产生许多裂缝、空隙等结构，其组成包括：煤层采空后直接顶发生冒落，碎石堆积形成的空隙；各岩层由于力学性质不同，不协调移动过程中产生的离层裂隙；同一岩层由于下沉拉伸而形成的破断裂隙；岩层裂隙向地表发育形成的地表裂缝等。

煤层空区及覆岩空隙场是煤层自燃的漏风供氧、烟气和热量逸散的通道，决定着煤火区域渗流场和气体浓度场分布，使采空区呈现不均匀的气体浓度和气流速度分布规律。Zhuo 等[29]建立了采空区离散裂缝-空隙模型和多场控制方程，运用 Fluent 软件计算 O_2、CO 的浓度分布和气流速度随裂隙、空隙的分布规律，并通过现场测量的氧气浓度证实了模拟结果的准确性。该研究假设采空区煤岩体物理力学性质不随时间和温度而变化，然而实际情况下，采空区煤岩体的物理力学性质通常会随温度变化而变化。Xia 等[20]在其研究中考虑了这一影响因素，构建了地下煤层渗透率演化模型。Lu 等[30]考虑实际空隙率分布情况，用 FLUENT 软件模拟获得采空区气流分布和氧气消耗数据，并用氧气浓度判定煤自燃的危险区域。上述研究表明，通常裂隙发育多的地方渗透率更大，气体流动阻力小，氧气供应充足。除了气体浓度，气体流动速度也是影响煤层自燃的因素。相关研究表明，采空区内空气流动存在临界速度，大于临界速度会增大空气与固体物质的换热速率，加大热量散失，抑制煤层自燃[31]。此外，有研究表明煤层工作面的推进速度和通风巷道布置对气流分布也有影响。刘伟[32]通过仿真模拟，探讨了不同工作面推进速度和通风量等因素对氧气浓度场、温度场的影响。Brodny 等[33]考虑了工作面通风对采空区气体流动的影响，通过数值模拟发现距离长壁工作面越远，采空区内气流速度越小。

在持续的通风供氧条件下，煤与氧气相互作用放出热量，当燃烧产生的热量大于煤层向外界的散热量时，环境温度升高，形成了地下煤火区域的热质传递（图 5-4）。采空区内热量传递的途径主要包括煤体和覆岩的热传导和气体流动引起的热对流。热辐射只有在高温高真空条件下才比较明显，因此地下煤火热质传递规律研究中通常忽略热辐射的影响[31]。通过热量传递，采空区内的温度分布呈现动态变化，并且会影响其他物理场的分布。一方面，地下煤火燃烧形成的高温能够诱发煤岩的热变形并形成采燃耦合型空区，使覆岩产生新的裂隙或发生塌陷，形成联通地上和地下的复杂裂隙网络，有利于氧气持续供应。另一方面，煤火一旦形成，温度不断升高，地下高温反应环境与地表存在温差。在气体浓度梯度和温度梯度的作用下，会形成浮力自然对流，浮力自然对流驱动下会形成火风压，火风压成为向地下火区不断输送氧气的动力，促进火区持续扩大[31]。Xia 等[20]考虑到煤氧化反应过程中温度变化会引起气体膨胀，随后产生的气体压力梯度会影响固体应力状态，从而构建了煤层渗透率演化模型并分析气体的流动状态。宋泽阳等[34]考虑温度梯度和浓度梯度对浮力的耦合作用，建立了浮力驱动的自然通风平台，研究地下煤火区岩层渗透率变化。地下煤火发展过程中多场相互影响，形成循环的热动力学过程，使得地下煤火不断向四周蔓延。

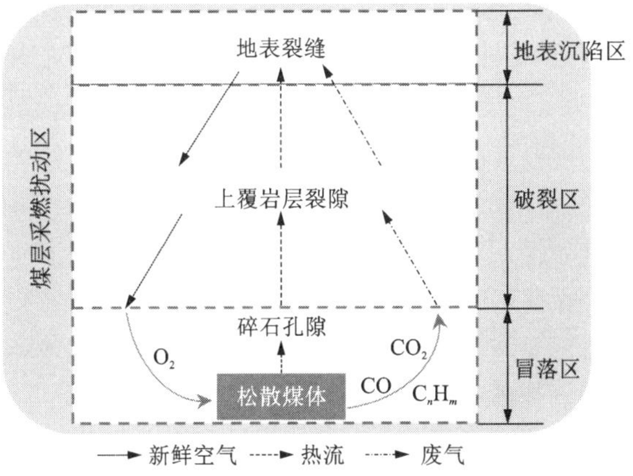

图 5-4　地下煤火区域热质传递概念模型

5.1.2.2 多场耦合理论

地下煤火发展受化学反应场、气体渗流场、应力应变场和温度场的共同作用影响，对多场耦合相互作用规律进行综合分析，形成了完整的地下煤火多场耦合模型理论体系，其耦合过程如图 5-5 所示。

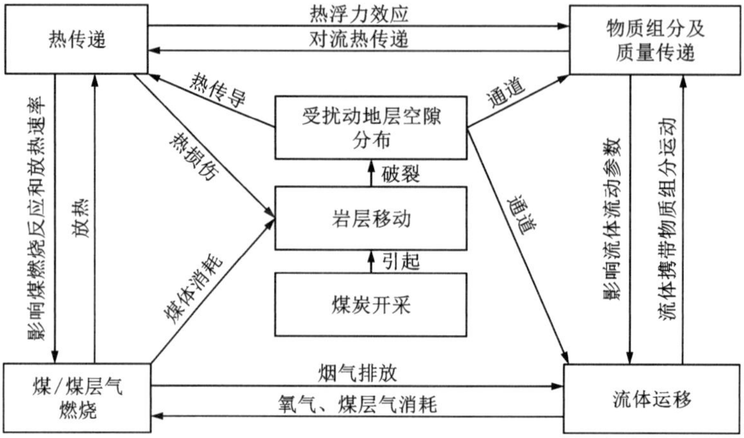

图 5-5 地下煤火多场耦合过程

(1)渗流场控制方程

地下煤火区域内气体流动符合质量守恒定律与多孔介质渗流理论。在控制体内，气体的变化率等于气体净通量与消耗或产生气体量之和。其质量守恒方程为：

$$\frac{\partial \varepsilon \rho_g}{\partial t} + \nabla(\rho_g v_t) = \varphi \tag{5-1}$$

式中：ε 为煤岩孔隙率；ρ_g 为气体密度，kg/m^3；v_t 为气体流速，m/s；φ 为气体吸附或解析源项，kg/(m^3 · s)。

地下煤火发生时，气体往往处于高温、低压环境中，气体分子间力可以忽略，可以认为其符合理想气体状态方程：

$$\rho_g = \frac{M_g p}{RT} \tag{5-2}$$

式中：M_g 为气体摩尔质量，g/mol；p 为压力，Pa；R 为气体常数，J/(mol · K)；T 为温度，K。

地下煤火区域内，气体流动通常为非达西流，不可忽略其惯性力，符合 Forchheimer 方程：

$$-\nabla p=\frac{\mu}{k}v_t+\rho_g\beta_F v_t\left|v_t\right| \tag{5-3}$$

式中：μ 为气体动态黏度，m^2/s；k 为煤岩渗透率，m^2；β_F 为 Forchheimer 系数，与渗透率 k 的值有关。

将式(5-2)与式(5-3)代入式(5-1)中，可以得到地下煤火渗流场控制方程，该方程考虑了温度变化和煤岩空隙率变化对气体流动速度的影响。

地下煤火区域内气体流动符合动量守恒方程，黏性不可压缩流体的动量守恒方程由 Navier-Stokes 公式给出：

$$\frac{\rho_g}{\varepsilon}\cdot\frac{\partial v_t}{\partial t}+\frac{\rho_g}{\varepsilon}(v_t\cdot\nabla)v_t=-\nabla p+\nabla\left[\frac{\mu}{\varepsilon}[(v_t)+(v_t)^T]\right]-(\mu k^{-1}+\beta_F\rho_g\left|v_t\right|)v_t+F \tag{5-4}$$

方程左边为惯性力项；右边第一项表示压力，第二项为黏性力项，第三项为作用于控制体内流体的外力。将气体流动的质量守恒方程和动量守恒方程同时进行求解，可以得到气体渗流场的分布。

(2)温度场控制方程

控制体内存在煤岩体与气体的两相热传导与热对流，其热传导遵守傅里叶定律，分别对煤岩体与气体建立能量守恒方程，如式(5-5)和式(5-6)：

$$(1-\varepsilon)\rho_s c_s\frac{\partial T_s}{\partial t}+(1-\varepsilon)\nabla(\lambda_s\nabla T_s)=hA(T_g-T_s)+Q_s \tag{5-5}$$

$$\varepsilon\rho_g c_g\frac{\partial T_g}{\partial t}+(1-\varepsilon)\nabla(\rho_g c_g)v_t T_s-\varepsilon\nabla(\lambda_g\nabla T_g)=-hA(T_g-T_s)+Q_g \tag{5-6}$$

式中：ρ_s 为固体密度，kg/m^3；c_s 为固体比热容，$J/(kg\cdot K)$；λ_s 为固体导热系数，$W/(m\cdot K)$；h 为对流换热系数，$W/(m^2\cdot K)$；A 为内表面积密度，m^{-1}；Q_s 为固体热源，W/m^3。式(5-5)左边第一项表示煤岩体内能变化，第二项为传导换热；右边第一项为气-固对流换热，第二项为煤岩体氧化反应热源。式(5-6)左边第一项表示气体内能变化，第二项为气体流入、流出控制体的热量差，第三项为传导换热；右边第一项为气-固对流换热，第二项为气体氧化反应热源。

(3)气体浓度场控制方程

控制体内气体组分满足质量守恒定律，其扩散过程符合菲克定律。气体组分 i 的质量守恒方程如式(5-7)：

$$\frac{\partial(\varepsilon\rho_g m_i)}{\partial t}+\nabla(\rho_g v_t m_i)=\nabla[D_i\nabla(\rho_g m_i)]+\varphi_i \tag{5-7}$$

式中：m_i 为气体组分 i 的质量分数；D_i 为扩散系数，m^2/s。方程左边第一项表示控制体内质量变化，第二项表示气体组分 i 流入、流出控制体的质量差；右边第一项表示气体扩散引起的质量差，φ_i 表示反应生成或消耗气体的质量。

其中，根据阿伦尼乌斯公式，化学反应速率为：

$$r_i = -nc_s c_i A e^{-\frac{E}{KT}} \tag{5-8}$$

式中：n 为修正系数；A 为指前因子，s^{-1}；E 为反应活化能，kg/mol。

将式(5-9)和式(5-10)代入式(5-7)，可以得到各气体组分的浓度分布。

$$\varphi_i = M_i \cdot r_i \tag{5-9}$$

$$c_i = \frac{\rho_i m_i}{M_i} \tag{5-10}$$

式中：M_i 为气体组分 i 的摩尔质量，g/mol；r_i 为气体组分 i 的生成或消耗速率；c_i 为气体组分 i 的浓度；ρ_i 为气体组分 i 的密度，kg/m^3。

(4)煤岩变形控制方程

地下煤火区域内煤岩变形符合线弹性理论，其总应变等于由应力、空隙压力和热膨胀引起的应变之和，其应力-应变本构方程为：

$$\sigma_{ij} = 2G\varepsilon_{ij} + \left(K - \frac{2}{3}G\right)\varepsilon_{kk}\delta_{ij} - 3K\beta\frac{\partial T}{\partial t}\delta_{ij} + \alpha p\delta_{ij} \tag{5-11}$$

式中：σ_{ij} 为应力张量，Pa；ε_{ij} 为应变张量；$G=\frac{E}{2(1+v)}$，为剪切模量，Pa；$K=\frac{E}{3(1-2v)}$，为体积模量，Pa；E 为杨氏模量，Pa；v 为泊松比；β 为固体热膨胀系数，K^{-1}；α 为 Biot 数；δ_{ij} 为克罗内克符号。

多孔介质应力平衡方程：

$$\sigma_{ij,j} + f_i = 0 \tag{5-12}$$

式中：$f_i(i=x, y, z)$是 i 方向上的净体积力分量。

位移与应变关系如公式：

$$\varepsilon_{ij} = \frac{1}{2}(u_{ij} + u_{ji}) \tag{5-13}$$

式中：u_{ij} 为位移分量，m。

式(5-1)、式(5-4)~式(5-7)与式(5-11)组成了地下煤火的多场耦合控制方程。通过煤氧化试验得到控制方程中需要的参数，确定合理的边界条件，即可用数值模拟方法得到火区温度、气体流动速率、气体浓度等分布状态。此外，还有学者根据实际情况，在多场耦合模型中考虑更多的影响因素，扩充了地下煤火控制模型的理论内容。如杨正杰[35]考虑了由温度升高引起的浮升力对气体流动的影响。Zheng 等[36]在多场耦合模型中考虑了煤岩空隙率和渗透率的变化，建立了渗透率演化模型。宋泽阳[37]在火区流场控制方程中分别考虑了不同空隙状态下的气体流动，认为煤岩基质或细颗粒煤堆中气体流动符合达西定律，其惯性力可以忽略；大颗粒煤堆或煤矸石中气体流动较快，符合 Brinkman 定律。

5.1.2.3　多场耦合相似试验

小尺度试验侧重于探究煤和氧气反应的内在机理，而大尺寸试验平台能够模拟地下煤火真实条件，通过监测试验炉内煤样温度变化、释放气体产物等研究煤自燃的热质传递规律，从宏观角度揭示非均匀热场、气体分布、热点迁移运动等规律。

在 20 世纪 80 年代已经出现了地下煤火大型试验平台的相关研究，但是由于试验炉径向热损失较大等，早期的研究成功率较低。后续的研究通过改进试验装置，控制煤体与壁炉的温度差来减小径向热损失，试验准确率得到提升。Chen 和 Stott 等[38, 39]搭建了煤自加热炉，并在炉壁布置加热器和绝缘泡沫来减少径向热损失，通过分析不同煤样的耗氧速率研究煤自燃过程中的氧化特性。该试验被认为是第一项成功的大尺度煤自燃研究。Wen 等[40]通过程序升温法对煤的氧化自燃全过程进行研究，得到不同氧气浓度下试验煤样从室温至 450℃ 的自燃特性。Deng 等[41, 42]搭建了可负载 15 t 煤的试验平台，通过水浴层控制炉壁和煤样的温度差，使反应条件更接近地下煤火实际情况。除了在减少不必要的热损失方面的改进，还有许多学者进行了采空区与煤层相似性试验研究，考虑煤层倾角、上覆岩层裂隙和通风方式等因素，进一步探究地下煤火的发展机理。Hao 等[43]用轻质多孔泡沫材料模拟采空区上覆岩层结构，构建了采空区上覆岩层裂隙的相似性试验平台，分析了采空区氧气浓度分布情况。Su 等[44]搭建了急倾斜长壁采空区的相似性试验平台，分析采空区内气体流动和通风量对氧气浓度的影响，并根据氧浓度梯度提出急倾斜长壁采空区自燃危险区的定量判断方法。上述大型试验平台能够在一定程度上模拟煤自燃的实际物理条件，但是难以反映煤火发展过程中多场的动态变化过程。如煤层高温燃烧阶段，上覆岩层裂隙形态发生明显变化，渗透率改变会影响气体流动状态，这一变化很难在试验过程中体现，从而影响试验结果的准确性。

5.1.2.4　多场耦合数值模拟

相似性大型试验平台的搭建及应用有力促进了地下煤火多场耦合规律的研究，同时也存在成本高、试验周期长等局限性，因此许多学者也通过数值模拟方法来研究地下煤火多场耦合规律。

早期学者用数值模拟研究地下煤火时仅考虑少数物理场的影响。Wessling 等[45, 46]重点研究了煤氧化过程中耗氧和供氧速率的计算，并考虑温度场和渗流场的影响建立了二维非稳态数学模型。Wessling 等提出的模型没有考虑煤层在氧化燃烧过程中发生的形变。实际上，煤层燃烧过程中温度升高，会引起其上覆岩层应力状态的改变，可能产生新的裂隙，甚至发生塌陷，对煤火发展规律有重要影响。Zhai 等[47]建立了煤层采空区的稳态渗流模型，运用 Fluent 软件得到不同位置的氧体积浓度和流速分布，分析氧气的渗流规律。该模型将煤自燃过程视为缓慢变化的稳态过程，仅考虑了渗流场的影响，未考虑实际过程中温度变化以及煤层覆岩裂隙发展对气体流动造成的影响。

随着数值模拟技术和多场耦合理论不断发展和完善，地下煤火演化机理得到了更充分的研究。张东海等[48]利用有限元法进行数值求解，得到高冒区渗流速度场、温度场和氧浓度场的分布，在此基础上划分出最易自然发火的区域，分析了高冒区自然发火机理。翟诚等[49]针对考虑损伤作用和热对流影响的温度场、渗流场、应力应变场耦合模型，建立了高温岩体热流固耦合损伤模型。Xia 等[20]通过 COMSOL 软件对某煤矿地下煤层自燃的热-流-固耦合过程进行数值模拟，得出多孔煤介质在不同时期的温度场、氧浓度场分布以及气流状态，并通过实际观测数据验证了模型对发火时间和位置预测的准确性。宋泽阳[37]推导高温阶段煤氧化燃烧速率计算公式，通过 COMSOL 软件构建多场耦合的煤火模型，分析了废弃巷道漏风和大气压周期波动对煤火的流场、温度场和煤火蔓延的影响作用。宋泽阳等的研究改进了以往研究中关于煤氧反应扩散传质理论的不足，完善了地下煤火多场耦合模型。Wang 等[18]运用 COMSOL 软件构建了多场耦合的煤自燃模型，分析了不同氧气浓度、通风量和工作面推进速度对高温区域的影响规律，模拟结果得到了试验证实。

随着多场耦合致灾机理的研究逐渐完善，越来越多的学者开始关注煤层燃烧引起瓦斯爆炸等事故的相关研究。张丽萍[50]考虑了瓦斯气体压力及其解吸作用，建立了温度场、瓦斯气体压力场和煤层变形场的多过程耦合数学模型，并进行了数值模拟。韩磊[51]根据煤体变形和瓦斯渗流的基本理论，同时考虑温度效应对瓦斯赋存和煤体变形的影响，建立了含瓦斯煤解吸、吸附作用的热流固耦合模型。李宝林等[52]研究不同温度条件下煤体孔裂隙中的瓦斯流动优势性，并采用 COMSOL 有限元软件建立了含瓦斯煤体的热流固耦合数值模型，并基于 Monte-Carlo 法模拟煤体裂隙，研究了 4 种试验温度条件下瓦斯在全贯通裂隙、部分连通裂隙和孔隙中的流动特征。Zheng 等[36]构建了采空区煤火热流固化的耦合模型，并运用 COMSOL 软件模拟发火位置不同时，氧气、瓦斯浓度和温度场的分布规律。Duan 等[53]建立了大气压力波动和漏风模型，分析了封闭火区内瓦斯涌出量对火区氧气浓度的影响，并认为封闭火区内瓦斯容易聚集，发生瓦斯爆炸的可能性较大。

在以往的研究中，对煤层燃烧影响区内的热质传递规律和多物理场耦合过程进行了大量分析，但由于煤层燃烧影响区内介质的跨尺度性、非均质性和各向异性，目前还难以完全掌握地下煤火在多场共同作用下的发展规律。因此，多因素耦合条件下的采燃扰动区煤火演化规律仍是地下煤火研究的重点和难点。

5.1.3 地下煤火防灭火技术

地下煤火是一个复杂的燃烧，具有火源隐蔽、贫氧氧化、成因复杂、易复燃、难防控等特点[54]，因此，防灭火材料和技术装备一直是研究探索的热点领域，各种新型材料和灭火技术也实现了从机理到实际应用的转化发展。

5.1.3.1 地下煤火防治关键因素

可燃物、氧气和温度是燃烧的“三要素”，对于地下煤火而言，同样必须满足三个方面：存在可燃物、持续供氧条件和热量的积聚[55]。对应地，煤火的治理便可从以上三个方面入手，破坏三个方面的条件以达到灭火的效果。防灭火介质作用机制图（图 5-6）阐明了各类灭火材料的作用机制，也体现了空隙分布对灭火材料流动的重要性。

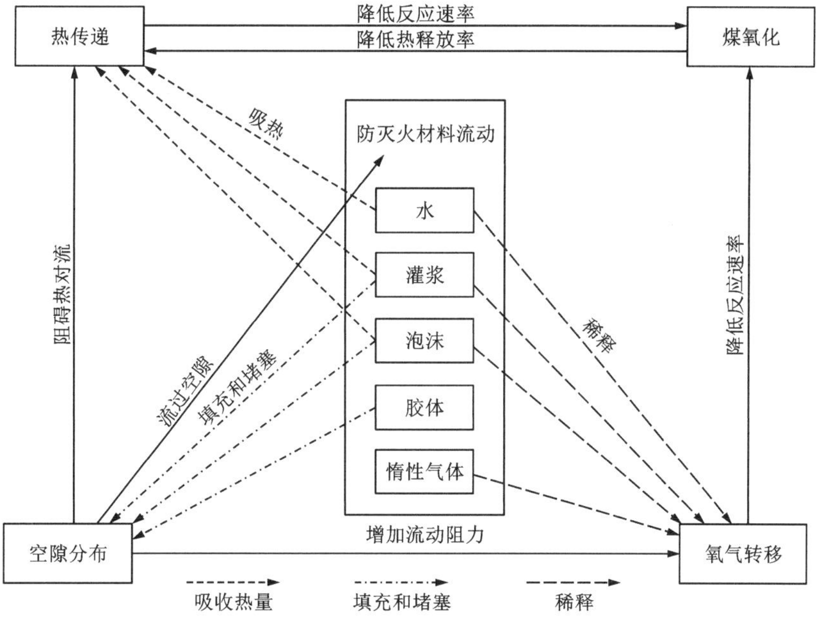

图 5-6　灭火材料的作用机制

空隙分布决定了灭火材料的流动区域，区域内的灭火材料通过吸收热量、填充堵塞空隙、惰性气体稀释三个过程对煤火进行控制，分别从降低温度、减少供氧通道、降低氧气浓度、增大气体流通阻力等方面降低反应速率、降低放热速率的效果，从而实现煤火的治理。

5.1.3.2 地下煤火防灭火技术

由采动影响产生的空隙场和煤块分布场，地下空间环境中的氧气浓度场、温度场，共同构成了地下煤火的主要环境，形成了采动影响型地下煤火的热-流-固耦合作用表征模型及防灾介质热流固耦合作用表征模型示意图(图 5-7)。

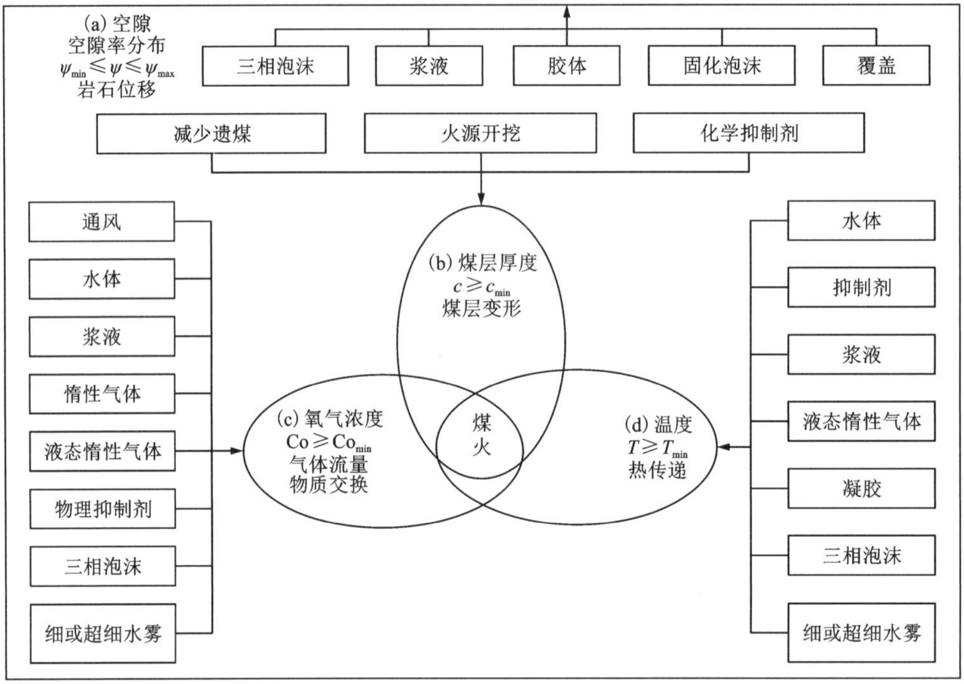

图 5-7 地下煤火多场耦合机理及防灭火机制示意图[56]

地下煤火防灭火工作总体应遵守预防为主、早期预警、因地制宜、综合治理的原则，从煤、温度、氧气、空隙中的一个或多个要素进行控制或消除。国内外采用的防灭火技术手段和材料有开挖、注水、注浆、胶体、固化泡沫、三相泡沫、高密度泡沫、液氮、液体惰性气体、水雾喷射[57-65]等。依据控制的对应要素和主要功能作用，可将煤火的防灭火技术大致分为直接剥离技术、堵漏防灭火技术、吸热降温技术、火区惰化技术、煤体阻化技术五大类[55, 66, 67]。

1. 直接剥离技术

直接剥离技术指直接剥除火区火源，通常先注水对浅部区域进行降温，再通过机械方式或爆破方式完成剥离处理，如通过开挖或定向爆破将煤炭与火源分离。吕昭双等[68]较早地研究了火区高温爆破剥离火源的方法，解决了爆破孔温度过高无法正常爆破的问题。由于火区可剥离程度有限，直接剥离技术适用于面积小、埋藏浅、发展速度较慢的煤田火区，剥离施工工艺复杂，灭火成本增大，施工安全性较差。此外，剥离施工过程使火区与氧气大面积接触，可能致使火区发展和扩散，无法根除火区威胁。

2. 堵漏防灭火技术

堵漏防灭火技术指通过填堵漏风通道杜绝或减少火区供氧，可采用覆盖、封堵和均压等方式。覆盖是用黄土等材料将火区与氧气隔绝的一种手段，技术易行、施工成本低、速度快[69]，但一般难以彻底熄灭火区尤其是蓄热火区，覆盖常在进行综合手段灭火时作为辅助措施使用[67]。封堵漏风通道也是灭火手段之一，国外较早使用泡沫浆体作为封堵材料并逐渐发展[70]，国内由泥浆、黏土矿物等传统材料发展到新型材料，包括三相泡沫[61, 71, 72]、胶体[69, 73]、复合胶体[74]、无机固化泡沫[72, 75, 76]、凝胶泡沫[77, 78]、高分子封堵材料等，并且得到了应用[79-81]。高分子封堵材料在作用过程中体积可膨胀数十倍，达到充分封堵裂隙、通道的效果。传统材料封堵漏风通道时材料扩散范围有限，无法适用于大面积煤田火区的治理；新型材料封堵效果好，但施工复杂、成本高。均压技术通过减小压力梯度，平衡漏风压差来阻止或抑制煤田火灾的发展，常作为辅助灭火手段[82]。

3. 吸热降温技术

吸热降温技术是指以降低温度来熄灭火区的技术，一般通过向火区灌注吸热快、比热容大的材料来达到热量的吸取，常用的技术手段包括注水、注浆、注泡沫等。水、浆[75]、泡沫材料[83]均价低易得，适用于煤田火灾治理的普遍情况，但材料流动性较大，总是沿着低地势流动，不能向高处堆积，因此难以控制实现火区的有效、均匀、全覆盖。两相泡沫的出现，大幅改善了水的扩散性能，弥补了水灭火效率有限的不足，但仍存在着泡沫受热消损后火区治理容易反弹的问题。随着材料科学的发展，集固、液、气三相材料性能于一体的三相泡沫防灭火技术[61]在包裹性、吸热降温、隔氧堵漏等方面展现出了优势。水雾[63, 84]降温作为煤火防治的一项有效措施发展正盛，为了提高细水雾技术的适用性，司胜楠[85]提出了一种自吸气式细水雾发生装置，具有操作简易、雾化程度高的优点。

4. 火区惰化技术

火区惰化技术是指将惰性气体注入燃烧火区，从而降低氧气浓度窒息火区的技术[67]。可注入材料包括氮气、二氧化碳、惰气泡沫、惰性三相泡沫等。根据灭火需要，氮气制备和注入的技术装置不断改进，能较好地稀释抑爆[86]，但灭火不够高效，仍有应用困难。液氮和液态二氧化碳因其快速吸热和降温的效果，在煤火防治中得到广泛应用[69, 87]。惰气泡沫技术是通过向水中加入表面活性剂后与惰性气体作用产生泡沫进行灭火[55]，惰气三相泡沫则将水改进为泥浆，相较于惰气泡沫，具有作用时间持久的特点，灭火效果更优。总的来说，惰化技术适用于有限面积的密闭火区治理，对于裂隙发育、多处漏风的大面积煤田火区，治理效果不佳。

5. 煤体阻化技术

煤体阻化技术是指向煤体喷洒、压注阻化材料来降低煤氧化活性的技术，常用材料[88]有盐类、雾化阻化剂、高分子阻化剂等。氯化钙、氯化镁具有良好吸水性，但阻化效果普通；高分子阻化剂阻化效果优越，但材料昂贵、阻化寿命有限。

从地下煤火的综合治理现状来看，直接剥离技术、堵漏防灭火技术、吸热降温技术、火区惰化技术、煤体阻化技术五大类技术有其自身优越性的同时也存在一定局限性，单一使用难以满足持久堵漏风防治煤自燃的要求。直接剥离可直接清除火源，但作业安全性难以保证，还有增大火势的可能。注水、灌浆成本低、易操作，但扩散范围有限，难以稳定进行施工控制。凝胶和固化泡沫能够较好填充空隙，但扩散范围较小，灭火能力有限。三相泡沫易于堆积，但容易破碎，难以持久作用于火区。液氮、液体二氧化碳均可灭火，但其储存运输过程复杂，成本较高。低用水量、低成本的水雾可以覆盖和冷却火灾区域，灭火效果良好，但迁移能力较差，难以实现大面积作用灭火。因此，持续研究新型防灭火材料是推动治理地下煤火的关键手段。

5.1.4 地下煤火“变害为利”技术

地下煤火防灭火技术中的剥离、堵漏、降温、惰化、阻化等手段，都是将煤火的热能视为灾害源头，采用直接废弃的手段而未考虑其中热能的提取利用。其实，火区热量中蕴藏着丰富的废热资源，一定程度上可作为低-中品级地热资源[44]。Kurten[89]等通过对德国西部地区废弃矿堆的地热提取和利用研究论证了煤火地热利用的可行性。将消除煤火之“害”的防治思路转变为将煤火“变害为利”，是解决地下煤火问题的重要新方向。据统计，全球每年地下煤火燃烧产生的能量超过了全球水力发电所产能量总和，几乎是全球 500 个核电总容量的 2.5 倍[90]。针对当前煤火治理方式方法的不足，利用“变害为利”的治理思想，即将“治理灾害源”转变为“把煤田火区热能作为一种清洁能源利用起来”，探索地下煤火废热资源的开发，开展有利的热能回收利用研究和工程应用，对加快煤火治理、节能减排意义重大[91]。

5.1.4.1 煤火热资源提取

目前，对煤田火区热能提取研究还处于探索阶段。为顺利获取地下热能并将其转化为可利用的能源形式，国内外研究提出了一系列热提取技术和系统，如热管技术、热泵技术、有机朗肯循环系统、增强型地热系统、热管换热系统等[92-94]。针对煤田火区的独特地质条件和热储存情况，热媒热置换和热管技术是现今主要的两种提热方式[91]。

1. 热媒热置换提热法

热媒热置换提热是利用热提取媒质，即热媒，对火区的热能进行置换、提取后转换为电能，通过对火区热量的提取利用来实现火区治理。Chiasson[95]等分析实际案例中的数据，提出了从地下煤火和废煤堆中提取热能的概念，模拟了垂直钻孔套管热媒换热器热交换过程，建立了垂直热能抽采钻孔的温度响应因子模型对地下煤火和废堆发电的经济性、可行性进行评估。仲晓星[96]等对比了固、液、气态热媒的热提取效果，分析了埋管取热和直接压注取热 2 种热提取方法的优缺点，提出了以气态热媒为载体取热，采用多孔压入式导向性热提取方式采热，并配以有机朗肯循环系统进行发电的火区热能提取与转化方法。但由于煤田火区岩体密实度不均、温度分布不均等复杂条件，整体热交换效率和热电转换效率较低，热能高效分级转化等技术问题有待更深入的研究。

2. 热管提热法

热管是一种传热性能和等温性能优异的传热元件，有优异的单向热超导性能，能灵活应用于多种环境。重力热管是热管的一种，其工作原理是介质依靠重力作用实现循环，由三部分组成，一端为蒸发段吸收热量，使流体蒸发，中间为绝热段完成循环，另一端为冷凝段凝结蒸汽，散发热量，能在没有额外动力输入的情况下实现大量热量的有效传输。与普通热管相比，重力热管具有结构简单、制造方便、成本较低、工作可靠、结构形式和形体尺寸灵活多变等优势[92, 94]。

美国俄亥俄州通用发动机公司在一项专利技术中，提出了一种“传热元件”。20 世纪 60 年代，学者 Grover 等在专利中正式提出“热管”这一名称并公布了实验研究成果，热管理论研究开始发展，热管也凭借超高的导热率实现了热量转移和能量回收，逐渐得到广泛应用。20 世纪 80 年代，我国的热管技术迅速发展、推广应用，带来了显著的节能效益，科研工作者和技术人员对重力热管的研究主要集中在基础理论和工程应用两方面。郭广亮等[97, 98]在工作介质中添加纳米颗粒，提高了重力热管的传热性能。Sarmasti[99]，Jouhara and Robinson[100]等对重力热管进行了实验研究，揭示长径比、充液率、倾角、工作介质等因素对重力热管传热性能的影响。屈锐[101]观察到煤炭在运输及堆放过程中因蓄热升温引起的自燃现象，提出了应用重力热管提取和转移煤堆燃烧产生的热量，阻止煤岩内部热量积聚，并通过一系列研究证明了重力热管可用于火区热能的提取，为火区热能提取提供了思路[102]。重力热管优异的传热性能和经济性，解决了煤火深部地热开发过程中地质环境和传热效率的问题，为现阶段煤火中低品位地热能高效回收奠定了技术基础[91]。

热管换热技术研究和应用在当前可持续发展和“双碳”目标大背景下受到普遍关注，在废热回收、汽车发动机、地热能、太阳能等行业和领域得到高度重视[103]，对热管的科学研究从理论分析、实验研究、数值模拟等方面展开[101]。如何提升换热效率、提高经济性、增强复杂工程条件适应性和加强小型热管技术的研发应用等是热管换热技术发展中的重要科学问题。

5.1.4.2 煤火热资源转化与综合利用

地热能的利用可以分为两大类：一是直接利用，如空间加热、管道加热、工农业用热、生活用热等；二是间接利用实现热电转化[104]。由于地下煤火通常发生于偏远或不宜居住的区域，直接利用热能的需求较小。因此，将热能转化为电能是目前最可行的技术路线。目前主流的热能发电技术有干蒸汽发电循环、闪蒸蒸汽发电循环和双工质循环发电 3 种[105]。在地下煤火热能利用领域，主要的发电技术是双工质发电循环中的有机朗肯循环发电和温差发电[106]。

为保证高发电效率，有机朗肯循环发电技术要求热源容量大，这与地下煤火热能释放量大的特点相契合，因此以地下煤火作为有机朗肯循环的热源十分合适[106]。仲晓星[96]等提出了一种煤田火区热能提取与转化的方法，利用阻燃充填材料覆盖高温区的地表裂隙、塌陷坑等进风与出风通道，在地表钻孔并通过气体增压泵向地下煤火高温区域压入气态热媒，气态热媒与高温区域完成热交换后，再通过真空泵、过滤器、蒸发器完成热交换，交换得到的热能由有机朗肯循环系统发电，剩余的热媒经冷却后再输入低温储气罐，经增压泵重新压入钻孔，完成循环，直至提取和转化过程结束。该方法弥补了现有煤田火区治理过程中所含热能无法提取的缺陷，达到了“变废为宝”、“变害为利”的目的，在欧美地区有大量工业应用实例。目前，有机朗肯循环系统还存在着系统使用寿命在火区环境中难以保证、设备搬运困难等问题，对有机朗肯循环发电技术的研究还有试验研究、部件优化、发电机组工程应用等问题有待攻克[107]。

温差发电技术以塞贝克效应，即第一热电效应为理论基础，通过热电片组件将低级热源的热量有效地转换成清洁电能，具有易制造、易维护、寿命长、无噪声、环境友好、适应性强等诸多优势[108]，广泛用于各领域热能回收。中国矿业大学周福宝团队自 2015 年开始，在新疆开展大量大规模的煤田火区热回收利用工程试验，建成全球煤火防治与利用工程试验基地。2016 年，该团队[109]研发的分布式煤田火区热能提取与温差发电装置在新疆大泉湖火区发电成功，标志着煤田火区废弃热能得以有效回收利用。之后，该团队继续进行温差发电模拟试验，针对发热装置做出改进，大大提升系统发电量，形成了一种新型地下煤火热能提取温差发电系统[110-112]，利用重力热管的优势研发了重力热管热能提取温差发电系统[113]。面对煤火生态治理和绿色低碳的新要求，周福宝等[114]将煤火绿色防治与热能生态利用协同考虑，提出了“以用代治，生态灭火，可持续发展”的煤火治理新思路，建立了煤田火区热能的综合利用系统[115]和地下煤火热能利用与地表生态恢复综合体系[116]。2019 年，中国矿业大学张新浩[117]设计并构建了一种新的基于温差发电技术的煤田火区浅部钻孔内嵌式热能提取装置，该装置能放入浅部钻孔进行直接热电转换，避免了热电转化过程中热量的大幅损失，测试中热能提取装置的输出功率提高了 16%，但在适应现场钻孔热提取利用条件和发电效率方面，该装置还存在不足。

目前，温差发电技术被公认为最具创新和潜力的节能和环保技术。随着电热材料研发突破和设备升级，限制温差发电技术发展和推广的热电转化效率问题和半导体材料成本问题将得到解决，温差发电技术在废热回收和绿色利用方面的优势会逐步显现。

热能的高效提取与转化一直是地下煤火（煤田火区）领域的前沿研究和热点问题。通过变革传统地热利用技术在煤田火区的创新优化应用，探索煤田火区热能综合高效利用方式和防治-利用协同治理新模式（图 5-8）[118]，形成废热发电、煤火治理、环境修复全过程覆盖的整体布局，引导煤火治理走向经济、和谐、绿色的可持续发展道路。

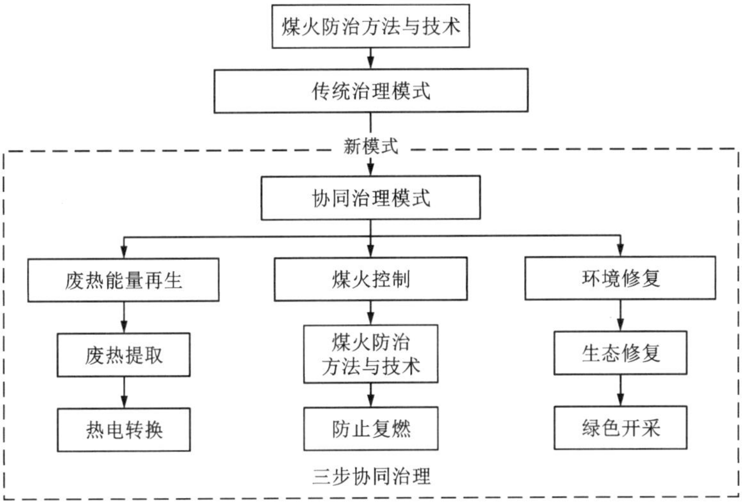

图 5-8　煤火治理新模式

5.2 采动影响型地下煤火多场耦合特性

地下煤火因所处环境差异可分为煤层露头型和采动影响型[64]。随着煤层燃烧持续发生并向地下延伸，燃烧区将被扰动岩层覆盖，煤层露头型煤火会转变为采动影响型[56]。加上煤炭资源的规模化开采，采动影响型地下煤火成为地下煤火灾害的主要类型。采动影响型地下煤火通常位于采空区周边或废弃巷道周围的碎煤壁或塌陷顶部的煤层中，通过采矿活动引起的空隙供应充足的氧气。在这种情况下，煤层及其上覆岩层在发生煤火前便受到煤层开采的扰动。

煤矿开采引起的扰动覆盖层可分为三个分区：冒落区、破裂区、地表沉陷区，区域内的空隙、裂缝和裂隙构成了一个空隙场，热量和物质在此快速传递。因此，该空隙场由地表沉陷区的地表裂缝、破裂区上覆岩层裂隙、冒落区的碎石空隙组成。新鲜空气从地表裂缝进入，通过上覆岩层裂隙和碎石空隙，最后接触松散的煤层。煤与氧气发生反应，产生热量和氧化/热解气体(CO、CO_2、C_nH_m 等)。这些气体通过上覆岩层的裂隙和地表裂缝，最终排放到大气中。通过热传导，周围岩石的温度升高，部分热量通过热对流消散。

5.2.1 地下流体迁移

水和气体(煤层气、空气和氧化/热解气体)是采矿扰动岩层中最常见的地下流体。由于煤矿开采，水和气体可以流过许多空隙。当这些空隙将地下空间连接到地表河流、地下含水层、富水洞穴、地下河流、湖床和海床等富水区域时，这些区域的水可以流入地下空间，甚至引起突涌水灾害。此外，空隙可用作氧气供应的途径，引发煤或煤层气燃烧，从而产生污染地下环境的有害气体。空隙也有利于煤层气的迁移，从而导致瓦斯爆炸和瓦斯突出的风险。地下流体迁移过程中的多场耦合系统如图 5-9 所示。

5.2.2 地下煤火防治

图 5-10 说明了防灭火机理和防灭火材料流动中空隙分布的重要性。空隙分布决定了防灭火材料的流动区域，如水、灌浆、泡沫、胶体、惰性气体等。此外，煤的防灭火有通过升温和水汽化吸热、用材料充填和堵塞空隙通道、用蒸汽和惰性气体稀释氧气浓度三个控制途径。这些过程可以吸热和散热，降低温度，降低煤氧化的反应速率和放热速率，增加氧气传递的流动阻力。

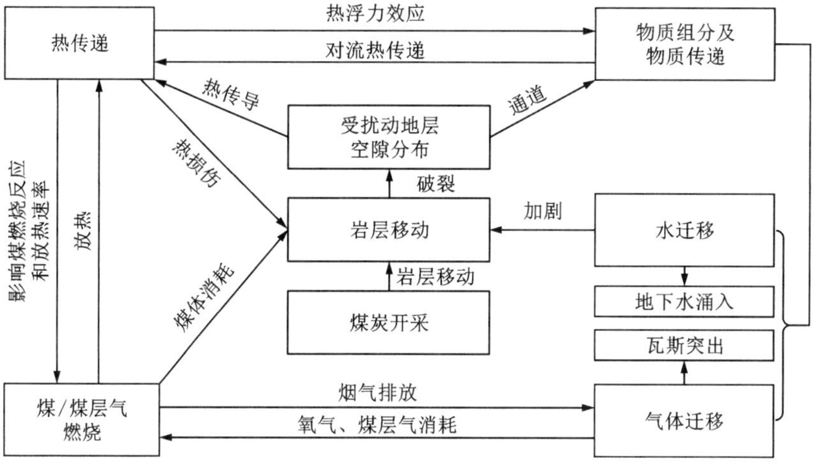

图 5-9　地下流体迁移过程中的多场耦合系统

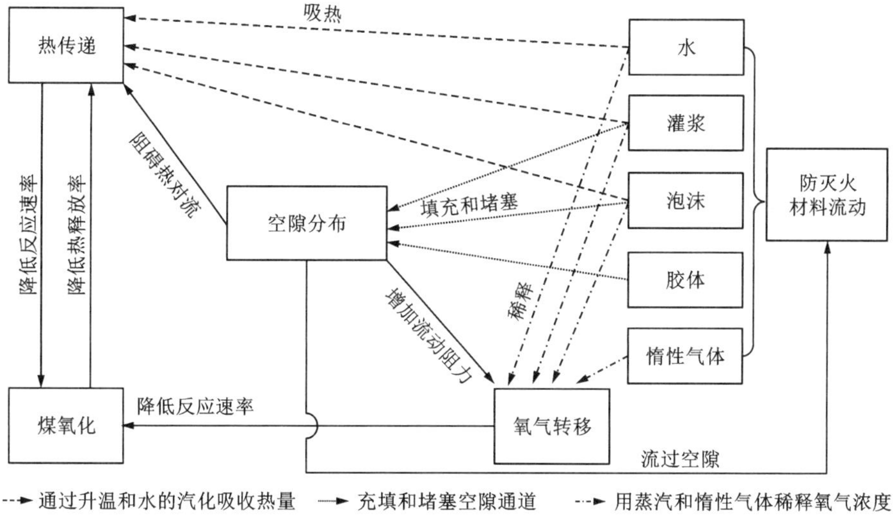

图 5-10　防灭火介质作用过程

5.2.3　煤和煤层气热动力灾害多场耦合

如图 5-11 所示，开采扰动岩层内存在多个场相互作用。一是空隙场，主要由上覆岩层运动引起的煤和岩体的碎裂结构构成。二是遗煤分布场。此外，还包括氧气浓度场、甲烷浓度场和温度场，三者取决于空隙场中的传热、传质和遗煤中甲烷的解吸和煤的氧化。这些场会在采煤扰动下动态变化。此外，遗煤、氧气浓度、甲烷浓度和空隙以及温度的不同组合叠加可能导致煤火和瓦斯爆炸灾害。

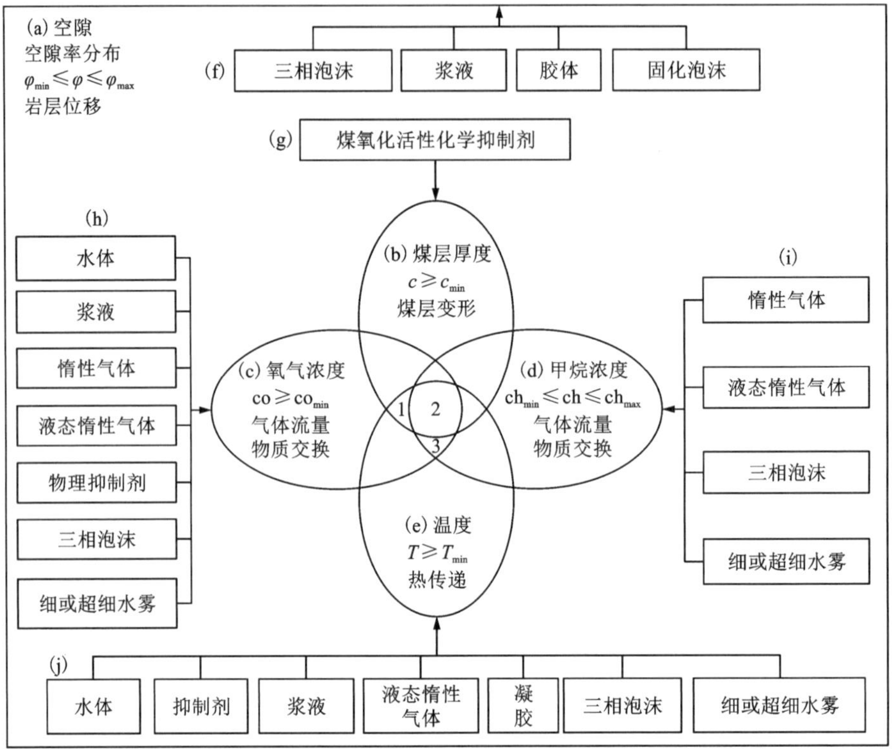

1和2区域发生煤层自然灾害；2和3区域发生瓦斯热动力灾害；2区域发生煤层自然诱发瓦斯热动力灾害

(a)空隙场；(b)遗煤分布场；(c)氧气浓度场；(d)甲烷浓度场；(e)温度场；(f)作用于空隙场的防灾介质；(g)作用于遗煤分布场的防灾介质；(h)作用于氧气浓度场的防灾介质；(i)作用于甲烷浓度场的防灾介质；(j)作用于温度场的防灾介质。

图 5-11　采动岩层内的热-流-固-化多场耦合作用模型及防灾介质多场作用机制示意图

火区控制技术是防止瓦斯爆炸和煤自燃现象发生的一系列综合性方法。控制技术通常包括灭火材料的注入，如水、水泥浆、抑制剂[57]、惰性气体、液体惰性气体[58, 59]、凝胶或胶体[60]、三相泡沫[61-63]和细或超细水雾[63-65]，以及煤层气防治、矿井通风、余煤治理、火源开挖和覆盖。由图 5-11 可以看出，这些现场控制技术根据控制对象可以分为针对空隙、遗煤分布、氧气浓度、甲烷浓度和温度中的一种或多种场的控制方法。

5.2.4　地下煤火中的多场耦合特性

如图 5-12 所示，地下煤火的燃烧系统包括物理过程和化学过程，如传热(传导、对流、辐射)、传质(气体流动和物质传递)、煤和岩石变形、煤氧化等，是一个热-流-固-化多场耦合系统(HTMC)，涉及空隙场中应力和应变、温度、渗流和物质浓度之间的相互作用。

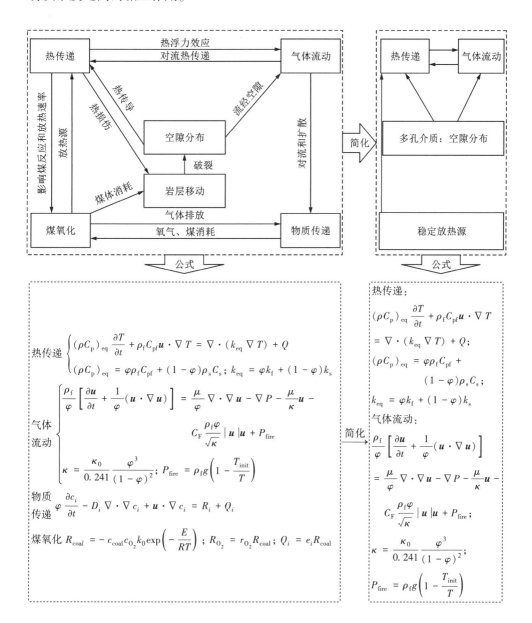

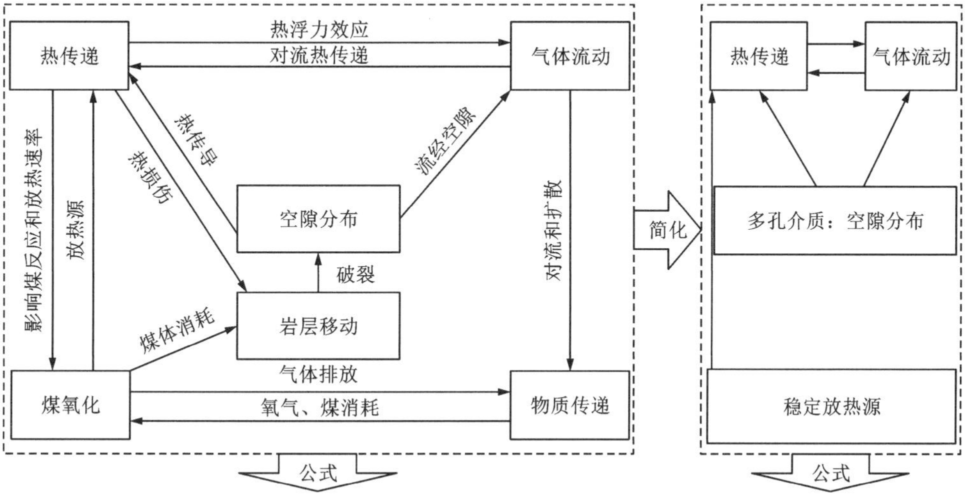

热传递
$$\begin{cases}(\rho C_{\mathrm{p}})_{\mathrm{eq}}\dfrac{\partial T}{\partial t}+\rho_{\mathrm{f}}C_{\mathrm{pf}}\boldsymbol{u}\cdot\nabla T=\nabla\cdot(k_{\mathrm{eq}}\nabla T)+Q\\(\rho C_{\mathrm{p}})_{\mathrm{eq}}=\varphi\rho_{\mathrm{f}}C_{\mathrm{pf}}+(1-\varphi)\rho_{\mathrm{s}}C_{\mathrm{s}};\ k_{\mathrm{eq}}=\varphi k_{\mathrm{f}}+(1-\varphi)k_{\mathrm{s}}\end{cases}$$

气体流动
$$\begin{cases}\dfrac{\rho_{\mathrm{f}}}{\varphi}\left[\dfrac{\partial\boldsymbol{u}}{\partial t}+\dfrac{1}{\varphi}(\boldsymbol{u}\cdot\nabla\boldsymbol{u})\right]=\dfrac{\mu}{\varphi}\nabla\cdot\nabla\boldsymbol{u}-\nabla P-\dfrac{\mu}{\kappa}\boldsymbol{u}-C_{\mathrm{F}}\dfrac{\rho_{\mathrm{f}}\varphi}{\sqrt{\kappa}}|\boldsymbol{u}|\boldsymbol{u}+P_{\mathrm{fire}}\\\kappa=\dfrac{\kappa_0}{0.241}\dfrac{\varphi^3}{(1-\varphi)^2};\ P_{\mathrm{fire}}=\rho_{\mathrm{f}}g\left(1-\dfrac{T_{\mathrm{init}}}{T}\right)\end{cases}$$

物质传递
$$\varphi\frac{\partial c_i}{\partial t}-D_i\nabla\cdot\nabla c_i+\boldsymbol{u}\cdot\nabla c_i=R_i+Q_i$$

煤氧化
$$R_{\mathrm{coal}}=-c_{\mathrm{coal}}c_{\mathrm{O_2}}k_0\exp\left(-\frac{E}{RT}\right);\ R_{\mathrm{O_2}}=r_{\mathrm{O_2}}R_{\mathrm{coal}};\ Q_i=e_iR_{\mathrm{coal}}$$

简化→

热传递：
$$(\rho C_{\mathrm{p}})_{\mathrm{eq}}\frac{\partial T}{\partial t}+\rho_{\mathrm{f}}C_{\mathrm{pf}}\boldsymbol{u}\cdot\nabla T=\nabla\cdot(k_{\mathrm{eq}}\nabla T)+Q;$$
$$(\rho C_{\mathrm{p}})_{\mathrm{eq}}=\varphi\rho_{\mathrm{f}}C_{\mathrm{pf}}+(1-\varphi)\rho_{\mathrm{s}}C_{\mathrm{s}};$$
$$k_{\mathrm{eq}}=\varphi k_{\mathrm{f}}+(1-\varphi)k_{\mathrm{s}}$$

气体流动：
$$\frac{\rho_{\mathrm{f}}}{\varphi}\left[\frac{\partial\boldsymbol{u}}{\partial t}+\frac{1}{\varphi}(\boldsymbol{u}\cdot\nabla\boldsymbol{u})\right]=\frac{\mu}{\varphi}\nabla\cdot\nabla\boldsymbol{u}-\nabla P-\frac{\mu}{\kappa}\boldsymbol{u}-C_{\mathrm{F}}\frac{\rho_{\mathrm{f}}\varphi}{\sqrt{\kappa}}|\boldsymbol{u}|\boldsymbol{u}+P_{\mathrm{fire}};$$
$$\kappa=\frac{\kappa_0}{0.241}\frac{\varphi^3}{(1-\varphi)^2};$$
$$P_{\mathrm{fire}}=\rho_{\mathrm{f}}g\left(1-\frac{T_{\mathrm{init}}}{T}\right)$$

岩层移动

$$\begin{cases} S_i(x, y) = \dfrac{s_{0i}\left\{1-\left[1+\exp\left(\dfrac{\frac{l_x}{2}-\left|\frac{l_x}{2}-x\right|-0.5l_i}{0.25l_i}\right)\right]^{-1}\right\}\cdot\left\{1-\left[1+\exp\left(\dfrac{0.5l_y-|y|-0.5l_i}{0.25l_i}\right)\right]^{-1}\right\}}{1-\left[1+\exp\left(\dfrac{0.5l_y-0.5l_i}{0.25l_i}\right)\right]^{-2}} \\ S_g(x, y) = \displaystyle\int_{-\infty}^{+\infty}\int_{-\infty}^{+\infty}\frac{S_{km}(\zeta, \eta)}{H^2\cot^2\beta_f} \exp\left\{-\frac{\pi}{H^2\cot^2\beta_f}\left[(x-\zeta)^2+(y-\eta)^2\right]\right\}d\zeta d\eta \end{cases}$$

空隙率

$$\begin{cases} \varphi_c = 1-\dfrac{h_d}{h_d+M-S_1(x, y)}+\varphi_c^0 \\ \varphi_{b(i, i+1)}^H = \dfrac{\Delta S_i}{\Delta\sum h_i+\Delta S_i}+\varphi_b^0; \\ \varphi_{b(i)}^V = \dfrac{\sqrt{1+\left[\frac{\partial S_i(x, y)}{\partial x}\right]^2+\left[\frac{\partial S_i(x, y)}{\partial y}\right]^2}-1}{\sqrt{1+\left[\frac{\partial S_i(x, y)}{\partial x}\right]^2+\left[\frac{\partial S_i(x, y)}{\partial y}\right]^2}}+\varphi_b^0 \\ \varphi_g^H = \dfrac{S_{km}-S_g}{H+S_{km}-S_g}+\varphi_g^0; \\ \varphi_g^V = \dfrac{\sqrt{1+\left[\frac{\partial S_g(x, y)}{\partial x}\right]^2+\left[\frac{\partial S_g(x, y)}{\partial y}\right]^2}-1}{\sqrt{1+\left[\frac{\partial S_g(x, y)}{\partial x}\right]^2+\left[\frac{\partial S_g(x, y)}{\partial y}\right]^2}}+\varphi_g^0 \end{cases}$$

简化 →

空隙率：
$\varphi_c(x, y)$
$\varphi_{b(i, i+1)}^H(x, y)$
$\varphi_{b(i)}^V(x, y)$
$\varphi_g^H(x, y)$
$\varphi_g^V(x, y)$

ρ_f 和 ρ_s 分别是空气或烟雾和多孔基体的密度，$kg \cdot m^{-3}$；φ 是多孔介质的空隙率；C_{pf} 和 C_s 分别为空气或烟气和多孔基体的热容，$J \cdot kg^{-1} \cdot K^{-1}$；$k_f$ 和 k_s 分别是气体和多孔基体的热导率，$W \cdot m^{-1} \cdot K^{-1}$；$Q$ 是火源产生热量的功率，$W \cdot m^{-3}$；μ 为气体动力黏度，$N \cdot s \cdot m^{-2}$；k 和 k_0 分别为岩石渗透率和初始渗透率，m^2；p_{fire} 为单位高度的火风压，$Pa \cdot m^{-1}$；T_{init} 为初始温度，K；R_{coal} 为耗煤率，$\%s^{-1}$；c_{coal} 和 c_{O_2} 分别是煤(%)和氧气(%)的平均浓度；k_0、E、R 分别指预膨胀因子($\%s^{-1}$)、活化能($J \cdot mol^{-1}$)和理想气体常数($J \cdot mol^{-1} \cdot K^{-1}$)；$R_{O_2}$ 和 r_{O_2} 分别为耗氧率($\%s^{-1}$)和相对系数；Q_i 和 e_i 分别为气体产生率($\%s^{-1}$)和相对系数；φ_c^0、φ_b^0 和 φ_g^0 分别是冒落区、破裂区、地表沉陷区的初始空隙率[20, 119-125]。

图 5-12　地下煤火多场耦合作用和控制方程

根据本书第 4 章推导出的空隙率分布模型，揭示采动影响型地下煤火的火源强度或气体流出速度与火源或地表温度之间的相关性。通过相互贯通的采动岩层空隙，地下煤火中燃烧的煤有足够的氧气供应。对于地下煤火而言，在氧气和煤充足的条件下，煤的氧化速率和产热速率是恒定的，其中温度分布只受气流和传热的影响。在这种情况下，只涉及多孔介质中的传热和气体流动。因此，可以将多孔介质中的热-流-固-化多场耦合模型（HTMC）简化为热-流耦合模型（HT），如图 5-12 右侧所示。

根据如图 5-13 所示的几何模型、边界条件、初始条件和空隙率，得到不同平面上的气体流速和温度分布。*yz* 平面中的流速大小和速度流线如图 5-14(a)所示，*xy*、*xz* 平面上的流速如图 5-14(b)所示，温度分布如图 5-15 所示。

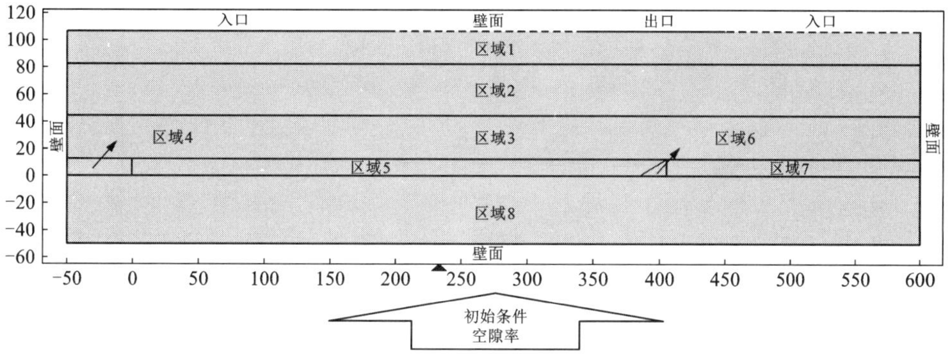

初始温度值：入口、出口和壁面均为 300 K；区域 6（−20 m≤*y*≤20m）的火源为 800 K，其余为 300 K；区域 1~5，7~8 为 300 K。

初始速度和压力值为：所有区域 $u=0$ m/s 和 $P=0$ Pa。

空隙率：

$$\varphi_{\text{区域1}}=\begin{bmatrix}\varphi_g^H & 0 & 0\\ 1 & \varphi_g^H & 0\\ 0 & 0 & \varphi_g^V\end{bmatrix};\ \varphi_{\text{区域2}}=\begin{bmatrix}\varphi_{b(1,2)}^H & 0 & 0\\ 0 & \varphi_{b(1,2)}^H & 0\\ 0 & 0 & \varphi_{b(2)}^V\end{bmatrix};\ \varphi_{\text{区域3}}=\begin{bmatrix}\varphi_{b(1,2)}^H & 0 & 0\\ 0 & \varphi_{b(1,2)}^H & 0\\ 0 & 0 & \varphi_{b(1)}^V\end{bmatrix};$$

$$\varphi_{\text{区域5, 6}}=\varphi_c;\ \varphi_{\text{区域4, 7}}=0.1;\ \varphi_{\text{区域8}}=0.05$$

$$\varphi_c^0=0.1;\ \varphi_b^0=0.08;\ \varphi_g^0=0.1$$

图 5-13　多孔介质中热-流耦合模型（HT）的几何模型、边界条件、初始条件和空隙率

从图 5-14 可以看出，空隙率分布决定了流场的形式。采矿扰动覆岩层周边的气体流速很大，因此建议在这些地方注入封堵材料进行灭火。气体流速随着深度的减小而逐渐减小。由于区域 6 火源上方具有更大的空隙率和火风压，因此在采空区周边火源位置上方形成了两个“烟囱”。

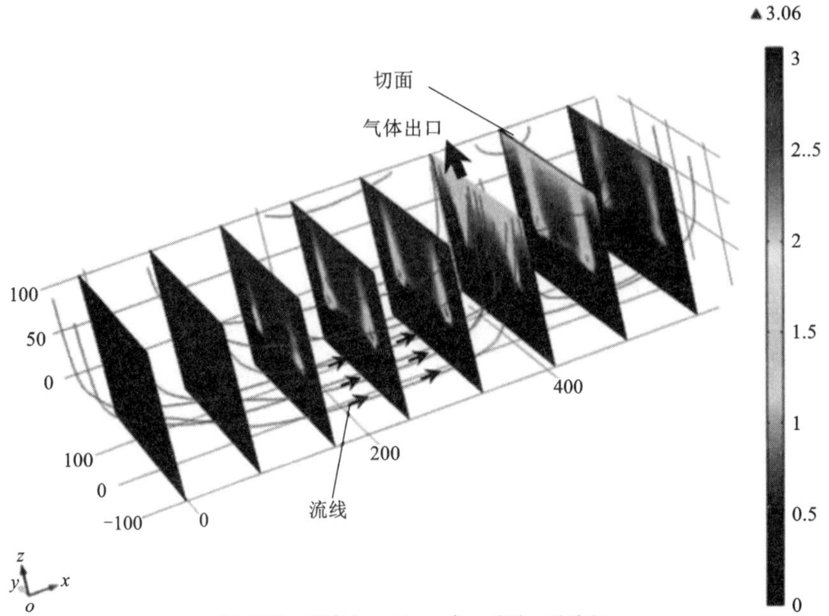

(a) 切面：速度大小/(m · s⁻¹)；流线：速度场

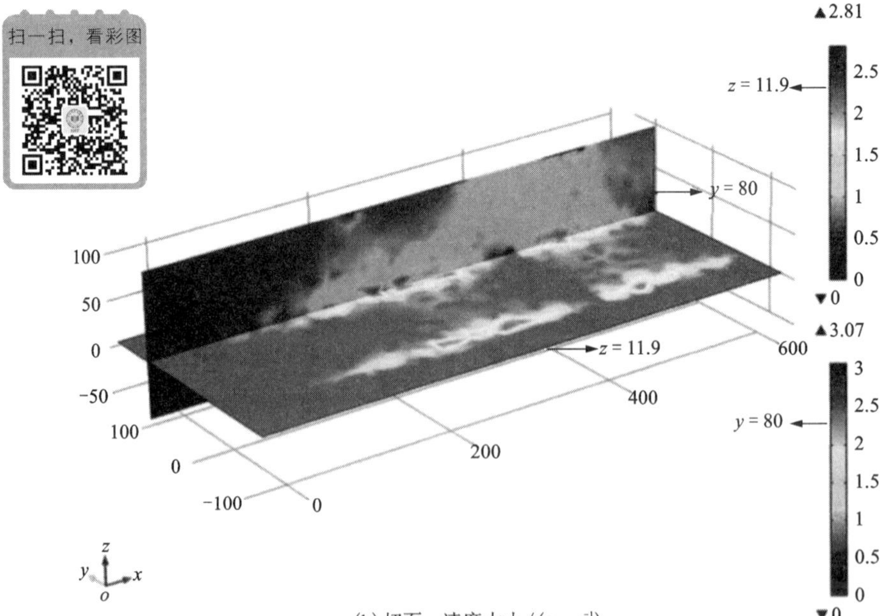

(b) 切面：速度大小/(m · s⁻¹)

图 5-14　在产热量为 20000 W/m³、法向流出流速为 1.6 m/s 的条件下，在不同平面(a) yz 平面和(b) xy、xz 平面上气体流速云图

图 5-15 显示最高温度位于火源处。例如，当产热量和法向流出速度分别为 20000 W/m^3 和 1.6 m/s 时，$z=0$、$x=400$ 和 $y=0$ 平面的最高温度分别高达 1624 K、1294 K 和 2028 K，而地面($z=106.9$)的最高温度仅为 396 K。

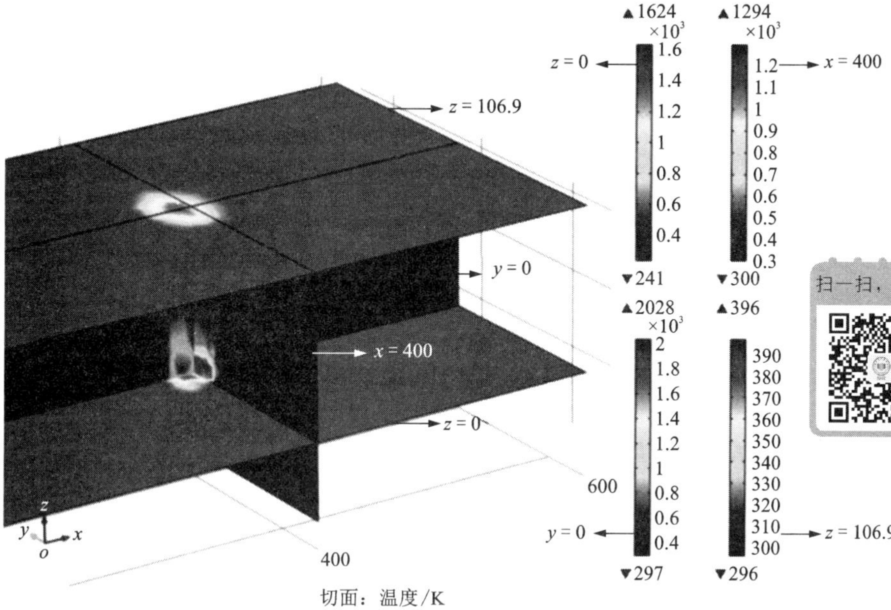

扫一扫，看彩图

图 5-15　在产热量为 20000 W/m^3、法向流出流速为 1.6 m/s 的条件下不同平面温度云图

图 5-16 显示了温度(T)与产热(Q_f)或流出速度大小 u_0 之间的相关性。当流出速度恒定时，热量产生与温度之间存在线性关系($T=aQ_f+b$)，包括火源处的最高温度(T_{mf})和平均温度(T_{af})以及地表的最高温度(T_{mg})和平均温度(T_{ag})。而产热恒定时，流出速度与温度呈负指数幂关系($T=cu_0^{-d}$)，如表 5-1 和图 5-16 所示。为评估煤火态势和灭火方案的控制结果，利用上述表达式，可根据容易监测的地表温度和流出速度，对温度和功率等火源特征进行量化。

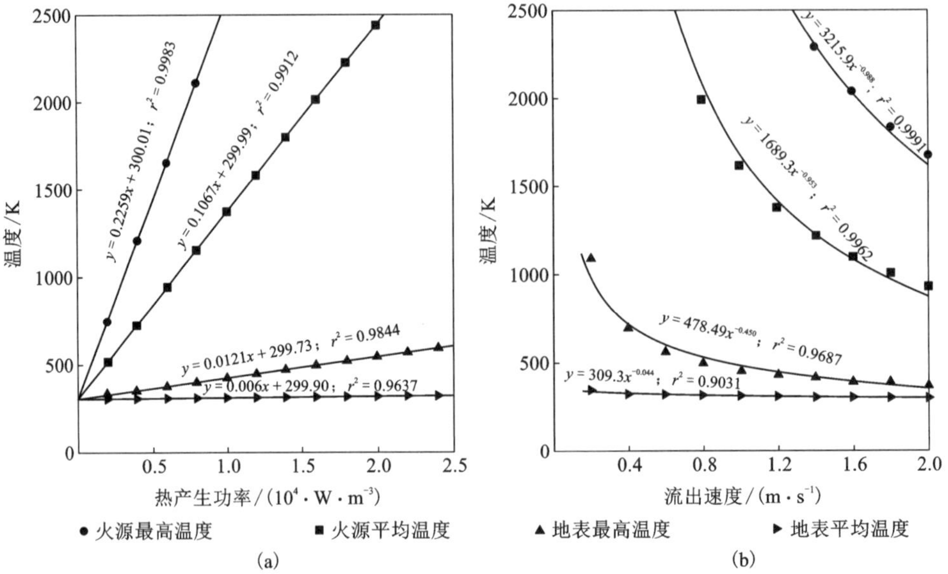

图 5-16　火源或地表温度与地下煤火产热或流出速度之间的相关性，包括(a)流出速度为 0.65 m/s 时温度与火源产热功率之间的相关性，以及(b)产热量为 20000 W/m³ 时温度与流出速度的相关性

表 5-1　温度和产热或流出速度之间的关系

温度 T 和热源功率 Q_f	温度 T 和流出速度 u_0	温度类型	参数				范围	
			a	b	c	d	Q_f/(W·m^{-3})	u_0/(m·s^{-1})
$T = aQ_f + b$	$T = cu_0^{-d}$	火源处的最大值 T_{mf}	0.2259	300.01	3215.9	0.988	2000~8000	1.4~2.0
		火源处的平均值 T_{af}	0.1067	299.9	1689.3	0.953	2000~20000	0.8~2.0
		地表的最大值 T_{mg}	0.0121	299.73	478.49	0.450	2000~24000	0.2~2.0
		地表的平均值 T_{ag}	0.0006	299.9	309.67	0.044	2000~24000	0.2~2.0

5.3　采动影响型地下煤火防治

5.3.1　基于 PDCA 循环的地下煤火治理过程管理

地下煤火的治理是一个系统过程，包括治理方案的制定、执行、效果评价以及处理等步骤且不断循环。可以用 PDCA 循环管理模型对地下煤火的治理工作进行管理和控制，其计划阶段主要内容有收集资料、分析、确定火区范围及评价火区发展状态、优选治理技术、确定治理方案，实施阶段为方案的执行，检查阶段即评价方案的效果，处理阶段为利用事故树等方法分析治理效果差的原因以进行方案的改进，该过程沿顺时针方向不断循环，最终目标是扑灭地下煤火并防止其复燃。

5.3.1.1　地下煤火治理过程的 PDCA 循环

PDCA 循环是一个具有普适性的管理模型，在 1980 年由 Walter A. Shewhart[126]提出，后经 W. Edwards Deming[127]推广普及。PDCA 由计划(plan)、实施(do)、检查(check)和处理(action)的首字母组合而成，主要应用于产品质量管理、安全生产管理、企业业务管理乃至系统管理[128-133]。

图 5-17 为 PDCA 循环的基本模型。地下煤火的治理是一个系统过程，包括治理方案的制定、执行、效果评价以及处理等步骤且不断循环，最终目标是快速有效地消除火区并保证人员安全。因此，地下煤火的治理过程可用 PDCA 循环进行管理。

用于地下煤火治理过程控制的 PDCA 循环模型如图 5-18 所示。P(计划)阶段，主要内容有收集资料、分析数据、划定火区范围、评估火势发展状态、选择最佳灭火手段组合的治理方案。D(实施)阶段，即执行煤火方案，包含准备灭火材料、钻孔、运输灭火材料、注入灭火材料等。C(检查)阶段，即方案的效果评价，对火势和控制效果进行监测和评估。A(处理)阶段，即方案的改进，结果不理想时改进或重新制定灭火方案。基于 PDCA 循环的地下煤火治理过程沿顺时针方向不断循环，最终目标是扑灭地下煤火并防止其复燃。

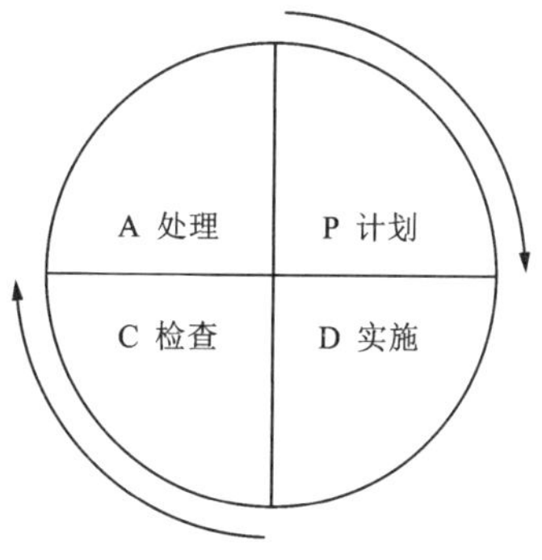

图 5-17　PDCA 循环的基本模型

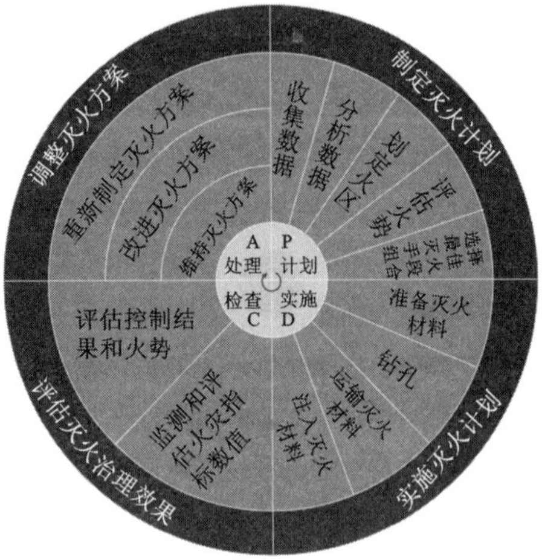

图 5-18　地下煤火治理过程控制的 PDCA 循环模型

5.3.1.2　方案制定(计划)

方案制定是火源治理工作的基础，包括火区信息收集、信息分析、时空发展状态科学判断和治理方案确定等步骤。方案制定是决策层根据火区信息以及执行层和处理层反馈的信息而进行的决策。

依据地下煤火煤层自燃的发生发展条件及影响因素，火区信息主要有煤层地质赋存条件、燃烧煤层煤种及煤岩成分、含硫量、燃烧空间特性(空隙通道分布)、氧气浓度场分布、温度场分布、火灾指标气体的浓度及变化趋势(钻孔、空洞、地表裂隙、地表塌陷等处)等。火区信息收集的具体工作是对火区燃烧煤岩层地质图、煤层煤样工业分析、煤层自燃倾向性及指标气体测定数据、地面探测钻孔深度及所测的气体和温度数据、地表裂隙的标度和散发气体成分及浓度，如果是矿井火则还需对井下巷道布置图、通风系统图、煤层开采记录、气体检测系统报表以及发火历史记录等资料进行整理。

其次是将收集的火区信息进行系统分析，根据煤自燃发生及演变所需的物质基础及其过程中的伴生现象，综合判断火区的时空发展状态。

具体而言，其一是根据煤层地质、煤层连续性破坏点(空洞或松散处)、探测点处火灾指标气体浓度(CO、CO_2、O_2、烷烯烃类气体)及比值(格雷哈姆系数、链烷比等)、地表温度及地下探测点温度综合分析火区范围。其二是根据探测点处火灾指标气体浓度(CO、CO_2、O_2、烷烯烃类气体)及比值(格雷哈姆系数、链烷比等)、地表温度及地下探测点温度值及其变化趋势判断火区发展状态和发展趋势。

最后是根据分析判断的结果确定治理方案。根据现有灭火技术的特点，综合各项技术的优点。优势互补地制定治理方案，其内容应包括所选择的技术及其所需的材料、设备和工艺，以及各项技术之间的组合方式。综合灭火技术应能总体上达到“隔氧、降温、阻化、抑爆”的联合作用。与此同时，方案中还应具有应急救援预案，包括应急措施的材料准备、施工以及避灾路线等内容，以便在灾情扩大或突变时能及时隔离火区，并保证人员安全撤离。

1. 火灾范围圈定

火区范围的判定是火区治理的关键，准确有效地找到自燃发火区域对减少火灾治理的盲目性，提高治理的有效性，节约治理成本具有重要的现实意义。根据浅藏煤层赋存、漏风及自然发火条件，煤田火区或者露天火区一般分布在废旧小窑开采破坏所形成的松散空洞区附近或者煤层露头附近。依据上述浅藏煤层发火分布特征，通过对煤岩介质内松散空洞区(即煤火可能发生区)的准确探测并结合钻孔测温就能够较为准确地定位煤火区域。

地表裂隙分布、异常温度、气流和成分测量值等地表数据容易检测得到。当前地质构造的探测方法有地震反射波法、直流电法与探地雷达法三种。其中探地雷达具有抗干扰能力强和精度高的特点，对深度较浅的松散空洞，其适用性更强。首先通过现场布线实测获得每条测线的雷达图像，然后通过各种雷达数据处理手段得到能够清晰反映地下介质特性的数据信息解释图。

2. 火灾发展态势分析

火区发展态势的分析与评价可对火区探测的准确性予以验证，同时也可为火区的快速治理提供针对性的指导，然而由于火势分析所涉及的气体、温度等因素众多，且各因素间存在不确定的相关关系，因此对火区火势的确定是一个复杂的多因素综合评价问题。

Saaty[134]在 1980 年首次提出了层次分析法，该方法将复杂系统问题层层分解成具有一定隶属关系的各个因素，并使之层次化，从而确定各因素的相对重要度。Van Laarhoven[135]在 1983 年首次将层次分析法和模糊数学理论相结合进行综合评价，该方法不仅能避开专家的知识缺陷和主观因素，而且能根据专家的逻辑思维收集模糊信息，建立更为合理的综合评判模型。目前，模糊层次分析法(fuzzy an analytic hierarchy process，FAHP)被广泛应用在方案择优和风险评价中，例如工厂选址[136]、采矿方法及采场参数选择[137-139]、风险投资[140]、安全评价[141]等。利用层次分析和模糊综合评价相结合的 FAHP 对地下煤层自燃火区的发展态势进行综合评价，可以明确火区的发展状态及趋势。

FAHP 是层次分析和模糊综合评价相结合的系统分析和评价方法[142, 143]。结合层次分析和模糊综合评价的特点，并根据地下煤火的实际情况，可利用模糊综合评价法对火区火势的发展状态及发展趋势予以评价，并利用层次分析法来确定综合评价中所考虑的着眼因素的重要性。

(1)层次结构模型构建

构建科学合理的层次结构模型是进行火区发展态势分析和评价工作的基础。煤层自燃过程伴随有明显的耗氧、产气和放热温升分段特性，缓慢氧化阶段、加速氧化阶段和燃烧阶段都对应着各自不同的耗氧速率、产气成分及其体积分数、温度及温升速率[144]。因此，可通过火区内煤自燃气体产物的体积分数、产物与耗氧量或者产物间的比值、煤岩体和气体温度来综合评判火区的发展状态，通过上述参数的变化率来评判火区的发展趋势。依据层次分析法的基本原理，可构建如图 5-19 所示的火区发展态势分析和评价体系，其中目标层(A)明确火区发展状态(或趋势)，中间层(B)有指标气体(B_1)、指标气体比值(B_2)和温度(B_3)三项，三项中间层又各包含一组指标，组成了指标层(C)。

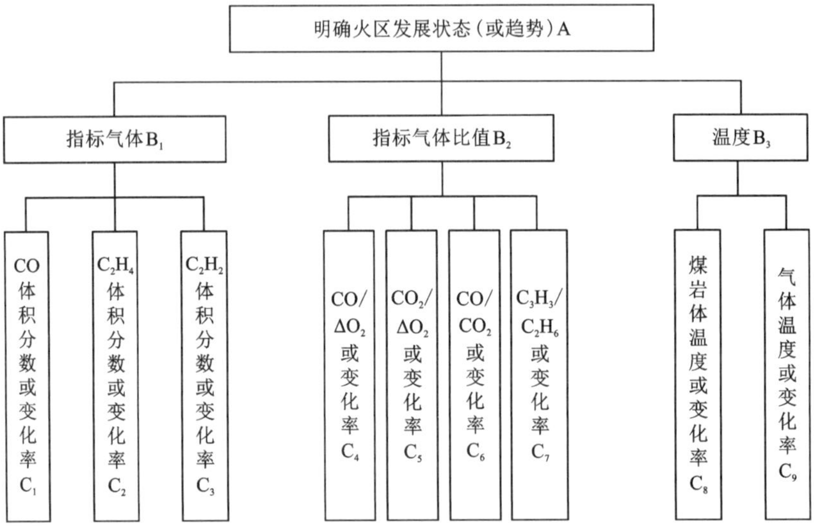

图 5-19　火区发展态势分析和评价层次结构模型

(2)层次分析法(AHP)确定指标因素权重

依据层次结构模型，将每一层的各因素按照表 5-2 所示的标度原则进行两两对比，得到判断矩阵，求出特征向量后将其归一化，作为因素的排序权重向量。再根据矩阵理论，检验矩阵的一致性，调整、判断矩阵，直至矩阵的一致性满足要求。

表 5-2　判断矩阵的标度原则

标度值	含义
1	两个因素相比，重要性相当
3	两个因素相比，前者比后者稍微重要
5	两个因素相比，前者比后者明显重要
2，4	上述两相邻判断的中值

(3)模糊综合评价

在火区发展态势综合评价中，所考虑的着眼因素集 U 为

$$U=\{C_1,\ C_2,\ C_3,\ \cdots,\ C_9\} \tag{5-14}$$

抉择评价语集 V 用测试地点的集合替换，即

$$V=\{V_1,\ V_2,\ V_3,\ \cdots,\ V_m\} \tag{5-15}$$

式中：$V_j\{j=1,\ 2,\ 3,\ \cdots,\ m\}$ 为测试地点编号，m 为测试地点个数。

当着眼因素集中元素 C_i 为体积分数、比值或温度值时，其隶属函数为

$$u_1(C_i)=\begin{cases}\dfrac{0.6}{a_1}C_i,\ C_i<a_1\\ \dfrac{0.4}{a_2-a_1}(C_i-a_1)+0.6,\ a_1\leqslant C_i\leqslant a_2\\ 1,\ C_i>a_2\end{cases} \tag{5-16}$$

式中：根据煤样试验分析以及现场统计，$i=1$ 时，$a_1=0.1\%$，$a_2=1\%$；$i=2$ 时，$a_1=0.001\%$，$a_1=0.01\%$；$i=3$ 时，$a_1=0.0001\%$，$a_1=0.001\%$；$i=4$ 时，$a_1=2\%$，$a_2=5\%$；$i=5$ 时，$a_1=30\%$，$a_2=40\%$；$i=6$ 时，$a_1=7\%$，$a_2=10\%$；$i=7$ 时，$a_1=12\%$，$a_2=18\%$；$i=8$ 时，$a_1=80℃$，$a_2=200℃$；$i=9$ 时，$a_1=60℃$，$a_2=100℃$。

当着眼因素集中元素 C_i 为体积分数、比值或温度的变化率时，其隶属函数为

$$u_2(C_i)=C_i \tag{5-17}$$

可得出评价矩阵 $\boldsymbol{E}$ 为

$$\boldsymbol{E}=\begin{bmatrix} e_{11} & e_{12} & e_{13} & \cdots & e_{1m}\\ e_{21} & e_{22} & e_{23} & \cdots & e_{2m}\\ e_{31} & e_{32} & e_{33} & \cdots & e_{3m}\\ \cdots & \cdots & \cdots & \cdots & \cdots\\ e_{91} & e_{92} & e_{93} & \cdots & e_{9m}\end{bmatrix} \tag{5-18}$$

式中：e_{ij} 为 V_j 处的 $u_1(C_i)$ 值或 $u_2(C_i)$ 值。

由 AHP 确定的指标因素 C_j 的权重系数为 w_i；设 V_j 的权重系数为 s_j。采用加

权平均模型 $M(\cdot,+)$ 对火源治理效果进行二级综合评价，其评价结果 R 值为

$$\begin{aligned} R &= (w_1, w_2, w_3, \cdots, w_9) \cdot E \cdot (s_1, s_2, s_3, \cdots, s_m)^{\mathrm{T}} \\ &= W_1^{\mathrm{T}} \cdot E \cdot (s_1, s_2, s_3, \cdots, s_m)^{\mathrm{T}} \end{aligned} \tag{5-19}$$

当着眼因素集中元素 C_i 为体积分数、比值或温度值时，评价结果 $R<0.6$ 说明火区温度及烟气成分浓度都不是很高，火势一般；评价结果 $0.6\leqslant R\leqslant 0.8$ 说明火区温度及烟气成分浓度普遍较高，火势较大；评价结果 $R>0.8$ 说明火区温度及烟气成分浓度已很高，火势危险。当着眼因素集中元素 C_i 为体积分数、比值或温度的变化率时，评价结果 $R<-0.2$ 说明火区温度及气体指标都在明显降低，火区火势减小；评价结果 $-0.2\leqslant R\leqslant 0.2$ 说明火区温度及气体指标没有很明显变化，火区火势变化不大；评价结果 $R>0.2$ 说明火区温度及气体指标在显著升高，火势增大。

3. 火区治理技术优选

地下煤火空间存在着多种物理场，伴随矿井的开拓开采或者废旧小窑的乱掘乱采、煤层露头的长时间暴露、覆岩的冒落下沉会形成由巷道空间和采(燃)空区空间组成的跨尺度空隙场和以受采动影响破碎的煤体为基础的松散煤体分布场；伴随空隙场内的传热传质和松散煤体分布场内的瓦斯解吸、氧气吸附过程会形成氧气浓度场以及温度场。这些物理场会在煤层开采或者煤层燃烧的扰动下发生动态变化，并在时空上进行交汇叠加，形成地下煤火并持续发展。

地下煤火的发生和发展是空隙场内松散煤体分布场、氧气浓度场、温度场交汇叠加并持续存在的结果，其发生条件为空隙场、松散煤体分布场、氧气浓度场和温度场四场叠加且交集不为空集，四场叠加所形成的交汇场随着时间的推移在空间上蔓延以实现地下煤火在空间广度上的发展。

因此，对于地下煤火的治理，关键在于缩小适宜地下煤火发展的空隙场、松散煤体分布场、氧气浓度场、温度场的范围，使其交集为空集。场作用技术是指通过向空隙场内灌注灭火介质或者隔离火源，缩小空隙场内原有物理场的分布范围，使其不能产生交汇叠加，从而避免地下煤火发展或复燃使其消除的综合技术。目前国内外地下煤火的治理方法主要是剥离法、注水与注浆法，有的火区还局部使用惰性气体、固化泡沫、凝胶、阻化剂和复合胶体等灭火材料。这些技术根据其作用的物理场对象的不同可归类为空隙场作用技术、松散煤体分布场作用技术、氧气浓度场作用技术、温度场作用技术中的一种或者多种。

根据各项地下煤火灭火技术和场作用防治技术间的隶属关系，可绘制出如图 5-20 所示的层次分析模型。其中 O 为目标层，即总目标为扑灭地下煤火、防止复燃，并达到经济合理、工艺简便和作用高效；P 为准则层，即实现总目标所需要抑制或消除的 P_1、P_2、P_3 三个物理场，分别为温度场、氧气浓度场和空隙场；Q 为措施层，包含 $Q_1 \sim Q_{11}$ 十一个具体地下煤火灭火方法。

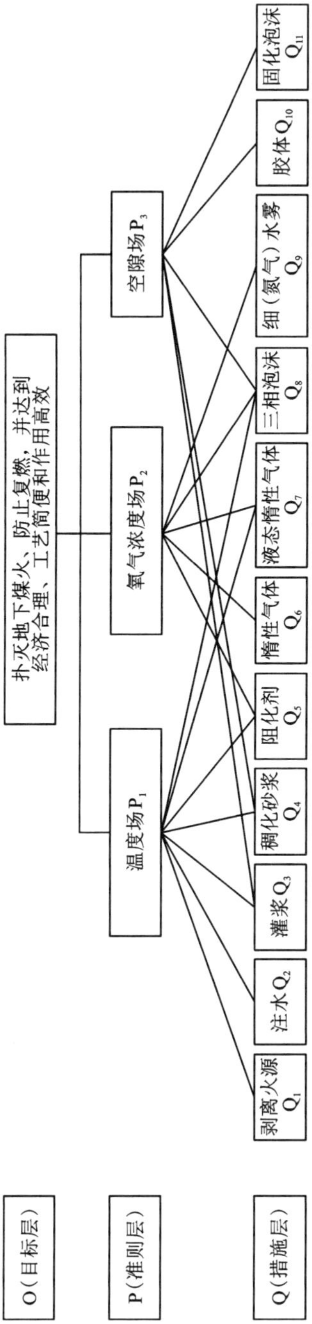

图5-20　选择场作用技术的层次分析模型

为了获得地下煤火灭火现场对场作用灭火技术内各项具体技术的认可度，特设计场作用技术调研评分表，然后将表格分发到具有代表性的各个煤矿或者煤田火灾治理单位，现场技术人员根据其实际情况就各项技术的经济合理性、工艺简便性和作用高效性逐一进行打分，具体评分结果汇总于表 5-3。

表 5-3　场作用技术调研评分汇总表

地下煤火场作用灭火技术调研评分表					
评分准则：对评分项进行打分，0~2 表示经济合理性、工艺简便性或作用高效性很差，2~4 表示较差，4~6 表示一般，6~8 表示较好，8~10 表示很好					
评分项		评分值			
		经济合理性	工艺简便性	作用高效性	平均分
温度场 P_1	剥离火源 Q_1	7.4	5.3	8.1	6.9
	注水 Q_2	9.8	9.4	6.3	8.5
	灌浆 Q_3	9.5	9.1	6.3	8.3
	稠化砂浆 Q_4	9.5	9.3	7.7	8.8
	阻化剂 Q_5	8.7	8.6	6.2	7.8
	液态惰性气体 Q_7	5.2	3.1	5.7	4.7
	三相泡沫 Q_8	7.3	8.3	9.2	8.3
	细(氮气)水雾 Q_9	9.1	8.9	9.3	9.1
氧气浓度场 P_2	阻化剂 Q_5	8.7	8.6	4.6	7.3
	惰性气体 Q_6	7.6	8.1	8.5	8.1
	液态惰性气体 Q_7	5.2	3.1	9.4	5.9
	三相泡沫 Q_8	7.3	8.3	6.1	7.2
	细(氮气)水雾 Q_9	9.1	8.9	8.3	8.8
空隙场 P_3	灌浆 Q_3	9.5	9.1	7.3	8.6
	稠化砂浆 Q_4	9.5	9.3	9.1	9.3
	三相泡沫 Q_8	7.3	8.3	8.1	7.9
	胶体 Q_{10}	6.1	5.7	7.4	6.4
	固化泡沫 Q_{11}	3.4	4.5	7.8	5.2

根据表 5-3 中的具体技术的平均评价值，各场作用技术内部两两对比可得具

体技术相对于场作用技术的三个判断矩阵，分别为 P_1-Q、P_2-Q、P_3-Q。假设在地下煤火治理中，消除或者缩小温度场、氧气浓度场和空隙场具有同等重要性，则构造出上述判断矩阵后，可计算出表示措施层各项技术重要性的权重向量，再验证判断矩阵的一致性。

由表 5-4 中数据可知，相对于“扑灭地下煤火、防止复燃，并达到经济合理、工艺简便和作用高效”这个总目标，具体的场作用技术重要性由高到低排序依次为三相泡沫、稠化砂浆、细(氮气)水雾、灌浆、阻化剂、液氮惰气、惰性气体、胶体、注水、固化泡沫、剥离火源。综上所述，在地下煤火治理过程中，综合三相泡沫技术、稠化砂浆技术、细(氮气)水雾技术、灌浆技术为一体，集“降温、稀氧、封堵”于一身的场作用综合治理技术体系是最为有效、工艺简单且经济合理的。

表 5-4　层次权重总排序表

措施层	准则层			相对于目标层，措施层的总排序
	P_1	P_2	P_3	
	1/3	1/3	1/3	
Q_1	0.111			0.037
Q_2	0.136			0.046
Q_3	0.133		0.23	0.121
Q_4	0.141		0.249	0.13
Q_5	0.125	0.196		0.107
Q_6		0.217		0.072
Q_7	0.075	0.158		0.078
Q_8	0.133	0.193	0.211	0.179
Q_9	0.146	0.236		0.127
Q_{10}			0.171	0.057
Q_{11}			0.139	0.046

5.3.1.3　方案执行(实施)

方案执行是火区治理工作由理论到实践的纽带。方案执行是执行层根据计划层火区治理方案中的各项具体行动方法，借助各项工具，使灭火介质与火区火源进行作用的行为过程。执行层的任务是将决策计划层制定的治理方案中的抽象意志转化为可操作的具体行为方法，并将行为方法变为能与火源直接抗衡的行动。方案实施的过程中要做好记录工作，如灭火钻孔施工后的具体参数、灭火介质的灌注时间、灌注量以及相应的操作人员、设备的运行情况等。

5.3.1.4 效果评价(检查)

方案效果评价是火区治理工作有效性的判析。根据探测点处火灾指标气体浓度(CO、CO_2、O_2、烷烯烃类气体)及比值(格雷哈姆系数、链烷比等)、地表温度及地下探测点温度值及其变化趋势，综合评判火区治理工作的有效性是方案效果评价的关键内容。

由于地下火区现象的复杂性和多样性，可以借助模糊数学理论，利用模糊综合评价法对火区治理效果进行定量评价。模糊综合评价作为模糊数学的一种具体应用，其过程是针对与被评价对象有关联的各因素，分别作出评价，之后再综合各评价结果，对评价对象做出科学合理的定量认识。

在火区治理效果综合评价中，所考虑的着眼因素集 U_e 为：

$$U_e = \{C_1, C_2, C_3, \cdots, C_9\} \tag{5-20}$$

抉择评价语集 V_e 用测试地点的集合替换，即

$$V_e = \{V_1, V_2, V_3, \cdots, V_m\} \tag{5-21}$$

式中：$V_j\{j=1, 2, 3, \cdots, m\}$ 为测试地点编号，m 为测试地点个数。

当着眼因素集中元素 C_i 为体积分数、比值或温度的变化率时，其隶属函数为

$$u_e(C_i) = C_i \tag{5-22}$$

可得出治理效果评价矩阵 $\boldsymbol{E}_e$ 为

$$\boldsymbol{E}_e = \begin{bmatrix} e_{11} & e_{12} & e_{13} & \cdots & e_{1m} \\ e_{21} & e_{22} & e_{23} & \cdots & e_{2m} \\ e_{31} & e_{32} & e_{33} & \cdots & e_{3m} \\ \cdots & \cdots & \cdots & \cdots & \cdots \\ e_{91} & e_{92} & e_{93} & \cdots & e_{9m} \end{bmatrix} \tag{5-23}$$

式中：e_{ij} 为 V_j 处的 $u_e(C_i)$ 值。

由 AHP 确定的指标因素 C_j 的权重系数为 w_i；设 V_j 的权重系数为 s_j。采用加权平均模型 $M(\cdot, +)$ 对火源治理效果进行二级综合评价，其评价结果 R_e 值为

$$\begin{aligned} R_e &= (w_1, w_2, w_3, \cdots, w_9) \cdot E_e \cdot (s_1, s_2, s_3, \cdots, s_m)^{\mathrm{T}} \\ &= W_1^{\mathrm{T}} \cdot E_e \cdot (s_1, s_2, s_3, \cdots, s_m)^{\mathrm{T}} \end{aligned} \tag{5-24}$$

如果 $R_e \in (-1, -0.5)$，表明各项着眼因素总体上在原有基础上下降了50%~100%，下降幅度和下降速度都比较大，说明治理火区内的火势在快速熄灭，因此治理效果为“好”；$R_e \in (-0.5, -0.1)$ 表明各项着眼因素总体上在原有基

础上下降了 10%~50%，有一定下降，但下降幅度和下降速度有限，说明火区内火势熄灭速度有限，因此治理效果为“中”；$R_e \in (-0.1, +\infty)$表明各项着眼因素总体上在原有基础上最大下降了 10%，下降幅度小，甚至会出现不降反升的结果，说明火区内火势熄灭速度极小甚至反而在加大，因此治理效果为“差”。

利用模糊综合评价法可以实现对火区治理效果进行定量评价。为基于 PDCA 循环的地下煤火治理过程管理提供依据，为火区治理提供针对性的指导，从而科学评判治理方案的有效性。

5.3.1.5　方案改进(处理)

方案改进是火区治理工作不断完善的关键推动力。当火区治理效果评价结果较为理想时，可保持原有方案执行，不需进行大的方案改进，或者只要进行微调即可。当评价结果不理想时，可根据事故树逐步找出治理效果差的原因，即分析出导致顶事件发生的基本事件，从而对基本事件进行修正和预防，最后避免顶事件的再次发生，使火区得以治理。

火区治理效果差时，可以通过事故树分析得出对应事故树的最小割集，再通过这些最小割集，可找出防止顶事件发生的途径，为改善治理效果提供具体的方法，从而对火区治理方案进行针对性的修改，然后进入下一个 PDCA 循环。这样通过 PDCA 循环的螺旋式上升，可实现地下煤火火区的快速治理。

5.3.2　基于 PDCA 循环的地下煤火治理过程管理应用

5.3.2.1　P(计划)

1. 火灾范围圈定

针对某露天矿地下煤火案例，利用红外测温仪和热线风速计对异常区域地表温度和流出速度等数据进行检测，并通过二维双谐波样条插值算法进行处理，生成等值线图如图 5-21 所示。可以看出，地表温度高、流出速度高的异常区域位于煤自燃引起的地下封闭开采工作面对应的位置。

2. 火灾发展态势分析

煤层燃烧不仅产生由 CO、CO_2、C_2H_4、C_2H_2 等碳氢化合物组成的烟雾，而且消耗氧气，加热地层和地表。各种火灾指标，例如气体的体积分数(CO、CO_2、C_2H_4、C_2H_2)、O_2 的消耗量、这些值的比率(CO/O_2、CO_2/O_2 和 CO/CO_2)、地表温度异常和流出速度被监测和计算以评估火灾发展态势[145]。综合以上指标，模糊层次分析法(FAHP)可以用来全面系统地评估所讨论的地下煤火的火灾发展态势。

层次分析法(AHP)已成功应用于评价、选择、排序、预测等多个领域[146]。

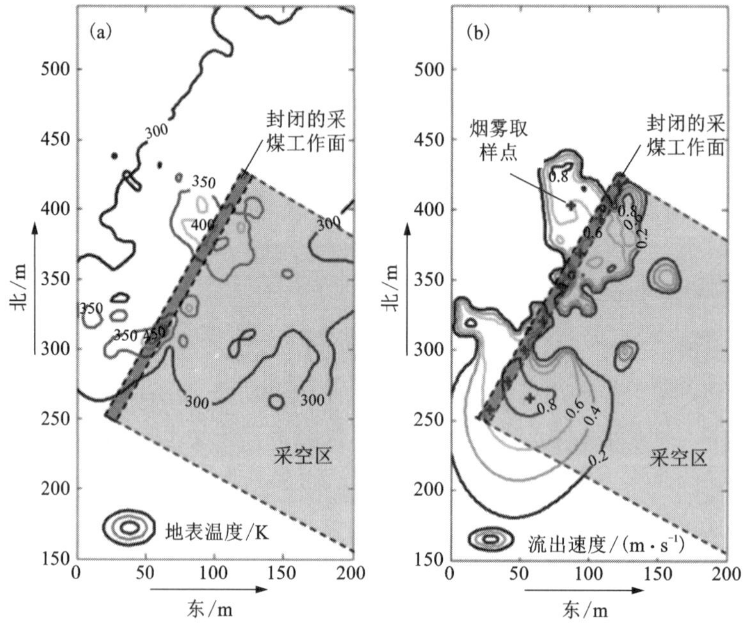

扫一扫，看彩图

图 5-21　根据现场数据(a)地表温度和(b)流出速度划定火区

FAHP 作为 AHP 的扩展已被开发用于处理许多不确定和模糊的问题[147, 148]，特别是用于估计煤炭行业的危害[149]，其结合了模糊综合评价和层次分析法的优点。地下煤火是一个复杂的燃烧系统，具有耗氧、烟气排放、热量释放和消散等多个过程。因此，火灾指标与煤的火灾行为之间存在不精确的相关性，火灾指标之间存在模糊的相互作用，这些相关性可以使用模糊理论来处理，其中定性的相关性可以描述为定量的模糊数。

如图 5-22 所示，建立了综合考虑重要火灾特征和火灾指标的层次结构模型，用于评估煤的火灾态势(A)。地下煤火由多种特征一起反映，这些特征可以概括为三个基本组成部分：传质(B_1)、CO 与 CO_2 的比值或它们与 O_2 消耗的比值(B_2)和传热(B_3)。每个基本特征都涉及一组火灾指标，如图 5-22 所示。如图 5-24(a)所示，评价过程包括七个步骤：建立评价指标体系(图 5-22)；设置相对重要性等级及如表 5-5 所示的相对重要性模糊语态及模糊数，根据专家评估[64]建立成对比较矩阵(表 5-6)并检查它们的一致性；计算火灾指数的权重(表 5-6)，获得现场火灾指数值(表 5-7)；基于式(5-25)计算用于量化这些值与最危险等级的相关性的隶属等级，根据表 5-8 确定煤火发展态势的综合等级。

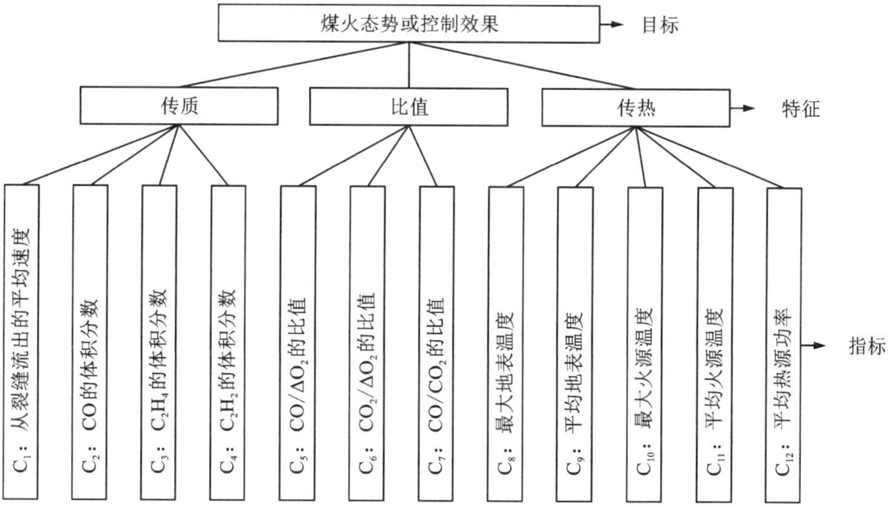

图 5-22　煤火发展态势评价和控制结果评价的层次结构模型

表 5-5　说明相对重要性的语言变量及对应的模糊数

语言变量	模糊数
同等重要	1
较为重要	2
很重要	3
非常重要	4
绝对重要	5

表 5-6　特征和指标的成对比较及其权重[64]

特征	成对比较向量特征	一致性指数（CR）	特征权重	指标	成对比较向量指标	CR	相对特征的指标权重	相对目标的指标权重
B_1	(1，1/2，1/3)	0.0079	0.163	C_1	(1，4，1，1/2)	0.0078	0.250	0.041
B_2	(2，1，1/2)		0.297	C_2	(1/4，1，1/3，1/5)		0.076	0.012
B_3	(3，2，1)		0.540	C_3	(1，3，1，12)		0.231	0.038
				C_4	(2，5，2，1)		0.443	0.072

续表5-6

特征	成对比较向量特征	一致性指数（CR）	特征权重	指标	成对比较向量指标	CR	相对特征的指标权重	相对目标的指标权重
				C_5	（1，1/2，1/4）	0	0.143	0.042
				C_6	（2，1，1/2）		0.286	0.085
				C_7	（4，2，1）		0.571	0.170
				C_8	（1，1/2，1/3，1/4，1/5）	0.0165	0.063	0.034
				C_9	（2，1，1/2，1/3，1/3）		0.106	0.057
				C_{10}	（3，2，1，1/2，1/2）		0.179	0.097
				C_{11}	（4，3，2，1，1/2）		0.274	0.148
				C_{12}	（5，3，2，2，1）		0.378	0.204

$$\mu v(x)=\begin{cases}0.6x/m_1,\ x<m_1\\ 0.4(x-m_1)/(m_2-m_1)+0.6,\ m_1\leqslant x\leqslant m_2\\ 1,\ x>m_2\end{cases}\tag{5-25}$$

式中：μv 为火灾指标值的隶属函数，m_1 和 m_2 为隶属函数中的两个分界参数，其值如表 5-7 所示。

表 5-7　隶属函数中评价指标和参数的权重、取值和变化率

指标	权重	指标的初始值	第 1 次治理循环后的指标值	变化率/%	指标的最终值	隶属关系函数中的参数	
						m_1	m_2
C_1	0.041	0.65 m/s	0.24 m/s	−63.1	0.07 m/s	0.3 m/s	0.6 m/s
C_2	0.012	2.4638%	0.8735%	−64.5	0.132%	0.1%	1%
C_3	0.038	0.0477%	0.0164%	−65.6	0	0.001%	0.01%
C_4	0.072	0.0027%	0.0009%	−66.7	0	0.0001%	0.001%
C_5	0.042	6.7%	4.1%	−38.8	0.887%	2%	5%
C_6	0.085	63%	22%	−65.1	15%	30%	40%
C_7	0.170	19%	4%	−78.9	1.3%	7%	10%
C_8	0.034	492 K	341 K	−30.7	313 K	353 K	473 K

续表5-7

指标	权重	指标的初始值	第 1 次治理循环后的指标值	变化率/%	指标的最终值	隶属关系函数中的参数	
						m_1	m_2
C_9	0.057	310 K	303 K	-2.3	301 K	303 K	313 K
C_{10}	0.097	>2000 K	833 K	<-58.4	365 K	773 K	2000 K
C_{11}	0.148	1995 K	574 K	-71.2	323 K	473 K	1000 K
C_{12}	0.204	15890 W	5167 W	-67.5	830 W	5000 W	15000 W

表 5-8　不同等级的火灾态势和控制效果

火灾态势的语言变量	评估结果	控制效果的语言变量	评估结果
最危险	1	最好	-1
危险	0.6~1	好	-1~-0.6
中等	0.4~0.6	中	-0.6~-0.2
安全	0~0.4	差	>-0.2

从用于火区划分的现场数据中获得裂隙中烟气平均流出速度(C_1)和最高、平均地表温度(C_8 和 C_9)；CO(C_2)、C_2H_4(C_3)、C_2H_2(C_4)和 O_2 的体积分数，这些数据是从 10 个烟气采样点采样分析得到的(图 5-21 中红色十字形标记)；计算 CO 与 CO_2 的比率(C_7)或 CO 和 CO_2 体积分数与 O_2 消耗量的比值(C_5 和 C_6)；利用图 5-16 的曲线推导或者使用模型进行数值模拟，得出最大火源温度(C_{10})和平均火源温度(C_{11})和平均产热量(C_{12})；最后根据以上指标对煤火火灾态势或控制效果进行综合评价。综合评价的模糊加权平均模型可表示为：

$$E=\mu\cdot W_{C-A}=(\mu_{C_1},\mu_{C_2},\mu_{C_3},\cdots,\mu_{C_{12}})\cdot(W_{C_1-A},W_{C_2-A},W_{C_3-A},\cdots,W_{C_{12}-A})\quad(5-26)$$

式中：E 为评价结果；μ 为火灾指标值或变化率的隶属向量；μ_{C_i} 为指标 C_i 的隶属度；W_{C-A} 为指标相对于目标的权重向量；W_{C_i-A} 为指标 C_i 相对于目标的权重。

根据式(5-26)，综合评价得出处理前地下煤火的煤火发展态势为 0.993，即煤火为最危险等级的概率为 99.3%，说明该例煤火是危险的。

3. 灭火技术优化

一般来说，控制地下煤火的灭火技术包括燃煤开挖、水渗透、注水、注浆、注凝胶、注三相泡沫、注液氮、注液态二氧化碳、注固化泡沫、喷洒水雾和覆盖等[63, 96]。地下煤火都需要四个要素来产生和传播：煤、温度、氧气和空隙。上述灭火技术是基于控制或去除四种元素中的一种或多种来达到灭火要求。开挖将煤与火区分开，从而去除燃煤。高温物质通过水或液态惰性气体蒸发的吸热过程冷却。氧气则通过引入惰性气体或蒸汽，或通过阻塞氧气通过的空隙来进行控制。

上述灭火技术各有优缺点[63]。开挖燃煤可直接去除火源，但可能会增加氧气供应，且因明火而难以保证作业安全。注水、注浆和水渗透经济且易于处理，但这些材料很容易流走并绕过火区。凝胶和固化泡沫具有出色的填充空隙的能力，但扩散范围很小。与水、惰性气体和泥浆相比，三相泡沫具有良好的流动和堆积能力，但容易破碎。液氮和二氧化碳的储存、气化和运输设备复杂、成本高，惰性气体容易流失。水雾消耗少、成本低，可以覆盖和冷却火区，但在松散区迁移能力差。覆盖是控制地下煤火的一种廉价且方便的方法，但很难维护。考虑到上述情况，为了选择最佳的灭火措施组合来控制地下煤火，本研究建立了一个层次结构模型，如图 5-23 所示。这个模型的目标是控制地下煤火(O)，包括四项准则层($P_1 \sim P_4$)和十一项灭火措施($Q_1 \sim Q_{11}$)。如图 5-24(b)所示，基于层次分析法选择最佳灭火措施组合的评估程序包括六个步骤：建立等级评价模型(图 5-23)；根据地下煤火的具体地质条件和火灾态势，从经济、难易、效率和安全四个方面按照 10 分制对用于控制煤火的措施进行评分(表 5-9)，其数据由完全了解各种措施的专家进行评分的[64]；根据平均分数(表 5-9)建立成对比较矩阵(表 5-10)；计算准则层和措施层的权重(表 5-10)；根据权重将措施从好到差分级(表 5-10)；最后选择前三项措施形成最佳灭火措施组合。如表 5-10 所示，该案例中，排名前三位的灭火措施是注浆、三相泡沫和水雾喷射。细水雾能迅速充满整个燃烧区，使燃烧的煤迅速冷却，降低围岩温度。三相泡沫很容易在充满

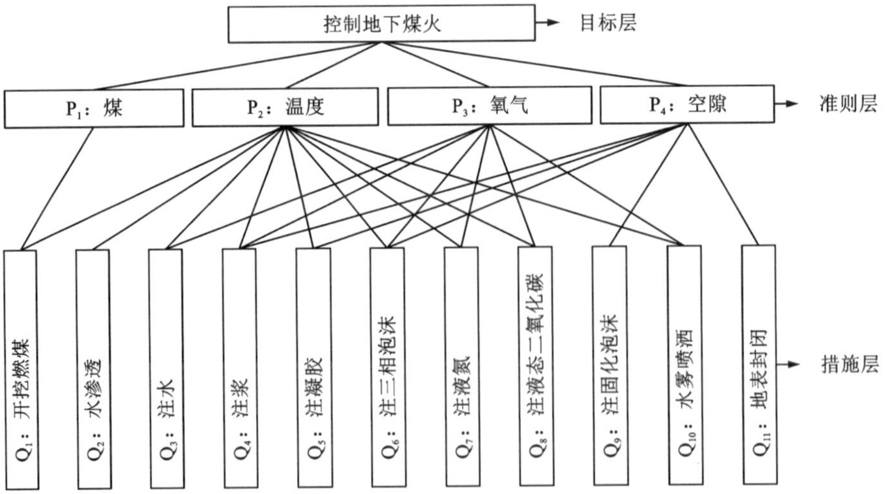

图 5-23　地下煤火灭火技术的层次结构评估模型

碎石的塌陷区流动和堆积，因此可以迅速覆盖和冷却上部炽热的煤和岩石。通过以上两种措施扑灭煤火后，火区仍有丰富的碎煤和漏风通道，这些因素可能会使熄灭的煤火复活。因此，必须将碎煤充分覆盖，并注浆填充漏风通道。

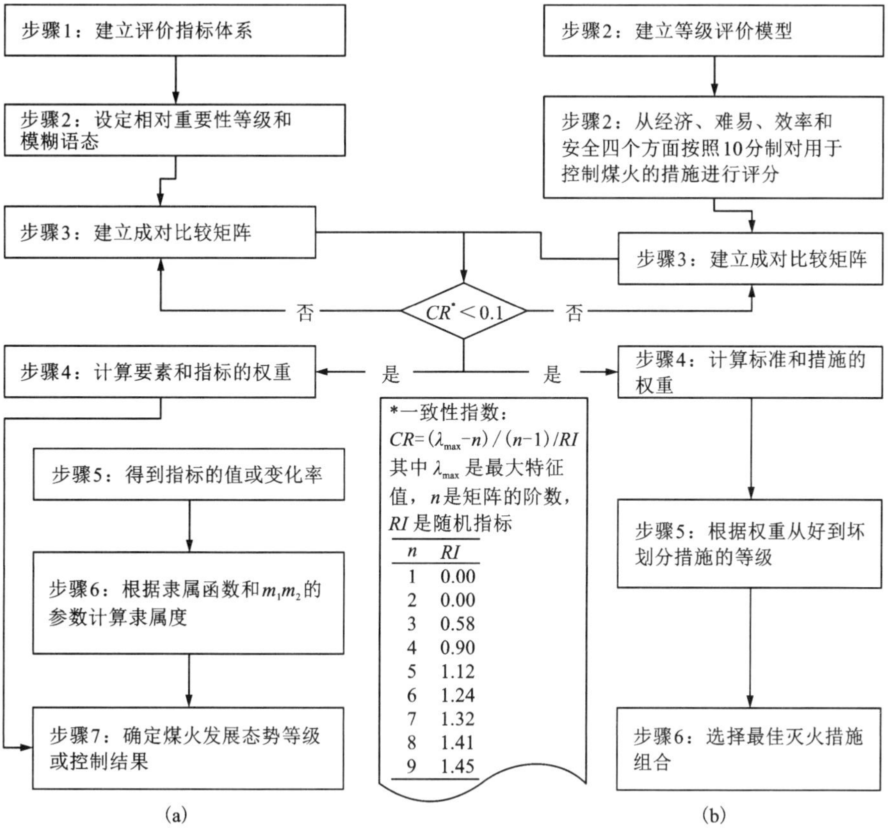

图 5-24　(a)评价煤火发展态势或控制结果和(b)选择最佳灭火措施组合的评价程序

表 5-9　在经济、简易、高效和安全四个方面考虑的控制地下煤火措施的得分

准则层	措施层	得分				
		经济	简易	高效	安全	平均
P_1	Q_1	3.4	4.5	7.2	2.4	4.4
P_2	Q_1	3.4	4.5	6.1	2.4	4.1
	Q_2	9.5	9.5	4.9	7.3	7.8

续表5-9

准则层	措施层	得分				
		经济	简易	高效	安全	平均
P_2	Q_3	9.2	9	6.3	6.7	7.8
	Q_4	9.1	8.8	6.3	8.6	8.2
	Q_5	5.2	6.1	4.8	8.1	6.1
	Q_6	6.5	5.9	8.5	7.9	7.2
	Q_7	5.2	3.1	8.9	5.6	5.7
	Q_8	5.1	3.5	8.6	5	5.6
	Q_{10}	8.9	8.3	8.7	8	8.5
P_3	Q_3	9.2	9	7.4	6.7	8.1
	Q_4	9.1	8.8	7	8.6	8.4
	Q_6	6.5	5.9	8	7.9	7.1
	Q_7	5.2	3.1	8.8	5.6	5.7
	Q_8	5.1	3.5	7.9	5.0	5.4
	Q_{10}	8.9	8.3	8.5	8.0	8.4
P_4	Q_4	9.1	8.8	6.1	8.6	8.2
	Q_5	5.2	6.1	8.6	8.1	7.0
	Q_6	6.5	5.9	8.9	7.9	7.3
	Q_9	4.4	5.1	8.2	7.6	6.3
	Q_{11}	6.1	8.4	7.6	8.3	7.6

表 5-10 准则层和措施层的成对比较矩阵及其权重

准则层	准则层的成对比较向量[a]	准则层权重	措施层	措施层的成对比较向量[b]	相对于准则层，措施层的权重	相对于目标层，措施层的权重	相对于目标层的总权重
P_1	(1, 1/5, 1/3, 1/2)	0.088	Q_1	P_1：(1)	1	0.088	0.120
				P_2：(1, 4.1/7.8, 4.1/7.8, 4.1/8.2, 4.1/6.1, 4.1/7.2, 4.1/5.7, 4.1/5.6, 4.1/8.5)	0.067	0.032	

续表5-10

准则层	准则层的成对比较向量[a]	准则层权重	措施层	措施层的成对比较向量[b]	相对于准则层，措施层的权重	相对于目标层，措施层的权重	相对于目标层的总权重
P_2	(5，1，2，3)	0.483	Q_2	P_2：(7.8/4.1，1，7.8/7.8，7.8/8.2，7.8/6.1，7.8/7.2，7.8/5.7，7.8/5.6，7.8/8.5)	0.128	0.062	0.062
P_3	(3，1/2，1，2)	0.272	Q_3	P_2：(7.8/4.1，7.8/7.8，1，7.8/8.2，7.8/6.1，7.8/7.2，7.8/5.7，7.8/5.6，7.8/8.5)	0.128	0.062	0.113
				P_3：(1，8.1/8.4，8.1/7.1，8.1/5.7，8.1/5.4，8.1/8.4)	0.188	0.051	
P_4	(2，1/3，1/2，1)	0.157	Q_4	P_2：(8.2/4.1，8.2/7.8，8.2/7.8，1，8.2/6.1，8.2/7.2，8.2/5.7，8.2/5.6，8.2/8.5)	0.134	0.065	0.153
				P_3：(8.4/8.1，1，8.4/7.1，8.4/5.7，8.4/5.4，8.4/8.4)	0.195	0.053	
				P_4：(1，8.2/7.0，8.2/7.3，8.2/6.3，8.2/7.6)	0.225	0.035	
			Q_5	P_2：(6.1/4.1，6.1/7.8，6.1/7.8，6.1/8.2，1，6.1/7.2，6.1/5.7，6.1/5.6，6.1/8.5)	0.101	0.049	0.079
				P_4：(7.0/8.2，1，7.0/7.3，7.0/6.3，7.0/7.6)	0.192	0.03	
			Q_6	P_2：(7.2/4.1，7.2/7.8，7.2/7.8，7.2/8.2，7.2/6.1，1，7.2/5.7，7.2/5.6，7.2/8.5)	0.118	0.057	0.133
				P_3：(7.1/8.1，7.1/8.4，1，7.1/5.7，7.1/5.4，7.1/8.4)	0.165	0.045	
				P_4：(7.3/8.2，7.3/7.0，1，7.3/6.3，7.3/7.6)	0.201	0.031	

续表5-10

准则层	准则层的成对比较向量[a]	准则层权重	措施层	措施层的成对比较向量[b]	相对于准则层，措施层的权重	相对于目标层，措施层的权重	相对于目标层的总权重
P_4	(2，1/3，1/2，1)	0.157	Q_7	P_2：(5.7/4.1，5.7/7.8，5.7/7.8，5.7/8.2，5.7/6.1，5.7/7.2，1，5.7/5.6，5.7/8.5)	0.093	0.045	0.081
				P_3：(5.7/8.1，5.7/8.4，5.7/7.1，1，5.7/5.4，5.7/8.4)	0.132	0.036	
			Q_8	P_2：(5.6/4.1，5.6/7.8，5.6/7.8，5.6/8.2，5.6/6.1，5.6/7.2，5.6/5.7，1，5.6/8.5)	0.092	0.044	0.078
				P_3：(5.4/8.1，5.4/8.4，5.4/7.1，5.4/5.7，1，5.4/8.4)	0.125	0.034	
			Q_9	P_4：(6.3/8.2，6.3/7.0，6.3/7.3，1，6.3/7.6)	0.173	0.027	0.027
			Q_{10}	P_2：(8.5/4.1，8.5/7.8，8.5/7.8，8.5/8.2，8.5/6.1，8.5/7.2，8.5/5.7，8.5/5.6，1)	0.139	0.067	0.121
				P_3：(8.4/8.1，8.4/8.4，8.4/7.1，8.4/5.7，8.4/5.4，1)	0.195	0.054	
			Q_{11}	P_4：(7.6/8.2，7.6/7.0，7.6/7.3，7.6/6.3，1)	0.209	0.033	0.033

a：一致性指数（*CR*）为0.0054；b：所有成对比较矩阵的 *CR* 均为0。

5.3.2.2 D(实施)

以本节提及的露天矿地下煤火案例为例，利用层次分析法从众多灭火技术中选择了细水雾喷射、三相泡沫和注浆组合的灭火方法，且这三种灭火方法都需要注入灭火材料。因此，对于该案例而言，图 5-18 的“D”是指实施计划阶段优化后的灭火方式，包括准备细水雾、三相泡沫和灌浆三种灭火材料，这些材料通过管网输送，并通过钻孔将注入火区，如图 5-25 所示。在搅拌池中充分混合黄土和水，用于准备灌浆。泥浆由泵经钻孔直接注入火区，其余的则泵入三相泡沫发生器，通过提供的泡沫剂将水、黄土和氮气结合在一起。氮气由氮气发生器产生，其中一个分支引入三相泡沫发生器，另一个分支输送到细水雾发生器，利用高压氮气将水雾化。这些灭火材料被分流器分成几个分支，每个分支通过钻孔注入火区以扑灭地下煤火。

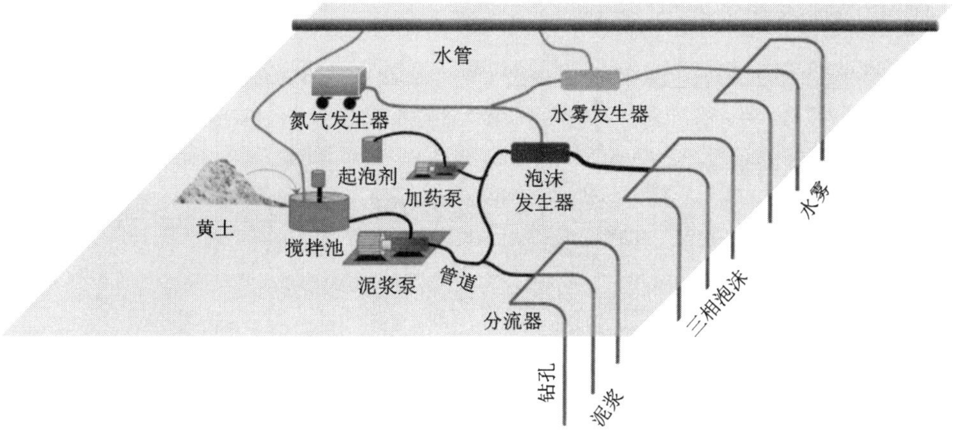

图 5-25　将灌浆、三相泡沫和水雾的制备、运输和注入相结合的灭火系统示意图

5.3.2.3　C(检查)

在对地下煤火进行控制的过程中，应在每个控制周期后监测火灾指标，以检查控制效果是否符合预期。该案例中的地下煤火在第一个控制周期 1.8 个月后，监测计算火灾指标值，如表 5-6 所示。使用 5.3.2.1 节中火灾发展态势分析部分描述的 FAHP 模型，第一个控制周期后，地下煤火火灾发展态势的评价结果为 0.608，表明煤火隶属最危险等级的概率为 60.8%，煤火仍然危险。但是，第一个控制周期的控制效果为-0.624，这表明火灾态势相对于初始火灾态势减少了 62.4%，表明第一个控制循环的结果是好的。

经过历时九个月的五个控制周期实施，对火灾指标的最终值进行监测计算。经过最终评估，该案例的露天矿地下煤火火灾态势评价结果为 0.229，这意味着煤火隶属最危险等级的概率为 22.9%，表明煤火是安全的，可以停止对火灾的控制。

5.3.2.4 A(处理)

每个控制周期后控制结果分为三种情况：差、中、好。在“A”处理环节，如图 5-18 所示，如果控制结果分别为 1、2 或 3，则应重新制定、改进或维持灭火计划。如果 FAHP 评估的控制结果不如预期，那么可以通过故障树分析(FTA)来确定可以改进或改变的地方[64]。

5.3.3 地下煤火灾害防治发展方向展望

地下煤火防治可从煤的燃烧机理、多场耦合作用、防灭火技术、煤火转化利用 4 个方面进行突破创新，如图 5-26 所示。

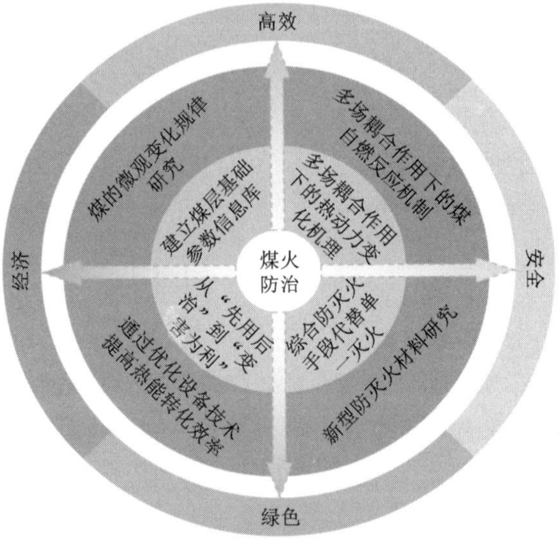

图 5-26 煤火灾害防治方向展望

(1)煤的燃烧机理。煤层成分、自燃性质等基础特性对地下煤火有显著影响。因此，加大对煤自燃微观反应机理研究，尤其是煤的低温氧化反应、官能团与温度变化关系研究、阻化物质对煤自燃过程的影响机制等，揭示其微观结构变化，为复杂环境下煤自燃机理的深入研究打下坚实基础。同时，对各地区煤火灾害的燃烧特性、表征参数等进行全面的信息记录，建立相关数据库，为煤火的科学评价和防治提供可靠依据。

(2)多场耦合作用。在热、流、固、化多场动态作用下，煤自燃影响因素呈现复杂性，目前对温度梯度和气体组分浓度梯度引起的对流驱动机制等的研究仍不足。深入探究煤自燃的多因素耦合作用机制是解决煤火灾害防治科学问题的重要方向。掌握多因素耦合条件下煤自燃不同阶段的宏观热物理场效特性，建立自燃过程的氧化动力学反应模型，揭示煤自燃多因素耦合作用下的反应机制和变化机理是地下煤火研究迫切需要解决的关键问题。

(3)防灭火技术。防灭火技术的长足发展需要新材料领域和新装备领域双重支撑。一方面，结合煤火形成演化过程的关键参数研究和材料科学的发展进程，研发经济、高效、绿色、安全的新型防灭火材料，做好防灭火“基础储备”。另一方面，在自动化智能化发展的大背景下，将高精尖技术科学融合起来，根据煤层条件选用多种防灭火方式组合的综合防灭火手段，代替单一灭火技术取得更优的抑制效果，做好防灭火“模式创新”。

(4)煤火转化利用。地下煤火作为地质灾害的同时也蕴藏着巨大的热能可供利用，将“先用后治”的治理思路转变为“变害为利”的创新思路，优化现有热能提取的设备技术，提高热能转化的效率，更安全、高效、绿色地回收利用煤火燃烧产生的热能，形成防治-利用-修复的全过程协同治理的新模式，使煤火治理走向更加绿色低碳的可持续发展道路。

参考文献

[1] Onifade M, Genc B. Spontaneous combustion liability of coal and coal-shale: a review of predictionmethods[J]. International Journal of Coal Science & Technology, 2019, 6(2): 151-168.

[2] Aich S, Nandi B K, Bhattacharya S. Combustion characteristics of high ash Indian thermal, heat affected coal and theirblends[J]. International Journal of Coal Science & Technology, 2021, 8(5): 1078-1087.

[3] Basu S, Pramanik S, Dey S, et al. Fire monitoring in coal mines using wireless underground sensor network and interval type-2 fuzzy logiccontroller[J]. International Journal of Coal Science & Technology, 2019, 6(2): 274-285.

[4] Allardice D J. The adsorption of oxygen on brown coalchar[J]. Carbon, 1966, 4(2): 255-262.

[5] 徐精彩，张辛亥，文虎，等. 煤氧复合过程及放热强度测算方法[J]. 中国矿业大学学报，2000，29(3)：253-257.

[6] 李增华. 煤炭自燃的自由基反应机理[J]. 中国矿业大学学报，1996，25(3)：111-114.

[7] Lopez D, Sanada Y, Mondragon F. Effect of low-temperature oxidation of coal on hydrogen-transfercapability[J]. Fuel, 1998, 77(14): 1623-1628.

[8] Wang H, Dlugogorski B Z, Kennedy E M. Theoretical analysis of reaction regimes in low-temperature oxidation of coal[J]. Fuel, 1999, 78(9): 1073-1081.

[9] 张建民. 中国地下煤火研究与治理[M]. 北京：煤炭工业出版社，2008.

[10] Qin Y, Liu W, Yang C, et al. Experimental study on oxygen consumption rate of residual coal ingoaf[J]. Safety Science, 2012, 50(4): 787-791.

[11] Saffari A, Sereshki F, Ataei M. The simultaneous effect of moisture and pyrite on coal spontaneous combustion using CPT and R70 testmethods[J]. Rudarsko-geološko-naftni zbornik (The Mining-Geological-Petroleum Bulletin), 2019, 34(3).

[12] Song S, Qin B, Xin H, et al. Exploring effect of water immersion on the structure and low-temperature oxidation of coal: A case study of Shendong long flame coal, China[J]. Fuel, 2018, 234: 732-737.

[13] Zhou B, Yang S, Jiang X, et al. The reaction of free radicals and functional groups during coal oxidation at low temperature under different oxygenconcentrations [J]. Process Safety and Environmental Protection, 2021, 150: 148-156.

[14] 朱红青, 王海燕, 宋泽阳, 等. 煤绝热氧化动力学特征参数与变质程度的关系[J]. 煤炭学报, 2014, 39(3): 498-503.

[15] Zhou C, Zhang Y, Wang J, et al. Study on the relationship between microscopic functional group and coal mass changes during low-temperature oxidation ofcoal[J]. International Journal of Coal Geology, 2017, 171: 212-222.

[16] Deng J, Ren L F, Ma L, et al. Effect of oxygen concentration on low-temperature exothermic oxidation of pulverizedcoal[J]. Thermochimica acta, 2018, 667: 102-110.

[17] Su H, Zhou F, Li J, et al. Effects of oxygen supply on low-temperature oxidation of coal: A case study of Jurassic coal in Yima, China[J]. Fuel, 2017, 202: 446-454.

[18] Wang C, Chen L, Bai Z, et al. Study on the dynamic evolution law of spontaneous coal combustion in high-temperatureregions[J]. Fuel, 2022, 314: 123036.

[19] Więckowski M, Howaniec N, Smoliński A. Effect of flow rates of gases flowing through a coal bed during coal heating and cooling on concentrations of gases emitted and fire hazard assessment [J]. International Journal of Coal Science & Technology, 2020, 7(1): 107-121.

[20] Xia T, Zhou F, Liu J, et al. A fully coupled hydro-thermo-mechanical model for the spontaneous combustion of underground coalseams[J]. Fuel, 2014, 125: 106-115.

[21] Tutak M, Brodny J, Szurgacz D, et al. The impact of the ventilation system on the methane release hazard and spontaneous combustion of coal in the area of exploitation—a casestudy [J]. Energies, 2020, 13(18): 4891.

[22] Xu T. Heat effect of the oxygen-containing functional groups in coal during spontaneous combustionprocesses[J]. Advanced Powder Technology, 2017, 28(8): 1841-1848.

[23] Qu Z, Sun F, Gao J, et al. A new insight into the role of coal adsorbed water in low-temperature oxidation: Enhanced ·OH radical generation[J]. Combustion and Flame, 2019, 208: 27-36.

[24] Beamish B B, Theiler J. Coal spontaneous combustion: Examples of the self-heating incubation process[J]. International Journal of Coal Geology, 2019, 215: 103297.

[25] 王聪, 李君, 付彭宾. 煤自燃过程中的温升及 CO 生成特性[J]. 燃烧科学与技术, 2017, 23(5): 458-464.

[26] 彭荧, 王海桥, 陈世强, 等. 高温热源对采空区气体微流动场影响模拟研究[J]. 煤, 2017, 26(8): 1-4.

[27] Zhang Y, Liu Y, Shi X, et al. Risk evaluation of coal spontaneous combustion on the basis of auto-ignition temperature[J]. Fuel, 2018, 233: 68-76.

[28] Xu Q, Yang S, Cai J, et al. Risk forecasting for spontaneous combustion of coals at different ranks due to free radicals and functional groups reaction[J]. Process Safety and Environmental Protection, 2018, 118: 195-202.

[29] Zhuo H, Qin B, Qin Q, et al. Modeling and simulation of coal spontaneous combustion in a gob of shallow buried coalseams[J]. Process Safety and Environmental Protection, 2019, 131: 246-254.

[30] Lu Y, Qin B. Identification and control of spontaneous combustion of coal pillars: a case study in the Qianyingzi Mine, China[J]. Natural Hazards, 2015, 75(3): 2683-2697.

[31] Lu X, Deng J, Xiao Y, et al. Recent progress and perspective on thermal-kinetic, heat and mass transportation of coal spontaneous combustionhazard[J]. Fuel, 2022, 308: 121234.

[32] 刘伟. 采空区自然发火的多场耦合机理及三维数值模拟研究[D]. 北京: 中国矿业大学(北京), 2014.

[33] Brodny J, Tutak M. Determination of the Zone with a Particularly High Risk of Endogenous Fires in the Goaves of a Longwall withCaving[J]. Journal of Applied Fluid Mechanics, 2018, 11(3): 545-553.

[34] Song Z, Wu D, Jiang J, et al. Thermo-solutal buoyancy driven air flow through thermally decomposed thin porous media in a U-shaped channel: Towards understanding persistent underground coalfires[J]. Applied Thermal Engineering, 2019, 159: 113948.

[35] 杨正杰. 煤田火区非稳态温度场的数值模拟研究[D]. 徐州: 中国矿业大学, 2015.

[36] Zheng Y, Li Q, Zhu P, et al. Study on Multi-field Evolution and Influencing Factors of Coal Spontaneous Combustion inGoaf[J]. Combustion Science and Technology, 2021: 1-18.

[37] 宋泽阳. 煤火氧化燃烧反应-流场-温度场耦合 TGA 实验与数值模拟[D]. 北京: 中国矿业大学(北京), 2015.

[38] Chen X D, Stott J B. Oxidation rates of coals as measured from one-dimensional spontaneous heating[J]. Combustion and flame, 1997, 109(4): 578-586.

[39] Stott J B, Harris B J, Hansen P J. A 'full-scale' laboratory test for the spontaneous heating ofcoal[J]. Fuel, 1987, 66(7): 1012-1013.

[40] Wen H, Yu Z, Deng J, et al. Spontaneous ignition characteristics of coal in a large-scale furnace: an experimental and numerical investigation[J]. Applied Thermal Engineering, 2017, 114: 583-592.

[41] Deng J, Liu L, Lei C, et al. Spatiotemporal distributions of the temperature and index gases during the dynamic evolution of coal spontaneouscombustion[J]. Combustion Science and Technology, 2021, 193(10): 1679-1695.

[42] Deng J, Xiao Y, Li Q, et al. Experimental studies of spontaneous combustion and anaerobic cooling of coal[J]. Fuel, 2015, 157: 261-269.

[43] Hao M, Li Y, Song X, et al. Hazardous areas determination of coal spontaneous combustion in

shallow- buried gobs of coal seam group: a physical simulation experimental study [J]. Environmental Earth Sciences, 2019, 78(1): 1-11.

[44] Su H, Zhou F, Shi B, et al. Causes and detection of coalfield fires, control techniques, and heat energy recovery: Areview [J]. International Journal of Minerals, Metallurgy and Materials, 2020, 27(3): 275-291.

[45] Wessling S. The investigation of underground coal fires - towards a numerical approach for thermally, hydraulically, and chemically coupledprocesses [J]. Westfälische Wilhelms - University of Muenster, Germany (PhD Thesis), 2007.

[46] Wessling S, Kessels W, Schmidt M, et al. Investigating dynamic underground coal fires by means of numerical simulation [J]. Geophysical Journal International, 2008, 172 (1): 439-454.

[47] Xiao-wei Z, Jun D, Hu W, et al. Research of the air leakage law and control techniques of the spontaneous combustion dangerous zone of re-mining coalbody[J]. Procedia Engineering, 2011, 26: 472-479.

[48] 张东海，杨胜强，王钦方，等.煤巷高冒区松散煤体自然发火的数值模拟研究[J].中国矿业大学学报，2006，35(6)：757-761.

[49] 翟诚，孙可明，李凯.高温岩体热流固耦合损伤模型及数值模拟[J].武汉理工大学学报，2010(3)：65-69.

[50] 张丽萍.低渗透煤层气开采的热-流-固耦合作用机理及应用研究[D].徐州：中国矿业大学，2011.

[51] 韩磊.热流固耦合模型的瓦斯抽采模拟[J].辽宁工程技术大学学报：自然科学版，2013(12)：1605-1608.

[52] 李宝林，魏国营.不同温度煤裂隙流动优势性的热流固耦合数值模拟[J].煤炭科学技术，2020，48(11)：141-146.

[53] Duan Y, Wang S, Wang W, et al. Atmospheric disturbance on the gas explosion in closed firezone[J]. International Journal of Coal Science & Technology, 2020, 7(4): 752-765.

[54] 邓军.煤田火灾防治理论与技术[M].徐州：中国矿业大学出版社，2014.

[55] 齐福辉，张福英.地下煤火的探测及防治[J].中国煤炭地质，2010，22(B08)：143-146.

[56] Wang S, Li X, Wang D. Mining-induced void distribution and application in the hydro-thermal investigation and control of an underground coal fire: A casestudy [J]. Process Safety and Environmental Protection, 2016, 102: 734-756.

[57] Wang D, Dou G, Zhong X, et al. An experimental approach to selecting chemical inhibitors to retard the spontaneous combustion ofcoal[J]. Fuel, 2014, 117: 218-223.

[58] Singh R P, Ray S K, Sahay N, et al. Study on application of fire suppression techniques under dynamic fireconditions [J]. Journal - South African Institute of Mining and Metallurgy, 2004, 104(11): 607-617.

[59] 周福宝，夏同强，史波波.瓦斯与煤自燃共存研究(Ⅱ)：防治新技术[J].煤炭学报，2013(3)：353-360.

[60] 徐精彩，文虎，邓军. 煤层自燃胶体防灭火理论与技术[M]. 北京：煤炭工业出版社，2003.
[61] 王德明，李增华，秦波涛，等. 一种防治矿井火灾的绿色环保新材料的研制[J]. 中国矿业大学学报，2004，33(2)：205-208.
[62] Zhou F, Ren W, Wang D, et al. Application of three-phase foam to fight an extraordinarily serious coal minefire[J]. International Journal of Coal Geology, 2006, 67(1-2): 95-100.
[63] Shao Z, Wang D, Wang Y, et al. Controlling coal fires using the three-phase foam and water mist techniques in the Anjialing Open Pit Mine, China[J]. Natural Hazards, 2015, 75(2): 1833-1852.
[64] 王少锋. 地下煤火空间特性及治理过程管理方法研究[D]. 徐州：中国矿业大学，2014.
[65] Zhang P, Zhou Y, Cao X, et al. Mitigation of methane/air explosion in a closed vessel by ultrafine waterfog[J]. Safety science, 2014, 62: 1-7.
[66] 梁运涛，侯贤军，罗海珠，等. 我国煤矿火灾防治现状及发展对策[J]. 煤炭科学技术，2016，44(06)：1-6+13.
[67] 王伟. 煤田火灾探测与治理技术现状及发展趋势[J]. 煤矿安全，2020，51(11)：206-209+215.
[68] 吕昭双. 煤炭自燃机理的探讨[J]. 煤矿安全. 1996(04)：41-43.
[69] 邓军，肖旸，张辛亥，等. 煤火灾害防治技术的研究与应用[J]. 煤矿安全，2012，43(S1)：58-62.
[70] Colaizzi G J. Prevention, control and/or extinguishment of coal seam fires using cellulargrout [J]. International journal of coal geology, 2004, 59(1-2): 75-81.
[71] 梁晓瑜，王德明，秦波涛，等. 粉煤灰三相泡沫防治煤炭自燃的应用研究[J]. 中国煤炭，2006(10)：40-42.
[72] Qin B, Lu Y, Li F, et al. Preparation and stability of inorganic solidified foam for preventing coalfires[J]. Advances in Materials Science and Engineering, 2014, 2014.
[73] 王刚. 新型高分子凝胶防灭火材料在煤矿火灾防治中的应用[J]. 煤矿安全，2014(02)：228-229.
[74] 梁成. 昌平煤矿煤层露头火灾综合治理技术研究[D]. 西安：西安科技大学，2010.
[75] 鲁义. 防治煤炭自燃的无机固化泡沫及特性研究[D]. 徐州：中国矿业大学，2015.
[76] Xi X, Jiang S, Yin C, et al. Experimental investigation on cement-based foam developed to prevent spontaneous combustion of coal by plugging airleakage[J]. Fuel, 2021, 301: 121091.
[77] Cao K, Wang D M, Lu X X. The new fire prevention materials using in the coal fire zones-foamed gel [C]//Advanced Materials Research. Trans Tech Publications Ltd, 2012, 383: 2705-2709.
[78] 沈一丁，王德明，王庆国，等. 一种凝胶泡沫的研制及其封堵阻化特性[J]. 煤矿安全，2017，48(9)：28-31.
[79] 文虎，徐精彩. 王村矿煤巷高冒区聚氨酯泡沫堵漏风技术[J]. 矿业安全与环保，2001，28(3)：33-34.

[80] 何伯稳，张永，潘鑫，等. 罗克休泡沫防火新材料在防治煤炭自然发火中的运用[J]. 煤炭工程，2006(8)：29-30.

[81] 彭斌，任万兴，鹿飞，等. 泡沫凝胶防灭火技术在煤田火区应用的实验研究[J]. 煤炭科技，2020，41(04)：76-79.

[82] 王省身，张国枢. 中国煤矿火灾防治技术的现状与发展[J]. 火灾科学，1994，3(2)：1-6.

[83] Dong S, Lu X, Wang D, et al. Experimental investigation of the fire-fighting characteristics of aqueous foam in underground goaf[J]. Process Safety and Environmental Protection, 2017, 106：239-245.

[84] 汤研. 煤田火地下高温区强迫对流提热降温特性及技术研究[D]. 徐州：中国矿业大学，2019.

[85] 司胜楠. 煤田火区自吸气式细水雾灭火技术研究[D]. 徐州：中国矿业大学，2019.

[86] Fu-bao Z, Bo-bo S, Jian-wei C, et al. A new approach to control a serious mine fire with using liquid nitrogen as extinguishingmedia[J]. Fire Technology, 2015, 51(2)：325-334.

[87] 周光华. 液态二氧化碳高效防灭火机理及关键技术的研究与应用[D]. 西安：西安科技大学，2019.

[88] 马砺，任立峰，艾绍武，等. 氯盐阻化剂对煤自燃极限参数影响的试验研究[J]. 安全与环境学报，2015，15(4)：83-88.

[89] Kürten S, Feinendegen M, Noel Y, et al. Geothermal Utilization of Smoldering MiningDumps [J]. Coal and Peat Fires：A Global Perspective (Case Studies - Coal Fires, Vol. 3), GB Stracher, A. Prakash, and EV Sokol, eds., Elsevier, Amsterdam, The Netherla, 2015：241-261.

[90] Shi B, Su H, Li J, et al. Clean power generation from the intractable natural coalfield fires：Turn harm intobenefit[J]. Scientific Reports, 2017, 7(1)：1-5.

[91] 周福宝，邓进昌，史波波，等. 煤田火区热能开发与生态利用研究进展[J]. 中国科学基金. 2021，35(06)：871-877.

[92] Chaudhry H N, Hughes B R, Ghani S A. A review of heat pipe systems for heat recovery and renewable energyapplications[J]. Renewable and Sustainable Energy Reviews, 2012, 16(4)：2249-2259.

[93] Srimuang W, Amatachaya P. A review of the applications of heat pipe heat exchangers for heatrecovery[J]. Renewable and Sustainable Energy Reviews, 2012, 16(6)：4303-4315.

[94] Jouhara H, Chauhan A, Nannou T, et al. Heat pipe based systems-Advances andapplications [J]. Energy, 2017, 128：729-754.

[95] Chiasson A D, Yavuzturk C, Walrath D E. Evaluation of electricity generation from underground coal fires and waste banks[J]. Journal of Energy Resources Technology, 2007, 129：81-88.

[96] 仲晓星，汤研，田绪沛. 大面积煤田火区热能的提取与转换方法[J]. 煤矿安全，2016，47(10)：161-164.

[97] 郭广亮，刘振华. 碳纳米管悬浮液强化小型重力型热管换热特性[J]. 化工学报，2007，

58(12): 3006-3010.
[98] 彭玉辉，黄素逸，黄锟剑. 热管中添加纳米颗粒[J]. 化工学报，2004，55(11)：1768-1772.
[99] Sarmasti, E. M. R. Effect of an inclined two-phase closedthermosyphon[J]. Iranian Journal of Science & Technology, 2008, 32 (B1): 39-51.
[100] Jouhara H, Robinson A J. Experimental investigation of small diameter two-phase closed thermosyphons charged with water, FC-84, FC-77 and FC-3283[J]. Applied thermal engineering, 2010, 30(2-3): 201-211.
[101] 屈锐. 重力热管提取储煤堆自燃热量的实验研究[D]. 西安：西安科技大学，2014.
[102] 张亚平，王建国，姬长发，等. 热管抑制煤自燃的降温效应分析[J]. 煤炭工程，2017，49(2)：100-102.
[103] 庄骏，张红. 热管技术及其工程应用[J]. 能源研究与利用，2000(05)：41.
[104] Lund J W, Freeston D H, Boyd T L. Direct utilization of geothermal energy 2010 worldwide review[J]. Geothermics, 2011, 40(3): 159-180.
[105] DiPippo R. Geothermal power plants: Evolution and performanceassessments[J]. Geothermics, 2015, 53: 291-307.
[106] 任小坤，唐守胜，孙郁，等. 地下煤火热能利用分析[J]. 煤矿安全，2017，48(9)：160-162.
[107] 王会勤，谷明川. 自燃矸石山热管深部移热技术的研究和可行性分析[J]. 能源环境保护，2008(2)：1-3.
[108] Kajikawa T. Approach to the practical use of thermoelectric powergeneration[J]. Journal of electronic materials, 2009, 38(7): 1083-1088.
[109] 周福宝，苏贺涛，史波波，等. 一种分布式煤田火区废弃热能发电系统. 中国，CN106288465A[P]. 2016-09-06.
[110] Su H, Zhou F, Qi H, et al. Design for thermoelectric power generation using subsurface coal fires[J]. Energy, 2017, 140: 929-940.
[111] Su H, Qi H, Liu P, et al. Experimental investigation on heat extraction using a two-phase closed thermosyphon for thermoelectric power generation[J]. Energy Sources, Part A: Recovery, Utilization, and Environmental Effects, 2018, 40(12): 1485-1490.
[112] Zhou C, Zhang Y, Wang J, et al. Study on the relationship between microscopic functional group and coal mass changes during low-temperature oxidation of coal[J]. International Journal of Coal Geology, 2017, 171: 212-222.
[113] 周福宝，苏贺涛，史波波，等. 一种新型地下煤火热能提取温差发电系统. 中国，CN106452186A[P]. 2017-02-22.
[114] Deng J, Zhou F, Shi B, et al. Waste heat recovery, utilization and evaluation of coalfield fire applying heat pipe combined thermoelectric generator in Xinjiang, China[J]. Energy, 2020, 207: 118303.
[115] 齐海宁，邓进昌，刘鹏，等. 一种煤田火区热能综合利用系统. 中国，CN109724278A

[P]. 2019-05-07.

[116] 周福宝，苏贺涛，李金石，等. 一种新型热管煤田火区热能提取发电系统. 中国，CN106787951A[P]. 2017-05-31.

[117] 张新浩. 煤田火区浅部钻孔内嵌式热能提取装置与技术[D]. 徐州：中国矿业大学，2019.

[118] 苏贺涛. 基于重力热管换热的地下煤火治理与应用研究[D]. 徐州：中国矿业大学，2018.

[119] Song Z, Zhu H, Jia G, et al. Comprehensive evaluation on self-ignition risks of coal stockpiles using fuzzy AHP approaches[J]. Journal of Loss Prevention in the Process Industries, 2014, 32: 78-94.

[120] Song Z, Zhu H, Tan B, et al. Numerical study on effects of air leakages from abandoned galleries on hill-side coal fires[J]. Fire safety journal, 2014, 69: 99-110.

[121] Zhu H, Song Z, Tan B, et al. Numerical investigation and theoretical prediction of self-ignition characteristics of coarse coal stockpiles[J]. Journal of Loss Prevention in the Process Industries, 2013, 26(1): 236-244.

[122] Kim C J, Sohn C H. A novel method to suppress spontaneous ignition of coal stockpiles in a coal storage yard[J]. Fuel Processing Technology, 2012, 100: 73-83.

[123] 王雁鸣. 煤火灾害热动力问题的数值方法与仿真[M]. 徐州：中国矿业大学出版社，2012.

[124] 曾强，王德明，蔡忠勇. 煤田火区裂隙场及其透气率分布特征[J]. 煤炭学报，2010，35(10)：1670-1673.

[125] 王海燕，周心权，张红军，等. 煤田露头自燃的渗流-热动力耦合模型及应用[J]. 北京科技大学学报，2010(2)：152-157.

[126] Shewhart W A. Economic control of quality of manufacturedproduct[M]. Macmillan And Co Ltd, London, 1931.

[127] Deming W E. Quality, productivity, and competitive position [M]. Massachusetts Inst Technology, 1982.

[128] Sokovic M, Pavletic D, Pipan K K. Quality improvement methodologies - PDCA cycle, RADAR matrix, DMAIC and DFSS[J]. Journal of achievements in materials and manufacturing engineering, 2010, 43(1): 476-483.

[129] 王少锋，王德明，曹凯. 基于 PDCA 循环的井下隐蔽火源治理策略[J]. 中国安全科学学报，2013，23(7)：92-97.

[130] 江颖俊，刘茂. 基于 PDCA 持续改善架构的企业业务持续管理研究[J]. 中国安全科学学报，2007，17(5)：75-82.

[131] Eklund J. Development work for quality andergonomics[J]. Applied ergonomics, 2000, 31(6): 641-648.

[132] 陈谨，付俊江，隋阳. 基于 PDCA 理论创建矿山安全标准化系统的研究[J]. 中国安全科学学报，2010，20(4)：49-54.

[133] 陈国华, 王新华. 基于 I-PDCA 的安全生产监管工作实施方法研究[J]. 中国安全科学学报, 2011, 21(8): 8-14.

[134] Saaty T L, Rogers P C, Pell R. Portfolio selection through hierarchies[J]. The journal of portfolio management, 1980, 6(3): 16-21.

[135] Van Laarhoven P J M, Pedrycz W. A fuzzy extension of Saaty's priority theory[J]. Fuzzy sets and Systems, 1983, 11(1-3): 229-241.

[136] Kaboli A, Aryanezhad M B, Shahanaghi K, et al. A new method for plant location selection problem: a fuzzy-AHP approach[C]//2007 IEEE International Conference on Systems, Man and Cybernetics. IEEE, 2007: 582-586.

[137] Naghadehi M Z, Mikaeil R, Ataei M. The application of fuzzy analytic hierarchy process (FAHP) approach to selection of optimum underground mining method for Jajarm Bauxite Mine, Iran[J]. Expert Systems with Applications, 2009, 36(4): 8218-8226.

[138] 王新民, 赵彬, 张钦礼. 基于层次分析和模糊数学的采矿方法选择[J]. 中南大学学报: 自然科学版, 2008, 39(5): 875-880.

[139] 王新民, 李洁慧, 张钦礼, 等. 基于 FAHP 的采场结构参数优化研究[J]. 中国矿业大学学报, 2010, 39(2): 163-168.

[140] 王雪青, 刘姗姗, 郭晓博. 基于模糊层次分析法的代建制企业风险评价[J]. 北京理工大学学报 (社会科学版), 2008, 10(3): 73-76.

[141] 徐杨, 周延, 孙鑫, 等. 基于模糊层次分析法的矿井安全综合评价[J]. 中国安全科学学报, 2009, 19(5): 147-152.

[142] 叶君乐, 蒋军成, 阴健康, 等. 基于模糊综合评价的化工工艺本质安全指数研究[J]. 中国安全科学学报, 2010, 20(6): 125-130.

[143] 韩利, 梅强, 陆玉梅, 等. AHP-模糊综合评价方法的分析与研究[J]. 中国安全科学学报, 2004, 14(7): 86-89.

[144] 许涛. 煤自燃过程分段特性及机理的实验研究[D]. 徐州: 中国矿业大学, 2012.

[145] Singh A K, Singh R V K, Singh M P, et al. Mine fire gas indices and their application to Indian underground coal mine fires[J]. International Journal of coal geology, 2007, 69(3): 192-204.

[146] Saaty T L. A scaling method for priorities in hierarchical structures[J]. Journal of mathematical psychology, 1977, 15(3): 234-281.

[147] Tan R R, Aviso K B, Huelgas A P, et al. Fuzzy AHP approach to selection problems in process engineering involving quantitative and qualitative aspects[J]. Process Safety and Environmental Protection, 2014, 92(5): 467-475.

[148] Keprate A, Ratnayake R M C. Enhancing offshore process safety by selecting fatigue critical piping locations for inspection using Fuzzy-AHP based approach[J]. Process Safety and Environmental Protection, 2016, 102: 71-84.

[149] Sahu H B, Padhee S, Mahapatra S S. Prediction of spontaneous heating susceptibility of Indian coals using fuzzy logic and artificial neural network models[J]. Expert Systems with Applications, 2011, 38(3): 2271-2282.